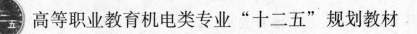高等职业教育机电类专业"十二五"规划教材

数控加工技术与应用

主　编　蒋建强　陆东明
副主编　姜　辉　潘秀石

中国铁道出版社
CHINA RAILWAY PUBLISHING HOUSE

内 容 简 介

本书是以数控车床、数控铣床、加工中心和线切割机床的编程与操作为学习目的，其主要内容为数控机床概述、数控车床加工技术与实训、数控铣床加工技术与实训、加工中心加工技术与实训、数控电火花线切割加工技术与实训、MastetrCAM X^{2}加工技术与实训。

本书取材注重新颖、实用，具有针对性，且对数控机床的加工技术与实训进行重点阐述，并以实际工作过程为主线，以相关技能的典型任务来规划教学模块。注重实用技术与必要的基础知识的统一，实现实践技能与理论知识的整合。并以典型加工实例进行详细分析，强调实践性，精简理论，突出实用技能。另外，每章均附有习题，以便学生课后巩固、练习。

本书适合作为高等职业院校及部分中等职业学校学生的数控技术应用、机电一体化技术、模具设计与制造、机械制造与自动化等专业用书，也可供有关专业的师生和从事数控编程与加工技术人员、操作人员学习参考。

图书在版编目（CIP）数据

数控加工技术与应用/蒋建强，陆东明主编 . —北京：中国铁道出版社，2013.11
高等职业教育机电类专业"十二五"规划教材
ISBN 978-7-113-16706-6

Ⅰ. ①数… Ⅱ. ①蒋… ②陆… Ⅲ. ①数控机床 - 加工 - 高等职业教育 - 教材 Ⅳ. ①TG659

中国版本图书馆 CIP 数据核字（2013）第 197591 号

书　　名：**数控加工技术与应用**
作　　者：蒋建强　陆东明　主编

策　　划：何红艳　　　　　读者热线：400 - 668 - 0820
责任编辑：何红艳　　　　　特邀编辑：王　冬
编辑助理：耿京霞
封面设计：付　巍
封面制作：白　雪
责任印制：李　佳

出版发行：中国铁道出版社（100054，北京市西城区右安门西街 8 号）
网　　址：http://www.51eds.com
印　　刷：北京新魏印刷厂
版　　次：2013 年 11 月第 1 版　　　2013 年 11 月第 1 次印刷
开　　本：787 mm×1 092 mm　1/16　印张：16.5　字数：409 千
印　　数：1 ～ 3 000 册
书　　号：ISBN 978-7-113-16706-6
定　　价：32.00 元

　　本书按照现代高新技术企业对数控技术应用技能型人才要求的迫切要求，又根据国内高等职业教育教学要求，培养具有数控加工工艺、数控编程和数控机床的实际操作能力，再从高等职业教育的实际出发，强化实际操作教学。本书是集编程与实际操作于一体，其主要内容为数控机床概述、数控车床加工技术与实训、数控铣床加工技术与实训、加工中心加工技术与实训、数控电火花线切割加工技术与实训、MastetrCAM X^2 加工技术与实训等。本书还配备典型加工实例，主要培养学生对数控机床的实际操作能力、创新意识和创业精神。

　　在编写本书过程中，强调实践性，精简理论，突出实用技能，遵循"淡化理论，够用为度，培养技能，重在应用"的编写原则，以培养技术应用型人才为目的，在理论上以"必须、够用"为度，加强职业的针对性和技术的实用性，进行理论分析从简，以数控机床的编程和操作为重点内容。

　　全书共6章，由苏州经贸职业技术学院教授、高级工程师蒋建强、苏州高等职业技术学校机电系主任、高级教师陆东明任主编，苏州经贸职业技术学院讲师姜辉、潘秀石任副主编，其中第1、3章由蒋建强编写，第2章由姜辉编写，第4、5章由陆东明编写，第6章由潘秀石编写。参加本书编写工作的还有何建秋、万昌烨、蔡梦瘳、杜玉湘、胡明清、赵明、魏娜、王利锋、马立、董虎胜、赵艳等，在此感谢他们的大力协助和支持。

　　本书适合作为高等职业院校及部分中等职业学校的数控技术应用、机电一体化技术、模具设计与制造、机械制造与自动化等专业用书，也可供有关专业的师生和从事数控编程与加工技术人员、操作人员学习参考。

　　由于编写时间仓促和编者水平所限，书中难免存在疏漏和不足之处，敬请读者批评指正。

编　者

2013 年 4 月

第 1 章　数控机床概述

🏭 **本章主要内容**

　　本章主要讲述了数控机床的组成、分类、功能和特点，数控编程的坐标系，数控机床程序编制中的工艺分析，数控机床的文明生产和日常维护。

📚 **本章学习重点**

　　(1) 了解数控机床的组成、分类和结构特点；

　　(2) 掌握数控编程的机床坐标系和工件坐标系的概念，会正确设置对刀点；

　　(3) 会对数控编程进行数控工艺分析和刀具补偿。

　　数控机床源于美国，1952 年美国麻省理工学院和帕森斯公司合作研制成功了世界上第一台具有信息存储和处理功能的数控机床。我国于 1958 年开始研制数控机床，1975 年成功研制出第一台加工中心。随着科学技术和社会生产的不断发展，特别是电子技术及计算机技术的不断发展，数控机床也在不断地更新换代。

　　数控技术从最初用于铣床控制，发展到车削、镗铣、磨削、线切割、电化学、锻压、激光和其他特殊用途的数控机床。近年来，一种自动换刀的数控机床——加工中心，发展迅速，相继有自动检测、工况自动监控和自动交换工件的加工中心（柔性制造单元）出现。

1.1　数控机床的组成

　　数控机床一般由输入/输出设备、计算机数控（CNC）装置（或称 CNC 单元）、伺服单元、驱动装置（或称执行机构）、可编程控制器（PLC）及电气控制装置、辅助装置、机床本体及检测装置组成。图 1.1 所示是数控机床的组成框图，其中除机床本体之外的部分统称为 CNC 系统。

1. 机床本体

　　数控机床由于切削用量大、连续加工发热量大等因素对加工精度有一定影响，加之在加工中是自动控制，不能像在普通机床上那样由人工进行调整、补偿，所以其设计要求比普通机床更严格，制造要求更精密，采用了许多加强刚性、减小热变形、提高精度等方面的措施。

2. CNC 装置

CNC 装置是 CNC 系统的核心，主要包括微处理器 CPU、存储器、局部总线、外围逻辑电路以及与 CNC 系统的其他组成部分联系的接口等。数控机床的 CNC 系统完全由软件处理数字信息，因而具有真正的柔性化，可处理逻辑电路难以处理的复杂信息，使数控系统的性能大大提高。

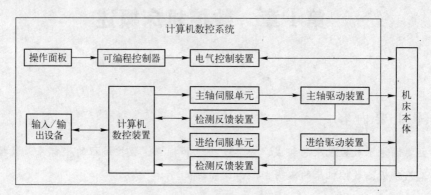

图 1.1　数控机床的组成

3. 输入/输出设备

键盘、磁盘机等是数控机床的典型输入设备。除上述以外，还可以用串行通信的方式输入。

数控系统一般配有 CRT 显示器或点阵式液晶显示器，显示的信息较丰富，并能显示图形，操作人员通过显示器可获得必要的信息。

4. 伺服单元

伺服单元是 CNC 和机床本体的联系环节，它把来自 CNC 装置的微弱指令信号放大成控制驱动装置的大功率信号。根据接收指令的不同，伺服单元有脉冲式和模拟式之分，而模拟式伺服单元按电源种类又可分为直流伺服单元和交流伺服单元。

5. 驱动装置

驱动装置把经放大的指令信号变为机械运动，通过简单的机械连接部件驱动机床，使工作台精确定位或按规定的轨迹做严格的相对运动，最后加工出所要求的零件，与伺服单元相对应，驱动装置有步进电动机、直流伺服电动机和交流伺服电动机等。

伺服单元和驱动装置可合称为伺服驱动系统，它是机床工作的动力装置，CNC 装置的指令要靠伺服驱动系统付诸实施，所以，伺服驱动系统是数控机床的重要组成部分。从某种意义上说，数控机床功能的强弱主要取决于 CNC 装置，而数控机床性能的好坏主要取决于伺服驱动系统。

6. 可编程控制器

可编程控制器是一种以微处理器为基础的通用型自动控制装置，专为在工业环境下应用而设计的。由于最初研制这种装置的目的是解决生产设备的逻辑及开关控制，故称它为可编程逻辑控制器（PLC），当 PLC 用于控制机床顺序动作时，也可称之为编程机床控制器（PMC）。

PLC 已成为数控机床不可缺少的控制装置。CNC 和 PLC 协调配合，共同完成对数控机床的控制。用于数控机床的 PLC 分为两类，一类是 CNC 的生产厂家为实现数控机床的顺序控制，而将 CNC 和 PLC 综合起来设计，称为内装型（或集成型）PLC，内装型 PLC 是 CNC 装置的一部分；另一类是以独立专业化的 PLC 生产厂家的产品来实现顺序控制功能，称为独立型（或外装型）PLC。

7. 测量装置

测量装置也称反馈元件，通常安装在机床的工作台或丝杠上，相当于普通机床的刻度盘或人的眼睛，它把机床工作台的实际位移转变成电信号反馈给 CNC 装置，供 CNC 装置与指令值比较产生误差信号，以控制机床向消除该误差的方向移动。按有无测量装置，CNC 系统可分为开环与闭环数控系统，而按测量装置的安装位置又可分为闭环与半闭环数控系统。开环数控系统的控制精度取决于步进电动机和丝杠的精度，闭环数控系统的控制精度取决于测量装置的精度。因此，测量装置是高性能数控机床的重要组成部分。此外，由测量装置和显示环节构成的数显装置，可以在线显示机床移动部件的坐标值，大大提高工作效率和工件的加工精度。

1.2　数控机床的分类

数控机床的种类很多，了解数控机床的分类，对学习数控机床的操作与编程是十分必要的。下面介绍常用国外发那科（FANUC）数控系统和西门子（SIEMENS）数控系统的数控机床、国产华中（HCNC）数控系统和四开（SKY）数控系统的数控机床。数控机床的品种和规格繁多，分类方法不一，目前已有近 500 种数控机床，根据数控机床的功能和组成，可分为如表 1.1 所示的类型。

表 1.1　数控机床的分类

分 类 方 法	机 床 类 型		
按坐标轴数分类	一般数控机床	数控加工中心机床	多坐标数控机床
按系统控制特点分类	点位控制数控机床	直线控制数控机床	轮廓控制数控机床
按有无测量装置分类	开环数控系统	半闭环数控系统	闭环数控系统
按功能水平分类	经济型	普及型	高级型

1.2.1　按加工工艺类型分类

目前应用在机械制造行业（包括模具行业）的数控机床大致上可分为以下几种。

1. 数控铣床

数控铣床在模具制造行业中的应用非常广泛，各种具有平面轮廓和立体曲面的零件（如模具的凸凹模型腔等）都采用数控铣床进行加工，数控铣床还可以进行钻、扩、铰、镗孔和攻螺纹等加工。数控铣床分为立式数控铣床和卧式数控铣床两种，图 1.2 为数控铣床的示意图，图上的坐标系符合 ISO 标准的规定，即符合右手定则。数控铣床有两轴联动、三轴联动、四轴联动和五轴联动等不同的类型，目前应用最广泛的是三轴联动的数控铣床，四轴联动和五轴联动的数控铣床一般都应用在汽车和航天工业。

2. 加工中心

加工中心与数控铣床的区别在于加工中心备有可自动换刀的装置和刀库系统，刀库中存放着若干个事先准备好的刀具和检具，可对工件进行多工序加工。加工中心也分为立式和卧式两种，如图 1.3 所示。加工中心在模具制造行业中的应用非常广泛，各种平面轮廓和立体曲面的零件（如模具的凸凹模型腔等）都可在加工中心上加工。加工中心同样可以进行钻、扩、铰、镗孔和攻螺纹等加工，加工中心有两轴联动、三轴联动、四轴联动和五轴联动等不同的类型，目前应用最广泛的是三轴联动的加工中心，四轴联动和五轴联动的加工中心一般都应用在汽车、航天工业上，在模具制造行业中的应用较少。

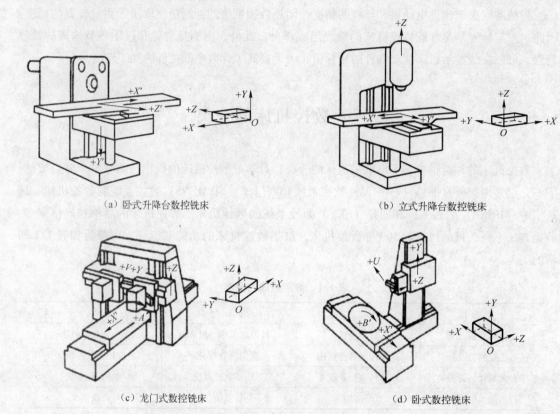

（a）卧式升降台数控铣床　　　　　　　　　　　　　（b）立式升降台数控铣床

（c）龙门式数控铣床　　　　　　　　　　　　　（d）卧式数控铣床

图 1.2　数控铣床

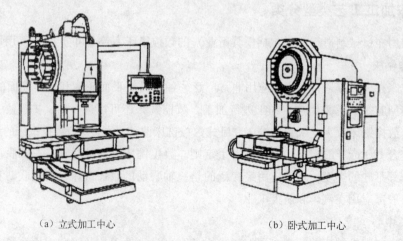

（a）立式加工中心　　　　　　　　　　　　　（b）卧式加工中心

图 1.3　加工中心

3. 数控车床

数控车床是目前应用较为广泛的一种数控机床，主要用于轴类或盘类等回转体零件的车、钻、铰、镗孔和攻螺纹等加工，一般能自动完成内外圆柱面、圆锥面、球面、圆柱螺纹、圆锥螺纹、切槽及端面等工序的切削加工，数控车床都具备两轴的联动功能，图1.4所示是数控车床的示意图。

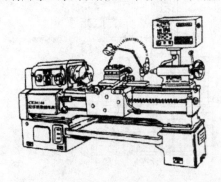

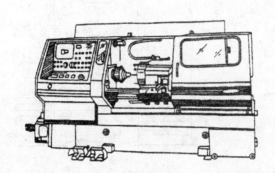

（a）经济型数控车床　　　　　　　　　　（b）全功能型数控车床

图1.4　数控车床

4. 线切割机床

线切割机床是在模具加工中应用较为广泛的一种数控机床，主要分为慢走丝线切割机床和快走丝线切割机床两种，主要用于圆孔、异型孔以及各种轮廓的加工。它是用电极放电腐蚀的原理来切割工件的，常用的电极一般为钼丝（快走丝线切割机床）和铜丝（慢走丝线切割机床）。线切割机床都具备两轴的联动功能，有些还具有四轴的联动功能，图1.5为线切割机床的示意图。

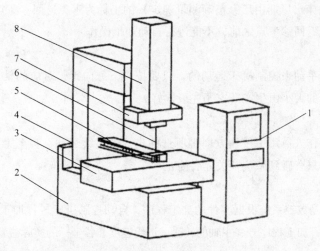

图1.5　线切割机床

1—电源、控制柜；2—机床本体；3—工作台；4—运丝机构；5—丝架；

6—电极丝；7—上工作台；8—主轴

5. 数控电火花机床

电火花机床是在模具加工中应用较为广泛的一种数控机床，主要用于模具型腔的放电加工，它是用电极放电腐蚀的原理来加工工件的，常用的电极一般为紫铜和石墨，图1.6为数控电火花机床的示意图。

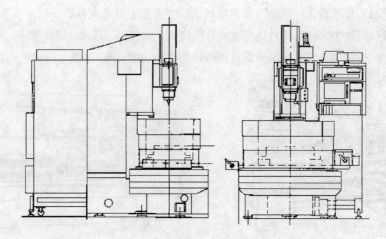

图 1.6　数控电火花机床

6. 其他数控机床

除了以上在模具行业较常用的数控机床以外，还有一些其他类型的数控机床，如专门用来镗孔的数控镗床，专门用来钻孔、攻螺纹的数控钻床，专门用来磨削各种表面的数控磨床等。

1.2.2　按工作方式分类

1. 返参方式

数控机床接通电源后，操作人员首先将刀具运动到机床的参考点，当到达参考点后，刀具相对于机床原点（机床出厂前由厂家精确测量确定）的坐标为零。返回参考点也称为回零操作，数控系统在没有完成返回参考点之前，不能进行自动加工操作。

2. 增量方式

增量方式也是用手动来控制机床运动的，只要按一下方向键，对应的轴即按照标示的方向移动一个增量，增量的大小由生产厂家预先设定好。

3. 连续方式

连续方式就是操作人员用手按住方向键所选的坐标轴连续运动，直至手抬起，连续方式移动坐标轴是任意的，只有碰到限位开关才会停止。

4. 自动加工方式

自动加工方式就是数控系统根据零件的加工程序，自动控制机床进行加工。采用自动加工方式时，CRT 上会显示：加工程序号、主轴的转速、进给速度、各坐标的实际位置、辅助功能等。

1.2.3　按系统的类型分类

1. 发那科（FANUC）数控系统

配有发那科系统的数控机床一般为全功能型的数控机床。发那科系统有 O – D 系列，它包括 CNC 装置、控制电动机、主轴电动机和控制电动机放大器。O – D 系列的两个子系列是 O – TD 和 O – MD。

2. 西门子（SIEMENS）数控系统

西门子（SIEMENS）数控系统的程序是按照德国标准构造的，系统软件为菜单式分布，直观、简洁。CRT 屏幕提供丰富的显示功能，采用 ISO 国际标准，该系统具有图形模拟功能，RS232 接口使机床与计算机实现各种数据的传输。

3. 华中（HCNC）数控系统

华中（HCNC）数控系统用于卧式车床、立式车床、磨床、教学型数控车床以及各种铣床的加工。

4. 南京四开（SKY）数控系统

南京四开（SKY）数控系统是基于 PC 平台上的数控系统，系统的硬件结构为面向 PCI 总线的模块化结构，控制核心为 32 位 CPU，连续轮廓轨迹控制。系统提供自动方式、MDI 方式、手动操作方式、返参操作方式以及管理操作方式，具有程序仿真、二维或三维显示刀具的动态轨迹。

1.3　数控机床的功能和特点

数控系统是数控机床的核心，按数控系统的不同，对应数控机床的功能也各不相同。

1.3.1　数控机床的功能

数控机床的主要功能如下：

（1）多坐标控制（多轴联动）。

（2）准备功能（G 功能）。

（3）实现多种函数的插补（直线、圆弧、抛物线、椭圆等）。

（4）代码转换（英制/公制、EIA/ISO、绝对值/增量）

（5）固定循环加工。

（6）进给功能，指定进给速度。

（7）主轴功能，指定主轴转速。

（8）辅助功能，规定主轴的起、停、反向，冷却系统的开、关等。

（9）刀具选择功能。

（10）各种补偿功能，如刀具半径、刀具长度补偿等。

（11）字符和图形显示功能。

（12）与外设联网及通信。

（13）故障的显示与诊断。

（14）程序的输入、编辑、修改及存储。

1.3.2　数控机床的特点

与普通机床相比，数控机床具有以下特点。

1. 适应性强

由于数控机床能实现多个坐标的联动，所以数控机床能完成复杂型面的加工，特别是对于可用数学方程式和坐标点表示的形状复杂的零件，加工非常方便。当改变加工零件时，数控机床只需更换零件加工的 NC 程序，不必用凸轮、靠模、样板或其他模具等专用工艺装备，且可采用成组技术的成套夹具。因此，生产准备周期短，有利于机械产品的迅速更新换代。所以，数控机床的适应性非常强。

2. 加工质量稳定

对于同一批零件，由于使用同一机床和刀具及同一加工程序，刀具的运动轨迹完全相同，且数控机床是根据数控程序自动进行加工的，可以避免人为的误差，这就保证了零件加工的一致性好，质量稳定。

3. 生产效率高

数控机床上可以采用较大的切削用量，从而有效地节省了机动时间。还有自动换速、自动换刀和其他辅助操作自动化等功能，使辅助时间大为缩短，而且无需工序间的检验与测量，所以，比普通机床的生产率高 3 ～ 4 倍，甚至更高。

数控机床的主轴转速及进给范围都比普通机床大。目前数控机床的最高进给速度可达到 100 m/min 以上，最小分辨率达 0.01 μm，一般来说，数控机床的生产能力约为普通机床的 3 倍，甚至更高。数控机床的时间利用率高达 90%，而普通机床仅为 30% ～ 50% 。

4. 加工精度高

数控机床有较高的加工精度，一般为 $0.005 \sim 0.1\text{ mm}$。数控机床的加工精度不受零件复杂程度的影响，机床传动链的反向齿轮间隙和丝杠的螺距误差等都可以通过数控装置自动进行补偿，其定位精度比较高，同时还可以利用数控软件进行精度校正和补偿。

5. 工序集中，一机多用

数控机床特别是带自动换刀的数控加工中心，在一次装夹的情况下，几乎可以完成零件的全部加工工序，一台数控机床可以代替数台普通机床。这样可以减少装夹误差，节约工序之间的运输、测量和装夹等辅助时间，还可以节省车间的占地面积，带来较高的经济效益。

加工中心的工艺方案更与普通机床的常规工艺方案不同，常规工艺以"工序分散"为特点，而加工中心则以工序集中为原则，着眼于减少工件的装夹次数，提高重复定位精度。

6. 减轻劳动强度

在输入程序并启动后，数控机床就自动地连续进行加工，直至零件加工完毕。这样就简化了工人的操作，使劳动强度大大降低。数控机床是一种高技术的设备，尽管机床价格较高，而且要求具有较高技术水平的人员来操作和维修，但是数控机床的优点很多，它有利于自动化生产和生产管理，经济效益较高。

1.4　数控编程的坐标系

1.4.1　数控机床的坐标系统和运动方向

数控机床各坐标轴按标准 JB/T 3051—1999《数控机床　坐标和运动方向的命名》确定后，

还要确定坐标系原点的位置，这样坐标系才能确定下来，按原点的不同，数控机床的坐标系统分为机床坐标系和工件坐标系。

1. 编程坐标的选择

无论机床在实际加工时是工件运动还是刀具运动，在确定编程坐标时，一般认为是工件相对静止，刀具产生运动，这一原则可以保证编程人员在不知道机床加工零件时是刀具移向工件，还是工件移向刀具的情况下，就可以根据图样确定机床的加工过程。

2. 标准坐标系的确定

为了确定机床的运动方向和移动距离，需要在机床上建立一个坐标系，这个坐标系就称为机床坐标系，数控机床上的标准坐标系采用右手直角笛卡儿坐标系，如图 1.7 所示，大拇指的方向为 X 轴的正方向，食指为 Y 轴的正方向，中指为 Z 轴的正方向，各种数控机床的标准坐标系分别如图 1.8～图 1.12 所示。

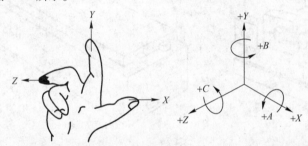

图 1.7　右手直角坐标系

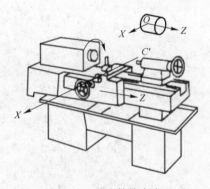

图 1.8　卧式数控车床

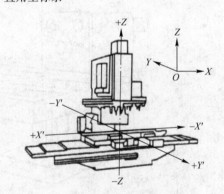

图 1.9　立式升降台数控铣床

3. 坐标轴的确定方法

在确定机床坐标轴时，一般先确定 Z 轴，然后确定 X 轴和 Y 轴，最后确定其他轴。标准 JB/T 3051—1999 中规定，机床某一零件运动的正方向，是指增大工件和刀具之间距离的方向。

（1） Z 轴。 Z 轴的方向是由传递切削力的主轴确定的，与主轴轴线平行的坐标轴即为 Z 轴，如图 1.8 和图 1.9 所示。如果机床没有主轴，则 Z 轴垂直于工件装夹面，如图 1.10 所示，同时规定刀具远离工件的方向作为 Z 轴的正方向。例如，在钻、镗加工中，钻入和镗入工件的方向为 Z 坐标的负方向，而退出为正方向。

（2） X 轴： X 轴是水平的，平行于工件的装夹面，且垂直于 Z 轴。这是在刀具或工件定位平面内运动的主要坐标。对于工件旋转的机床（如车床、磨床等）， X 坐标的方向如图 1.8 所示，对于刀具旋转的机床（铣床、镗床、钻床等），如 Z 轴是垂直的，当从刀具主轴向立柱看时，X 运动的正方向指向右，如图 1.11 所示。如果 Z 轴是水平的，当从主轴向工件方向看时，X 轴的正方向指向右，如图 1.12 所示。

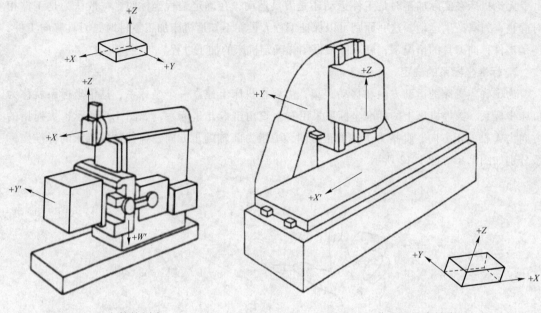

图 1.10　牛头数控刨床　　　　　　　　图 1.11　曲面和轮廓铣床

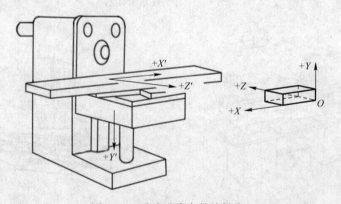

图 1.12　卧式升降台数控铣床

（3）Y 轴：Y 轴垂直于 X、Z 轴。Y 运动的正方向根据 X 和 Z 坐标的正方向，按照右手直角笛卡儿坐标系来判断。

（4）旋转运动：围绕坐标轴 X、Y、Z 旋转的运动，分别用 A、B、C 表示，它们的正方向用右手螺旋法则判定，如图 1.7 所示。

（5）附加轴：如果在 X、Y、Z 主要坐标以外，还有平行于它们的坐标，可分别指定为 P、Q 和 R。

（6）工件运动时的相反方向：对于工件运动而不是刀具运动的机床，必须将前述为刀具运动所作的规定，作相反的安排，用带 "'" 的字母，如 $+X'$ 表示工件相对于刀具正向运动指令，而不带 "'" 的字母，如 $+X$，则表示刀具相对于工件负向运动指令，二者表示的运动方向正好相反，如图 1.9 和图 l. 12 所示，对于编程人员只考虑不带"'"的运动方向；对于机床制造者，则需要考虑带"'"的运动方向。

（7）若有第二直角坐标系，可用 U、V、W 表示。如图 1.10 中的 + W′表示机床有第二轴，且工件相对于刀具在 Z 轴正方向运动。

1.4.2　绝对坐标和增量（相对）坐标系

在编写零件加工程序时，可选择绝对坐标，也可选择增量（相对）坐标。所有坐标点均以某一固定原点计量的坐标系称为绝对坐标系，用第 1 坐标系 X、Y、Z 表示。图 1.13 中，X_A = 30，Z_A = 35；X_B = 12，Z_B = 15。

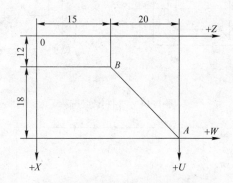

图 1.13　绝对坐标和相对坐标

运动轨迹的终点坐标以其起点计量的坐标系称为增量（相对）坐标系，常用代码中的第 2 坐标系 U、W 表示，终点 B 的增量（相对）坐标为：U_B = -18，W_B = -20。编程时，根据数控装置的坐标功能，从编程方便（按图样的尺寸标注）及加工精度等要求出发选用坐标系。对于车床可以选用绝对坐标或增量（相对）坐标，有时也可以两者混合使用；而铣床及线切割机床则常用增量（相对）坐标。

1.4.3　工件坐标系

工件坐标系是用于确定工件几何图形上各几何要素（点、直线和圆弧）的位置而建立的坐标系，工件坐标系的原点即是工件零点，选择工件零点时，最好把工件零点放在工件图的尺寸能够方便地转换成坐标值的地方，车床工件零点一般设在主轴中心线上，工件的右端面或左端面。铣床工件零点，一般设在工件外轮廓的某一个角上，进刀深度方向的零点，大多取在工件表面。工件零点的一般选用原则如下：

（1）工件零点选在工件图样的尺寸基准上，这样可以直接用图样标注的尺寸，作为编程点的坐标值，减少计算工作量。

（2）能使工件方便地装夹、测量和检验。

（3）工件零点尽量选在尺寸精度较高、粗糙度比较低的工件表面上，这样可以提高工件的加工精度和同一批零件的一致性。

（4）对于有对称形状的几何零件，工件零点最好选在对称中心上，工件零点的选择如图 1.14 所示，其中数控车床的工件零点如图 1.14（a）所示，数控铣床的工件零点如图 1.14（b）

所示，工件坐标系的设定可以通过输入工件零点与机床原点在 X、Y、Z 三个方向上的距离（x、y、z）来实现，如图 1.15 所示，要设定工件坐标系 G54，只要通过控制面板或其他方式，输入 $X20$、$Y30$ 即可完成。

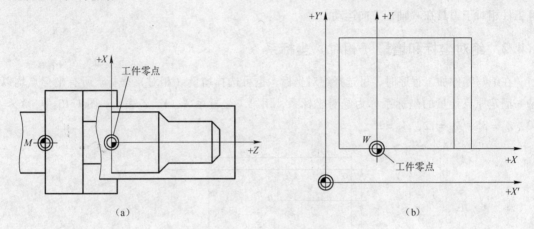

图 1.14　工件零点选择

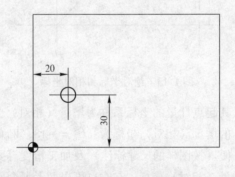

图 1.15　工件坐标系的设定

1.4.4　数控机床的对刀点

1. 机床原点与参考点

机床原点是指机床坐标系的原点，即 $X=0$，$Y=0$，$Z=0$ 的点。机床原点是机床的最基本点，它是其他所有坐标，如工件坐标系、编程坐标系以及机床参考点的基准点。从机床设计的角度看，该点位置可以是任意点，但对某一具体机床来说，机床原点是固定的。数控车床的原点一般设在主轴前端的中心。数控铣床的原点位置，各生产厂家不一致，有的设在机床工作台中心，有的设在进给行程范围的终点。

机床参考点是用于对机床工作台、滑板以及刀具相对运动的测量系统进行定标和控制的点，有时也称机床零点。它是在加工之前和加工之后，用控制面板上的回零按钮使移动部件退离到机床坐标系中的一个固定不变的极限点。参考点相对机床原点来讲是一个固定值。例如，数控车床参考点是指车刀退离主轴端面和中心线最远并且固定的一个点，国产经济型数控车床的坐标系如图 1.16 所示。机床原点 O 取在卡盘后端面与中心线的交点处，参考点 O' 设在 $x=200\ mm$，$z=400\ mm$ 处。

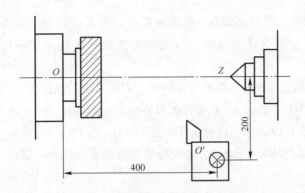

图 1.16　国产经济型数控车床的坐标系

数控机床在工作时，移动部件必须首先返回参考点，测量系统置零之后测量系统即可以参考点作为基准，随时测量运动部件的位置。

2. 编程原点

编制程序时，为了编程方便，需要在图样上选择一个适当的位置作为编程原点，即程序原点或程序零点。一般对于简单零件，工件零点就是编程零点，这时的编程坐标系就是工件坐标系。而对于形状复杂的零件，需要编制几个程序或子程序。为了编程方便和减少许多坐标值的计算，编程零点就不一定设在工件零点上，而是设在便于程序编制的位置上。数控机床上的机床坐标系、机床参考点、工件坐标系、编程坐标系及相关点的位置关系如图 1.17 所示。

3. 对刀

在数控加工中，工件坐标系确定后，还要确定刀具的刀位点在工件坐标系中的位置，即常说的对刀问题。目前在数控机床上，常用的对刀方法为手动试切对刀。

（1）经济型数控车床的对刀：数控车床对刀方法基本相同，首先，建立如图 1.18 所示的工件坐标系，将工件在三爪自定心卡盘上装夹好之后，用手动方法操作机床，具体步骤如下：

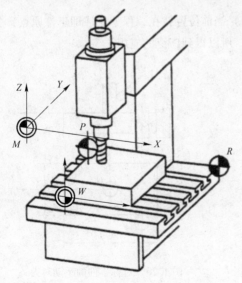

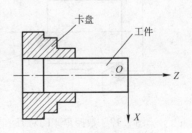

图 1.17　机床的坐标系及相互关系

M—机床原点；*R*—机床参考点；*W*—工件原点；*P*—编程原点

图 1.18　经济型数控车床
的工件坐标系

① 返回参考点操作：采用 ZERO（返回参考点）方式进行返回参考点的操作，建立机床坐标系，此时 CRT 上将显示刀架中心（对刀参考点）在机床坐标系中的当前位置的坐标值。

② 试切对刀：先用已选好的刀具将工件外圆表面车一刀，保持 X 向尺寸不变，Z 向退刀，按设置编程零点键，CRT 上显示 X、Z 坐标值都清成零（即 X0，Z0）；然后，停止主轴，测量工件外圆直径 D，如图 1.19 所示。再将工件端面车一刀，当 CRT 上显示的 X 坐标值为 $-(D/2)$ 时，按设置编程零点键，CRT 上显示 X、Z 坐标值都清成零（即 X0、Z0），系统内部完成了编程零点的设置功能。

③ 建立工件坐标系：刀尖（车刀的刀位点）当前位置就在编程零点（即工件原点）上。

（2）数控铣床的对刀：假设零件为对称零件，并且毛坯已测量好，长为 L_1、宽为 L_2，平底立铣刀的直径也已测量好，如图 1.20 所示，将工件在铣床工作台上装夹好后，在手动方式下操纵机床，具体步骤如下：

① 返回参考点操作：采用 ZERO（返回参考点）方式进行返回参考点的操作，建立机床坐标系此时 CRT 上将显示铣刀中心（对刀参考点）在机床坐标系中的当前位置的坐标值。

② 手工对刀：先使刀具靠拢工件的左侧面（采用点动操作，以开始有微量切削为准），刀具如图 1.20 中的 A 位置，按设置编程零点键，CRT 上显示 X0、Y0、Z0，则完成 X 方向的编程零点设置。再使刀具靠拢工件的前侧面，刀具如图 1.20 中的 B 位置，保持刀具 Y 方向不动，使刀具 X 向退回，当 CRT 上显示 X 坐标值 0 时，按设置编程零点键，就完成 X、Y 两个方向的编程零点设置。最后抬高 Z 轴，移动刀具，考虑到存在铣刀半径，当 CRT 上显示 X 坐标值为 $(L_1/2 + 铣刀半径)$，Y 的坐标值为 $(L_2/2 + 铣刀半径)$ 时，使铣刀底部靠拢工件上表面，按设置编程零点键，CRT 上显示 X、Y、Z 坐标值都清零（即 X0、Y0、Z0），系统内部完成了编程零点的设置功能。即把铣刀的刀位点设置在工件对称中心上，即工件坐标系的工件原点上。

③ 建立工件坐标系：刀具（铣刀的刀位点）当前位置就在编程零点（即工件原点）上。由于手动试切对刀方法，调整简单、可靠和经济，所以得到广泛的应用。

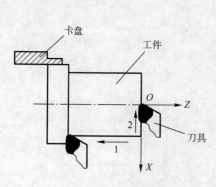

图 1.19　数控车床的对刀

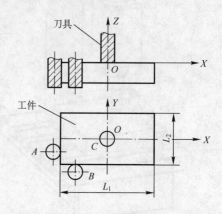

图 1.20　对称零件的手动对刀

1.5　数控切削刀具

数控刀具必须适应数控机床高速、高效和自动化程度高的特点，一般应包括通用刀具、通用连接刀柄及少量专用刀柄，刀柄要连接刀具并装夹在机床动力头上，目前数控刀具已逐渐标准化和系列化。

1. 数控刀具的分类

数控刀具种类繁多，如图 1.21 和图 1.22 所示。数控刀具的分类如下：

（1）按照刀具结构分类，可分为整体式、镶嵌式（采用焊接或机夹式联接。其中，机夹式又可分为不转位和可转位两种）、特殊型式（如复合式刀具、减振式刀具等）。

（2）按照制造刀具所用的材料分类，可分为高速钢刀具、硬质合金刀具、金刚石刀具、其他材料刀具（如立方氮化硼刀具、陶瓷刀具等）。

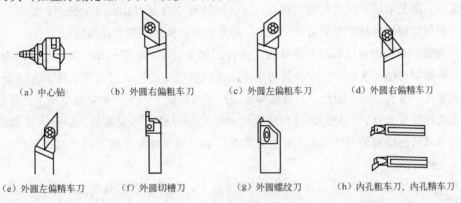

（a）中心钻　　（b）外圆右偏粗车刀　　（c）外圆左偏粗车刀　　（d）外圆右偏精车刀

（e）外圆左偏精车刀　　（f）外圆切槽刀　　（g）外圆螺纹刀　　（h）内孔粗车刀、内孔精车刀

图 1.21　数控车削常用刀具

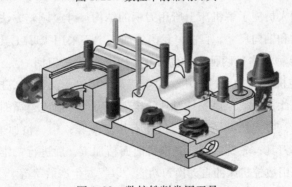

图 1.22　数控铣削常用刀具

（3）按照切削工艺分类，可分为车削刀具（其又可分外圆、内孔、螺纹、切割等多种刀具）、铣削刀具、钻削刀具（包括钻头、铰刀、丝锥等）、镗削刀具。

为了适应数控机床对刀具的耐用度、稳定、易调、可换等要求，近几年机夹式可转位刀具得到广泛的应用，在数量上占数控刀具总数的 30% ～ 40%，金属切除量占总数的 80% ～ 90%。

2. 数控刀具的特点

数控刀具与普通机床上所用的刀具相比，主要具有以下特点：

（1）刚性好（尤其是粗加工刀具）、精度高、抗振及热变形小；互换性好，便于快速换刀。

（2）寿命长，切削性能稳定、可靠。

（3）刀具的尺寸便于调整，减少了换刀调整时间。

（4）刀具能够可靠地断屑或卷屑，利于切屑的排除。

（5）系列化、标准化利于编程和刀具管理。

3. 数控加工刀具的选择

刀具的选择是在数控编程的人机交互状态下进行的，应根据机床的加工能力、工件材料的性能、加工工序切削用量以及其他相关因素来正确选用刀具及刀柄。刀具选择的总原则是：装夹调整方便、刚性好、耐用度和精度高。在满足加工要求的前提下，尽量选择较短的刀柄，以提高刀具加工的刚性，具体选用方法有以下4点。

（1）选取刀具时，要使刀具的尺寸与被加工工件的表面尺寸相适应。生产中，加工平面零件周边轮廓常采用立铣刀；铣削平面时，应选硬质合金刀片铣刀；加工凸台、凹槽时，选用高速钢立铣刀；加工毛坯表面或粗加工孔时，可选取镶硬质合金刀片的玉米铣刀；加工一些立体型面和变斜角轮廓外形时，常采用球头铣刀、环形铣刀、锥形铣刀和盘形铣刀。

（2）在进行自由曲面（模具）加工时，为保证加工精度，切削行距一般采用顶端密距，而球头刀具的端部切削速度为零，所以其常用于曲面的精加工。平头刀具在表面加工质量和切削效率方面都优于球头刀具，因此，只要在保证不过切的前提下，无论是曲面粗加工还是精加工，都应优先选择平头刀具。另外，刀具的耐用度和精度与刀具价格关系极大。在大多数情况下，选择好的刀具虽然增加了刀具成本，但由此带来的加工质量和加工效率的提高，则可以使整个加工成本大大降低。

（3）在加工中心上，各种刀具分别装夹在刀库上，按程序规定随时进行选刀和装刀动作，因此，必须采用标准刀柄，以使钻、镗、扩、铣削等工序用的标准刀具迅速、准确地装夹到机床主轴或刀库上。编程人员应了解机床上所用刀柄的结构尺寸、调整方法和调整范围，以便在编程时确定刀具的径向和轴向尺寸。目前，我国的加工中心采用TSG工具系统，其刀柄有直柄（3种规格）和锥柄（4种规格）两种，共包括16种不同用途的刀柄。

（4）在经济型数控机床的加工过程中，由于刀具的刃磨、测量和更换多为人工手动进行，占用辅助时间较长，因此，必须合理安排刀具的排列顺序。一般应遵循的原则：尽量减少刀具数量；一把刀具装夹后，应完成其所能进行的所有加工步骤；粗、精加工的刀具应分开使用，即使是相同尺寸规格的刀具；先铣后钻；先进行曲面精加工，后进行二维轮廓精加工；在可能的情况下，应尽可能利用数控机床的自动换刀功能，以提高生产效率等。

1.6　数控加工工艺

1.6.1　数控加工过程

数控加工就是根据零件图样及工艺技术要求等原始条件，编制零件数控加工程序，输入数控机床的数控系统，以控制数控机床中刀具相对工件的运动轨迹，从而完成零件的加工。利用数控机床完成零件的数控加工过程，如图 1.23 所示。

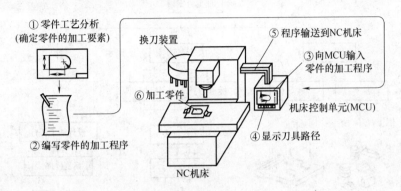

图 1.23　数控加工过程

由图 1.23 可以看出，数控加工过程的主要工作内容如下：

（1）根据零件加工图样进行工艺分析，确定加工方案、工艺参数和位移数据。

（2）用规定的程序代码和格式编写零件加工程序；或用自动编程软件直接生成零件的 NC 加工程序文件。

（3）程序的输入或传输。手工编程时，可以通过数控机床的操作面板输入程序；由自动编程软件生成的 NC 加工程序，通过计算机的串行通信接口直接传输到数控机床的数控单元（MCU）。

（4）将输入或传输到数控装置的 NC 加工程序进行试运行与刀具路径模拟等。

（5）通过对机床的正确操作，运行程序，完成零件的加工。

1.6.2　数控加工工艺系统

由图 1.23 可以看出，数控加工过程是在一个由数控机床、刀具、夹具和工件构成的数控加工工艺系统中完成的，NC 加工程序控制刀具相对工件的运动轨迹。因此，由数控机床、夹具、刀具和工件等组成的统一体，称为数控加工工艺系统。图 1.24 所示为数控加工工艺系统构成及其相互关系。数控加工工艺系统性能的好坏将直接影响零件的加工精度和表面质量。

（1）数控机床。采用数控技术或者装备了数控系统的机床，称为数控机床。数控机床是一种技术密集度和自动化程度都比较高的机电一体化加工装备，是实现数控加工的主体，是零件加工的工作机械。

（2）夹具。在机械制造中，用以装夹工件和引导刀具的装置统称为夹具。在机械制造过程中，夹具的使用十分广泛，从毛坯制造到产品装配以及检测的各个生产环节，都有许多不同种类的夹具。夹具用来固定工件并使之保持正确的位置，是实现数控加工的纽带。

（3）刀具。金属切削刀具是现代机械加工中的重要工具，无论是普通机床还是数控机床，都必须依靠刀具才能完成切削工作。刀具是实现数控加工的桥梁。

（4）工件。工件是数控加工的对象。

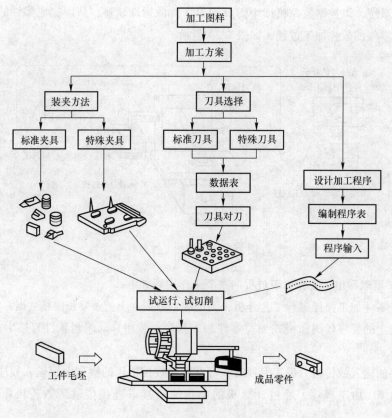

图 1.24　数控加工工艺系统

1.6.3　数控加工工艺的特点与过程

1. 数控加工工艺的特点

由于数控加工采用 CNC 系统的数控机床，使得数控加工与普通加工相比具有加工自动化程度高、加工精度高、加工质量稳定、生产效率高、生产周期短、设备使用费用高等特点。因此，数控机床加工工艺与普通机床加工工艺相比，具有如下特点：

（1）数控加工工艺内容要求十分具体、详细。所有工艺问题必须事先设计和安排好，并编入加工程序中。数控加工工艺不仅包括详细的切削加工步骤和所用工装夹具的装夹方案，还包括刀具的型号、规格、切削用量和其他特殊要求的内容，以及标有数控加工坐标位置的工序图等。在自动编程中更需要确定详细的加工工艺参数。

（2）数控加工工艺设计要求更严密、精确。数控加工过程中可能遇到的所有问题都必须事先精心考虑到，否则将导致严重的后果。例如，攻螺纹时，数控机床不知道孔中是否已挤满铁屑，是否需要退刀清理铁屑后再继续加工。又如，普通机床加工时，可以多次"试切"来满足零件的精度要求；而数控加工过程，严格按规定尺寸进给，要求准确无误。因此，数控加工工艺设计要求更加严密、精确。

（3）制定数控加工工艺要进行零件图样的数学处理和编程尺寸设定值的计算。编程尺寸并不是零件图样上设计尺寸的简单再现。在对零件图样进行数学处理和计算时，编程尺寸设定值要根据零件尺寸公差要求和零件的形状几何关系重新调整计算，才能确定合理的编程尺寸。

（4）要考虑进给速度对零件形状精度的影响。制定数控加工工艺时，选择切削用量要考虑进给速度对加工零件形状精度的影响。在数控加工中，刀具的移动轨迹是由插补运算完成的。根据插补原理分析，在数控系统已定的条件下，进给速度越快，则插补精度越低，导致工件的轮廓形状精度越差。尤其在高精度加工时，这种影响非常明显。

（5）强调刀具选择的重要性。复杂形面的加工编程通常采用自动编程方式。在自动编程中，必须先选定刀具再生成刀具中心运动轨迹，因此对于不具有刀具补偿功能的数控机床来说，若刀具预先选择不当，则所编程序只能推倒重来。

（6）数控加工工艺的加工工序相对集中。由于数控机床特别是功能复合化的数控机床，一般都带有自动换刀装置，在加工过程中能够自动换刀，一次装夹即可完成多道工序或全部工序的加工。因此，数控加工工艺的明显特点是工序相对集中，表现为工序数目少、工序内容多，并且由于在数控机床上尽可能安排较复杂的加工工序，所以数控加工工艺的工序内容比普通机床加工的工序内容复杂。

2. 数控加工工艺过程的主要内容

数控加工工艺过程的主要内容如下所述：

（1）选择并确定进行数控加工的内容。

（2）对零件图样进行数控加工工艺分析。

（3）设计零件数控加工工艺方案。

（4）确定工件装夹方案。

（5）设计工步和加工进给路线。

（6）选择数控加工设备。

（7）确定刀具、夹具和量具。

（8）对零件图样进行数学处理并确定编程尺寸设定值。

（9）确定加工余量。

（10）确定工序、工步尺寸及公差。

（11）确定切削参数。

（12）选择切削液。

（13）编写、校验、修改加工程序。

（14）首件试加工与现场工艺问题处理。

（15）数控加工工艺技术文件的定型与归档。

1.7 数控加工工艺文件制定

数控加工工艺文件既是数控加工的依据，也是操作者遵守、执行的作业指导书。数控加工工艺文件是对数控加工的具体说明，目的是让操作者更明确加工程序的内容、装夹方式、加工顺序、走刀路线、切削用量和各个加工部位所选用的刀具等作业指导规程。数控加工工艺文件主要有数控加工工序卡和数控加工刀具卡，更详细的还有数控加工走刀路线图等。另外，有些数控加工工序卡还要求画出工序简图。

目前，数控加工工序卡、数控加工刀具卡及数控加工走刀路线图还没有统一的标准格式，都是由各个单位结合具体情况自行确定的。

1.7.1 数控加工工序卡

数控加工工序卡与普通加工工序卡有许多相似之处，而不同之处在于：若要求画出工序简图，工序简图中应注明编程原点与对刀点，要有简要编程说明（如所用数控机床型号、程序编号）以及切削参数（即程序编入的主轴转速、进给速度、最大背吃刀量或宽度等）的选择。一般的数控加工工序卡如表 1.2 所示。

表 1.2　×××数控加工工序卡

单 位 名 称	×××		产品名称或代号	零 件 名 称		零 件 图 号
			×××	×××		×××
工序号	程序编号		夹具名称	加工设备		车间
×××	×××		×××	×××		×××
工序简图							
工步号	工步内容	刀具号	刀具规格	主轴转速	进给速度	背吃刀量	备注
编制	×××	审核	×××	批准	×××	年 月 日	共 页	第 页

1.7.2 数控加工刀具卡

数控加工刀具卡反映了刀具编号、刀具型号规格与名称、刀具的加工表面、刀具数量和刀长等内容。有些更详细的数控加工刀具卡还要求反映刀具结构、尾柄规格、组合件名称代号、刀片型号和材料等内容。数控加工刀具卡是组装和调整刀具的依据。一般的数控加工刀具卡如表 1.3 所示。

表 1.3　×××数控加工刀具卡

产品名称或代号		×××	零件名称		×××	零件图号		×××
序号	刀具号	刀　　具				加工表面		备注
		型号、规格、名称	数量	刀长/mm				
编制	×××	审核	×××	批准	×××	年 月 日	共 页	第 页

1.7.3　数控加工走刀路线图

数控加工走刀路线图可以告诉操作者关于编程中的刀具运动路线，如从哪里下刀、在哪里抬刀、哪里是斜下刀等。为简化走刀路线图，一般可采用统一约定的符号来表示，不同的机床可以采用不同的图例与格式。表1.4所示为一种常见的数控加工走刀路线图示表。

表1.4　×××数控加工走刀路线图示表

零件图号	×××	工序号	×××	工步号	×××	程序号	×××
机床型号	×××	程序段号	×××	加工内容	铣轮廓周边	共　页	第　页

				编程	
				校对	
				审批	

符号	⊙	⊗	◕	∘→	→	←ˇ	∘-- --	↗∘-∘↘	⇌
含义	抬刀	下刀	编程原点	起刀点	走刀方向	走刀线相交	爬斜坡	铰孔	行切

1.8　数控机床的文明生产和日常维护

1.8.1　文明生产和安全操作规程

1. 文明生产

文明生产是现代企业制度的一项十分重要的内容，而数控加工是一种先进的加工方法，它与通用机床加工相比，数控机床自动化程度高；采用了高性能的主轴部件及传动系统；机械结构具有较高刚度和耐磨性；热变形小；采用高效传动部件（滚珠丝杠、静压导轨）；具有自动换刀装置。

操作者除了需掌握数控机床的性能、精心操作外，一方面要管好、用好和维护好数控机床；另一方面还必须养成文明生产的良好工作习惯和严谨工作作风，具有较高的职业素质、责任心和良好的合作精神。

2. 数控车床安全操作规程

（1）数控车床的使用环境要避免光的直接照射和其他热辐射，要避免太潮湿或粉尘过多的场所，特别要避免有腐蚀气体的场所。

（2）为了避免电源不稳定给电子元器件造成损坏，数控机床应采取专线供电或增设稳压装置。

（3）数控车床的开机、关机顺序，一定要按照机床说明书的规定进行操作。

（4）主轴启动开始切削之前一定要关好防护罩门，程序正常运行中严禁开启防护罩门。

（5）机床在正常运行时不允许打开电控柜门，禁止按动"急停""复位"按钮。

（6）机床发生事故，操作者要注意保留现场，并向维修人员如实说明事故发生前后的情况，以利于分析问题，查找事故原因。

（7）数控车床的使用一定要有专人负责，严禁其他人员随意动用数控设备。

（8）要认真填写数控机床的工作日志，做好交接工作，消除事故隐患。

（9）不得随意更改数控系统内制造厂设定的参数。

3. 数控铣床、加工中心操作规程

为了正确合理地使用数控铣床、加工中心，保证机床正常运转，必须制定比较完整的数控铣床、加工中心操作规程，通常应做到如下几点。

（1）机床通电后，检查各开关、按钮和键是否正常、灵活，机床有无异常现象。

（2）检查电压、气压、油压是否正常，有手动润滑的部位先要进行手动润滑。

（3）各坐标轴手动回零（机床参考点），若某轴在回零前已在零位，必须先将该轴移动离零点一段距离后，再行手动回零。

（4）在进行工作台回转交换时，台面上、护罩上、导轨上不得有异物。

（5）机床空运转达 15 min 以上，使机床达到热平衡状态。

（6）程序输入后，应认真核对，保证无误，其中包括对代码、指令、地址、数值、正负号、小数点及语法的查对。

（7）按工艺规程装夹找正夹具。

（8）正确测量和计算工件坐标系，并对所得结果进行验证和验算。

（9）将工件坐标系输入到偏置页面，并对坐标、坐标值、正负号、小数点进行认真核对。

（10）未装夹工件以前，空运行一次程序，观察程序能否顺利执行，刀具长度选取和夹具装夹是否合理，有无超程现象。

（11）刀具补偿值（刀长、半径）输入偏置页面后，要对刀补号、补偿值、正负号、小数点进行认真核对。

（12）装夹工具，注意螺钉压板是否妨碍刀具运动，检查零件毛坯和尺寸超常现象。

（13）检查各刀头的安装方向及各刀具旋转方向是否合乎程序要求。

（14）查看各杆前后部位的形状和尺寸是否合乎程序要求。

（15）镗刀头尾部露出刀杆直径部分，必须小于刀尖露出刀杆直径部分。

（16）检查每把刀柄在主轴孔中是否都能拉紧。

（17）无论是首次加工的零件，还是周期性重复加工的零件，首件都必须对照图样工艺、程序和刀具调整卡，进行逐段程序的试切。

（18）单段试切时，快速倍率开关必须置于最低挡。

（19）每把刀首次使用时，必须先验证它的实际长度与所给刀补值是否相符。

（20）在程序运行中，要观察数控系统上的坐标显示，可了解目前刀具运动点在机床坐标系及工件坐标系中的位置。了解程序段的位移量，以及剩余位移量等。

（21）程序运行中，也要观察数控系统上的工作寄存器和缓冲寄存器显示，查看正在执行的程序段各状态指令和下一个程序段的内容。

（22）在程序运行中，要重点观察数控系统上的主程序和子程序，了解正在执行主程序段的具体内容。

（23）试切进刀时，在刀具运行至工件表面 30 ~ 50 mm 处，必须在保持进给下，验证 Z 轴剩余坐标值和 X、Y 轴坐标值与图样是否一致。

（24）对一些有试刀要求的刀具，采用"渐近"方法，如先镗一小段长度，检测合格后，再镗到整个长度。使用刀具半径补偿功能的刀具数据，可由小到大，边试边修改。

（25）试切和加工中，刃磨刀具和更换刀具后，一定要重新测量刀长并修改好刀补值和刀补号。

（26）程序检索时应注意光标所指位置是否合理、准确，并观察刀具与机床运动方向坐标是否正确。

（27）程序修改后，对修改部分一定要仔细计算和认真核对。

（28）手摇进给和手动连续进给操作时，必须检查各种开关所选择的位置是否正确，弄清正负方向，认准按键，然后再进行操作。

（29）全批零件加工完成后，应核对刀具号、刀补值，使程序、偏置页面、调整卡及工艺中的刀具号、刀补值完全一致。

（30）从刀库中卸下刀具，按调整卡或程序清理编号入库。

（31）卸下夹具，某些夹具应记录装夹位置及方位，并做出记录、存档。

（32）清扫机床并将各坐标轴停在中间位置。

1.8.2　日常维护

1. 数控车床日常维护

为了使数控车床保持良好状态，除了发生事故应及时修理外，坚持经常的维护保养是十分重要的。坚持定期检查，经常维护保养，可以把许多故障隐患消灭在发生之前，防止或减少事故的发生。不同型号的数控车床要求不完全一样，对于具体情况进行具体分析。

（1）每天做好各导轨面的清洁，有自动系统的机床要定期检查、清洗自动系统，检查油量并及时添加。

（2）每天检查主轴自动系统是否在工作。

（3）注意检查电控柜中冷却是否工作正常，风道网有无堵塞。

（4）注意检查冷却系统，检查液面高度，及时添加油或水，油、水脏时要更换清洗。

（5）注意检查主轴驱动皮带，调整松紧程度。

（6）注意检查导轨镶条松紧程度，调节间隙。

（7）注意检查机床液压系统油箱、油泵有无异常噪声，工作油面高度是否合适，压力表指示是否正常，管路及各接头有无泄漏。

（8）注意检查导轨、机床防护罩是否齐全有效。

（9）注意检查各运动部件的机械精度，减少形状和位置偏差。

（10）每天下班前做好机床清扫卫生，清扫铁屑，擦净导轨部件的冷却液，防止导轨生锈。

（11）机床启动后，在机床自动连续运转前，必须监视其运转状态。

（12）确认冷却液输出通畅，流量充足。

（13）机床运转时，不得调整刀具和测量工件尺寸，手不得靠近旋转的刀具和工件。

（14）停机时除去工件或刀具上的切屑。

（15）加工完毕后关闭电源，清扫机床并涂防锈油。

2. 数控铣床、加工中心日常维护保养

（1）维护保养的意义。数控机床使用寿命的长短和故障的高低，不仅取决于机床的精度和性能，很大程度上也取决于它的正确使用和精心维护。正确的使用能防止设备非正常磨损，避免突发故障，精心的维护可使设备保持良好的状态，延缓劣化进程，及时发现和消除隐患，从而保障安全运行，保证企业的经济效益，实现企业的经营目标。因此，机床的正确使用与精心维护是贯彻设备管理以防为主的重要环节。

（2）维护保养必备的基本知识。数控机床具有机、电、液集于一体，技术密集和知识密集的特点。因此，数控机床的维护人员不仅要有机械加工工艺及液压、气动方面的知识，也要具备计算机、自动控制、驱动及测量技术等知识，这样才能全面了解、掌握数控机床以及做好机床的维护保养工作。维护人员在维修前应详细阅读数控机床有关说明书，对数控机床有一个详细的了解，包括机床结构特点、工作原理，以及电缆的连接。

（3）数控机床进行日常维护和保养的目的是延长元器件的使用寿命和机械部件的变换周期，防止发生意外的恶性事故；使机床始终保持良好的状态，并保持长时间的稳定工作。不同型号的数控机床的日常保养的内容和要求不完全一样，机床说明书中已有明确的规定，但总的来说主要包括以下几个方面：

① 检查润滑状态，定期检查、清洗自动润滑系统，加或更换油脂、油液，使丝杠导轨等各运动部位始终保持良好的润滑状态，以降低机械的磨损速度。

② 机械精度的检查调整，以减少各运动部件之间的形状和位置偏差，包括换刀系统、工作台交换系统、丝杠、反向间隙等的检查调整。

③ 经常清扫。如果机床周围环境太脏、粉尘太多，均可影响机床的正常运行。电路板上太脏，可能产生短路现象；油水过滤器、完全过滤网等太脏，会发生压力不够、散热不好，造成故障。所以必须定期进行清扫。数控机床日常保养如表1.5所示。

表1.5 日常保养一览表

序号	检查周期	检 查 部 位	检 查 要 求
1	每天	导轨润滑油箱	检查油标、油量，及时添加润滑油，润滑泵能定时启动打油及停止
2	每天	X，Y，Z 轴向导轨面	清除切屑及脏物，检查润滑油是否充分，导轨面有无划伤损坏
3	每天	压缩空气源压力	检查气动控制系统压力，应在正常范围
4	每天	气源自动分水滤气器	及时清理分水器中滤出的水分，保证自动工作正常
5	每天	气液转换器和增压器油面	发现油面不够时及时补足油
6	每天	主轴润滑恒温油箱	工作正常，油量充足并调节温度范围
7	每天	机床液压系统	油箱、液压泵无异常噪声，压力指示正常，管路及各接头无泄漏，工作油面高度正常

序号	检查周期	检 查 部 位	检 查 要 求
8	每天	液压平衡系统	平衡压力指示正常，快速移动时平衡阀工作正常
9	每天	CNC 的输入/输出单元	光电阅读机清洁，机械结构润滑良好
10	每天	各种电控柜散热通风装置	各电控柜冷却风扇工作正常，风道过滤网无堵塞
11	每天	各种防护装置	导轨、机床防护罩等无松动、漏水
12	每半年	滚珠丝杠	清洗丝杠上旧的润滑脂，涂上新油脂
13	每半年	液压油路	清洗溢流阀、减压阀、滤油器，清洗油箱底，更换或过滤液压油
14	每半年	主轴润滑恒温油箱	清洗过滤器，更换润滑脂
15	每年	检查并更换直流伺服电动机碳刷	检查换向器表面，吹净碳粉，去除毛刺，更换长度过短的电刷，并应跑合后才能使用
16	每年	润滑液压，滤油器清洗	清理润滑油池底，更换滤油器
17	不定期	检查各轴导轨上镶条、压滚轮松紧状态	按机床说明书调整
18	不定期	冷却水箱	检查液面高度，冷却液太脏时需要更换并清理水箱底部，经常清洗过滤器
19	不定期	排屑器	经常清理切屑，检查有无卡住等
20	不定期	清理废油池	及时取走滤油池中废油，以免外溢
21	不定期	调整主轴驱动带松紧	按机床说明书调整

3. 数控系统的日常维护

数控系统使用一定时间之后，某些元器件或机械部件会损坏。延长元器件的寿命和零部件的磨损周期，防止各种故障，特别是恶性事故的发生，延长整台数控系统的使用寿命，是数控系统进行日常维护的目的。具体的日常维护要求，在数控系统的使用、维修说明书中一般都有明确的规定。总的来说，要注意以下几点。

（1）制定数控系统日常维护的规章制度：根据各种部件的特点，确定各自保养条例，如明文规定哪些地方需要天天清理，哪些部件要定时加油或定期更换等。

（2）应尽量少开数控柜和强电柜的门：机加工车间空气中一般都含有油雾、飘浮的灰尘甚至金属粉末。一旦它们落在数控装置内的印制电路板或电子元器件上，容易引起元器件间绝缘电阻下降，并导致元器件及印制电路板的损坏。因些，除非进行必要的调整和维修，否则不允许加工时敞开柜门。

（3）定时清理数控装置的散热通风系统：应每天检查数控装置上各个冷却风扇工作是否正常。视工作环境的状况，每半年或每季度检查一次风道过滤器是否有堵塞现象，如过滤网上灰尘积聚过多，需要及时清理，否则将会引起数控装置内温度过高（一般不允许超过 55 ~ 60°），致使数控系统不能可靠地工作，甚至发生过热报警现象。

（4）定期检查和更换直流电动机电刷：虽然在现代数控机床上有交流伺服电动机和交流主轴电动机取代直流伺服电动机和直流主轴电动机的倾向。但广大用户所用的，大多数还是直流电动机。而电动机电刷的过度磨损将会影响电动机的性能，甚至造成电动机损坏。为此，应对电动机电刷进行定期检查和更换。检查周期随机床使用频繁度而异，一般为每半年或一年检查一次。

（5）经常监视数控装置用的电网电压：数控装置通常允许电网电压在额定值的 ±10% ～ 15% 的范围内波动。如果超出此范围就会造成系统不能正常工作，甚至会引起数控系统内的电子元器件损坏。为此，需要经常监视数控装置用的电网电压。

（6）存储器用的电池需要定期更换：存储器如采用 CMOS RAM 器件，为了在数控系统不通电期间能保持存储的内容，设有可充电电池维持电路。在正常电源供电时，由 +5V 电源经一个二极管向 CMOS RAM 供电，同时对可充电电池进行充电；当电源停电时，则改由电池供电维持 CMOS RAM 的信息。在一般情况下，即使电池仍未失效，也应每年更换一次，以便确保系统能正常工作。电池的更换应在 CNC 装置通电状态下进行。

（7）数控系统长期不用时的维护：为提高系统的利用率和减少系统的故障率，数控机床长期闲置不用是不可取的。若数控系统处在长期闲置的情况下，需注意以下两点：一是要经常给系统通电，特别是在环境温度较高的梅雨季节更是如此。在机床锁住不动的情况下，让系统空运行。利用电子元器件本身的发热来驱散数控装置内的潮气，保证电子元器件性能的稳定可靠。实践证明，在空气湿度较大的地区，经常通电是降低故障率的一个有效措施。二是如果数控机床的进给轴和主轴采用直流电动机来驱动，应将电刷从直流电动机中取出，以免由于化学腐蚀作用，使换向器表面腐蚀，造成换向性能变坏，使整台电动机损坏。

（8）备用印制电路板的维护：印制电路板长期不用是容易出故障的。因此，对于已购置的备用印制电路板应定期装到数控装置上通电，运行一段时间，以防损坏。

习　题　1

1.1　比较数控机床与普通机床加工的过程，有什么区别？

1.2　数控系统主要组成部分有哪些？功用如何？

1.3　NC 与 CNC 的主要区别？

1.4　数控车床、数控铣床的机械原点和参考点之间的关系如何？

1.5　绝对值编程和增量（相对）值编程有什么区别？

1.6　手工编程和自动编程的区别以及适用场合。

1.7　数控机床常用的程序输入方法有哪些？

1.8　数控加工机床按加工控制路线应分为哪几类？其控制过程有何不同？

1.9　数控加工工艺处理的内容有哪些？

1.10　数控加工的工序有哪几种划分方法？

1.11　加工路线的确定应遵循哪些主要原则？

1.12　槽形铣削有哪些方法？

1.13　粗、精加工时选用切削用量的原则有什么不同？

1.14　程序中常用的工艺指令有哪些？

1.15　数控加工常用的工艺文件有哪些？

第 2 章　数控车床加工技术与实训

本章主要内容

本章主要讲述了 FANUCO – TD 系统的数控车床概述、坐标系统、编程指令、辅助功能、FANUCO – TD 系统数控车床设置工件零点的方法、FANUCO – TD 系统数控车床的操作和加工实例。

本章学习重点

(1) 了解 FANUCO – TD 系统数控车床的结构特点、编程指令和辅助功能；
(2) 掌握 FANUCO – TD 系统数控车床的操作程序、操作方法；
(3) 会正确进行对刀、刀具补偿和工件首件试切削。

2.1　数控车床概述

2.1.1　数控车床功能特点

本节以 FANUCO – TD 系统的数控车床为例，介绍数控车床的操作及其注意事项。该卧式数控车床采用的是 FANUCO – TD – II 型数控系统，除 CRT 面板外，还有两块用户操作面板，这两块操作面板上的各个功能符号的定义和使用方法在下节具体介绍它们的功用。

1. 主要功能和用途

数控车床能对两坐标（横向 Z、纵向 X）进行连续伺服自动控制，能自动实现直线插补和圆弧插补，自动过象限，能对黑色金属、有色金属和非金属工件自动完成内圆表面、端面、各种螺纹（公英制螺纹、锥螺纹和端面螺纹）、钻绞和镗孔等一般性车削和精密加工。特别适合于加工轻金属零件和小型零件。

本机床导轨采用高频淬火和精密磨削，两轴传动采用高精密滚珠丝杆，主轴采用双速电动机，可获得 33 ～ 2 000 r/min 16 级转速，系统采用中文显示方式，具有图形显示功能，ISO 国际数控代码编程，程序可手动输入和 RS232 接口输入、输出，机床采用交流伺服电动机和液压自动润滑和冷却。

2. 技术参数

本机床的数控参数如下：

项目	公称尺寸
床身上最大回转直径	400 mm
最大工件长度	750 mm
床身宽度	274 mm
主轴通孔直径	ϕ52 mm
主轴转速	33 ～ 2 000 r/min 十六级
主轴电动机功率	5.5 kW
快速移动范围	X：<4 m/min
	Z：<8 m/min
系统最小输出当量	X：0.001 mm（直径量）
	Z：0.001 mm
系统最小输入当量	0.001 mm
进给电动机	
Z 向　FANUC　β 交流伺服电动机	900 W　4.7 A　2 000 r/min
X 向　FANUC　β 交流伺服电动机	900 W　4.7 A　2 000 r/min

2.1.2　FANUC 数控车床控制面板

1. 方式译码开关

图 2.1 所示为方式译码开关。方式译码开关有 7 种方式：

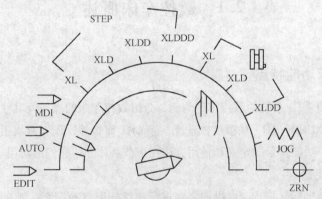

图 2.1　方式译码开关

EDIT	程序编辑方式，编辑一个已存储的程序。
AUTO	程序自动运行方式，自动运行一个已存储的程序。
MDI	手动数据输入方式，直接运行手动输入的程序。
INC	增量进给方式。
HANDLE	手摇脉冲方式，使用手轮，步进的值由手轮开关来选择。
JOG	手动进给方式，使用点动键或其他手动开关。
ZRN	回零方式，手动返回参考点。

说明：这个开关是方式译码开关，机床的一切运行都是围绕着这 7 种方式进行，也就是说，

机床的每一个动作，都必须在某种方式确定的前提下才有实际意义。另外，在这 7 种方式中，我们把 MDI 方式、AUTO 方式和 EDIT 方式统称为自动方式，把 INC 方式、HANDLE 方式、JOG 方式和 ZRN 方式统称为手动方式。自动方式和手动方式最本质的区别在于，自动方式下机床的控制是通过程序执行 G 代码和 M、S、T 指令来达到机床控制的要求，而手动方式是通过面板上其他驱动按键和倍率开关的配合来达到控制目的的。

（1）MDI 方式。MDI 方式是手动数据输入方式，一般情况下，MDI 方式用来进行单段的程序控制，如 T0200，或者是 G00 X10，它只是针对一段程序编程，不需要编写程序号和程序序号，并且程序一旦执行完以后，就不再驻留在内存。另外，它是通过 CRT 面板上的 OUTPUT 按键或者用户操作面板上的 ST 绿色程序启动按钮来驱动程序和执行的。

（2）AUTO 方式。AUTO 方式是程序自动运行方式。编辑以后的程序可以在这个方式下执行，同时可以诊断程序格式的正确性。

（3）EDIT 方式。EDIT 方式是程序编辑存储方式。程序的存储和编辑都必须在这个方式下执行，有关这个方式下的程序操作步骤，请参阅 FANUC 操作手册。

（4）INC 方式。INC 方式是增量进行方式。在增量进给方式下，每按一下方向进给键"＋X""－X""＋Z""－Z"，机床就移动一个进给当量，而每个当量的单位是通过选择 INC 方式下 X1、X10、X100、X1000 这四个挡位来进行选择的。例如，在选择 X1 的情况下，假若机床参数的设定是直径编程，CRT 上坐标显示移动 0.001 mm，但实际机床本身只移动了 0.0005 mm。通过以上介绍，可以看出，机床上伺服电动机本身的分辨率很高，但是由于机械方面精度无法达到这个要求，所以，机床精度也就低于这个精度。另外，各个挡位对应的进给当量如下所示：

X1：0.001 mm

X10：0.01 mm

X100：0.1 mm

X1000：1 mm

（5）HANDLE 方式。HANDLE 是手摇轮方式。在这个方式下，通过摇动手摇脉冲发生器来达到机床移动控制的目的。在手摇方式下，机床移动快慢是通过选择手轮方式下的 X1、X10、X100 这三个手轮倍率挡位开关来进行控制的，当选择 X1 挡位时，手轮移动一个脉冲，机床就移动 0.001 mm 的脉冲当量，另外，机床 X 轴、Z 轴的移动是通过操作面板上的轴选择开关来控制的，而每个轴移动的方向对应于手轮上的"＋""－"符号方向。

（6）JOG 方式。JOG 方式是手动进给方式。在 JOG 方式下，通过选择操作面板上的方向键"＋X""－X""＋Z""－Z"，机床就朝着所选择的方向连续进给，并且相应的指示灯发光指示。而进给的速度是由进给倍率开关的进给速度 0、2.0、2.20、5.00、7.90、…、790.00、1260.00 来控制的。例如，当倍率开关置于 790.00 这个挡位上时，如果一直按着"＋Z"方向键，机床就以 790.00 mm/min 的进给速度朝着 ＋Z 方向移动。另外在 JOG 方式下，按一下快速进给开关，如果快速进给开关上的指示灯亮起来，就说明机床进入了快速移动方式，这个时候按着方向键，机床并不以进给倍率开关上进给速度移动，而是以快速移动速度（G00 速度 X 倍率）移动。要想取消快速移动方式，只要再按一下快速进给开关，快速进给开关上的指示灯熄灭以后，就说明已经取消了快速进给方式。

（7）ZRN 方式。ZRN 方式是回零方式。机床上电以后，只有回零以后，机床才能运行程序，所以操作者要有一上电就回零的习惯。另外，在回零方式下，X 轴、Z 轴只能朝正方向，即 $+X$、$+Z$ 方向回零，在这个时候如果要 X 轴回零，只要按一下"$+X$"方向键并保持 3 s，机床就朝 $+X$ 方向自动回零，如果误按一下"$-X$"方向键，机床就会进给。如果未回零，机床不能进行 AUTO 方式操作，并且 CRT 上出现提示信息："X(Z) AXIS NO – REF"。

2. CRT/MDI 控制面板

FANUCO – TD – Ⅱ 型数控系统 CRT/MDI 控制面板如图 2.2 所示，有 6 个功能键。在自动（AUTO）或手动（MDI）数据输入方式中，启动程序可以按"START"键。在程序运行时，不能切换到其他操作方式，要等程序执行完或按"RESET"键终止运行后才能切换到其他操作方式。

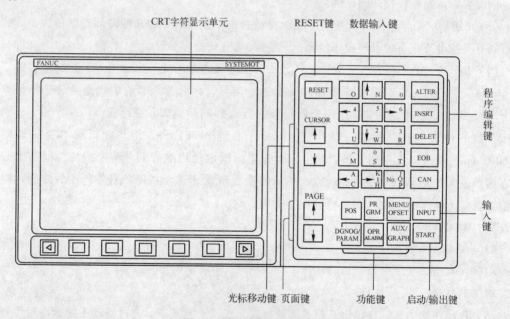

图 2.2 数控系统控制面板

控制面板右部为手动输入键盘，手动输入键盘下面各键分别如下：

POS：显示坐标的位置。

PRGRM：显示程序的内容。

MENU/OFSET：显示或输入刀具偏置量和磨耗值。

DGNOG/PARAM：显示诊断数据或进行参数设置。

OPRALARM：显示报警和用户提示信息。

AUX/GRAPH：显示或输入设定，选择图形模拟方式。

PAGE $\boxed{\uparrow}$ $\boxed{\downarrow}$：可以进行 CRT 的翻页。

INPUT：数据的输入键。

START：程序启动键或数据输出键。

（1）"POS"键。按该功能键，再按相应的软键可以显示如下内容。

① 绝对坐标。按软键［ABS］后会显示如图 2.3 所示的绝对坐标画面，X、Z 是刀具在工件坐标系中的当前的绝对坐标，且这些值随着刀具的移动而改变。

```
现在位置（绝对坐标）
O    0001    N    0000

U             0,000
W             0,000           加工部品数        588
运行时间        254H13M        切削时间          OHOMOS
ACT, F         0    mm/min    S               OT
09, 58, 51                    TOG


[绝对]          [相对]          [总和]           [HNDL]
```

图 2.3　绝对坐标显示画面

现在位置	当前位置指示
（绝对坐标）	绝对坐标指示
O0001	当前程序号
N 0000	当前程序段号
加工部品数 588	加工零件统计 588
OT	当前刀具号
S	主轴转速
［总和］	所有坐标软键
［相对］	相对坐标软键
［绝对］	绝坐标软键
09，58，51	当前时间
ACT，F 0 mm/min	当前进给速度
254H 13M	运行时间
X、Z	当前坐标值

② 相对坐标。当按软键［相对］后，所显示的当前坐标值是相对坐标，其他与绝对位置显示的画面相同，如图 2.4 所示。

```
现在位置（相对坐标）
O    0001    N    0000

U             0,000
W             0,000           加工部品数        588
运行时间        254H13M        切削时间          OHOMOS
ACT, F         0    mm/min    S               OT
09, 58, 51                    TOG


[绝对]          [相对]          [总和]           [HNDL]
```

图 2.4　相对坐标显示画面

③ 总和坐标。当按软键 ［总和］ 后，显示的画面内容如图 2.5 所示。

现在位置

（相对坐标） （绝对坐标）

U=-24.28 X=-24.28

W=-39.66 Z=-39.66

（机床坐标）

X=-24.28

Z=-39.66

图 2.5　总和坐标显示画面

a. 刀具当前位置在相对坐标系中的坐标。

b. 刀具当前位置在绝对坐标系中的坐标。

c. 刀具当前位置在机床坐标系中的坐标。

（2）程序功能键"PRGRM"。在 AUTO、MDI 或 EDIT 模式下按该功能键后，出现当前执行的程序画面，如图 2.6 所示。

N10 O0001;　　　　　　　　　　O0001 N0000

N20 G00 X70 Z-100;

N30 T0101;

N40 M03 S1 F0.2;

N50 G00 X42 Z2;

N60 G01 X116 F0.1;

N70 G00 X42;

N80 G73 U4 R4;

N90 G73 P100 Q180 U0.5F0.2;

N100 G01 G01 Z0;

　　　　　　ADRS　　　S　　　0T

　　　　　　　　　　　　EDIT

　　　［程式］　　　［LIB］　［I/0］

图 2.6　程序内容显示画面

光标移动到当前执行程序段上，对应的软键如下。

① 软键 ［CURRNT］ 键：显示当前执行程序状态，显示在 AUTO 或 MDI 操作方式下的模态指令。

② MDI 模式：在该模式下显示从 MDI 输入的程序段和模态指令，并可进行单段程序的编辑和执行。

③ EDIT 模式：在该模式下按相应的软键，可进行程序编辑、修改、文件的查找等操作。

（3）刀具补偿功能键"MENU/OFSET"。按该功能键后可以进行刀具补偿值的设置和显示、工件坐标系平移值设置、宏变量设置、刀具寿命管理设置以及其他数据设置等操作。

① 刀具补偿值的设置和显示。在 EDIT、AUTO、MDI、STEP/HANDLE、JOG 模式下按功能键"MENU/OFSET"。按功能键"PAGE"后翻页后出现如图 2.7 和图 2.8 所示的画面。用光标键"CURSOR"将光标移到要设置或修改的补偿值处。输入补偿值并按"INPUT"键。

```
工具补正/形状

番号      X           Z           R          T
G  01    0.500      -456.00      0.000      0
G  02    -373.161   -369.810     0.000      0
G  03    -357.710   -405.387     0.000      0
G  04    -263.245   -469.410     0.000      0


现在位置（相对坐标）
       U   -124.722          W   -182.476
ADRS                   S    0T
[摩耗]       [形状]       [工件移]    [MACRO]        [进尺]
```

图 2.7　刀具几何补偿设置画面

```
工具补正/摩耗

番号      X           Z           R          T
W  01    0.000      0.000        0.000      0
W  02    0.000      0.000        0.000      0
W  03    0.000      0.000        0.000      0
W  04    0.000      0.000        0.000      0


现在位置（相对坐标）
       U   -124.722          W   -182.476
ADRS                   S    0T
[摩耗]       [形状]       [工件移]    [MACRO]        [进尺]
```

图 2.8　刀具磨损补偿设置画面

② 刀具补偿值的直接输入。当编程中使用的刀具参考位置（标准刀具刀尖、刀架中心等）与实际使用的刀具尖端位置之间有差异时，将其差值设置为补偿值。在进行这项操作时，应先设置好工件坐标系。

（4）参数设置功能键 "DGNOS/PARAM"。该功能键用于机床参数的设定和显示及诊断资料的显示等，如机床时间、加工工件的计数、公制和英制、半径编程和直径编程，以及与机床运行性能有关的系统参数的设置和显示。如图 2.9 所示，用户一般不用改变这些参数，但只有非常熟悉各个参数，才能进行参数的设置或修改，否则会发生预想不到的后果。

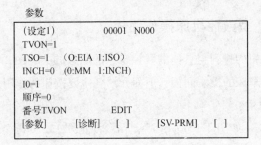

图 2.9　按 "DGNOS/PARAM" 键

（5）警告信号显示功能键 "OPR/ALARM"。该功能键主要用于数控车床中出现的警告信息的显示。如图 2.10 所示，每一条显示的警告信息都按错误编号进行分类，可以按该编号去查找其具体的错误原因和消除的方法。有的警告信息不在显示画面中出现，但有 ALM 符号在 显示画面的下部闪烁，这时可以先按功能键"OPR/ALARM"，再按软键〔ALARM〕即可显示错误信息及其编号。

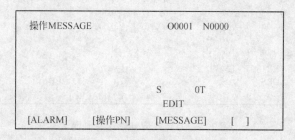

```
操作MESSAGE                    O0001  N0000




                              S        0T
                         EDIT
[ALARM]      [操作PN]      [MESSAGE]      [  ]
```

图 2.10 按"OPR/ALARM"键

（6）图形功能键 AUX/GRAPH。图形功能显示刀具在自动运行期间的移动过程。如图 2.11 所示，显示的方法是将编程的刀具轨迹显示在 CRT 上，以便于通过观察 CRT 上的刀具轨迹来检查加工进程。显示的图形可以放大或缩小。在显示刀具轨迹前必须设置绘图坐标参数和图形参数。

```
图形参数

材料长W=100       描画终子单节N=0
材料径D=100       消去         A=1
                 限制         L=1
画面中心座标       X=26
                 Z=34
倍率             S=100
番号W=                S       0T
[图形]    [  ]   [扩大]   [  ]   [辅助]
```

图 2.11 图形显示功能画面

（7）状态信息显示。当前操作方式、自动运行状态、警告信息和程序编辑状态的信息，显示在 CRT 底部软键的上一行，操作者可以从这些信息中很容易地了解系统当前所处的状态。这些状态信息是以英文缩写字母或中文表示的，可以从操作手册中查到。

2.1.3 CYNCP−320 型数控机床操作面板

操作面板的功能和按钮的排列与具体的数控车床的型号的关，图 2.12 所示为云南机床厂生产的 CYNCP−320 型数控车床的操作面板，下面介绍各主要按钮的作用。

1. 启动和停止开关作用

（1）ST 循环启动开关，如图 2.13 所示。SP 循环停止开关，如图 2.14 所示。

ST 是用来在 AUTO 方式、MDI 方式下启动程序。在自动方式下，只要按一下 ST 循环启动开关，程序就开始运行，并且 ST 循环启动开关指示灯开始闪烁，当按一下 SP 循环停止按纽时，程序暂停，指示灯亮（不闪烁），这时只有再按一下 ST 循环启动开关，程序才继续执行，ST 指示灯又开始继续闪烁。在急停或复位情况下，程序复位，指示灯灭。

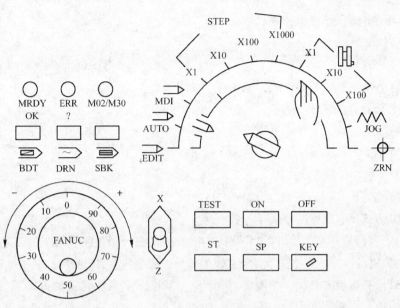

（a）操作面板左半部

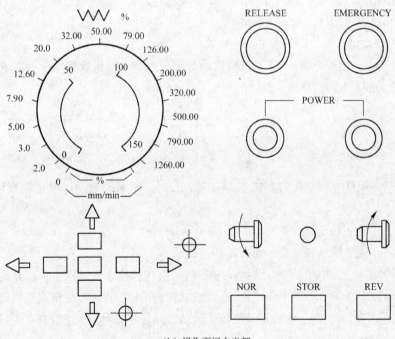

（b）操作面板右半部

图 2.12　CYNCP－320 型数控车床的操作面板

图 2.13　ST 循环启动开关　　　　图 2.14　SP 循环停止开关

ST 循环启动开关在下列情况下无效：

① 启动操作已经开始。

② SP 循环停止开关已经被按下。

③ 在复位情况下。

④ 在急停情况下。

ST 循环启动开关在下列情况下停止：

① SP 循环停止开关断开。

② 复位情况发生。

③ 报警情况发生。

④ 方式开关被切换到手动方式。

⑤ 在单段情况下，单段程序已经执行完。

⑥ 在 MDI 方式下，程序已经执行完毕。

（2）KEY：写保护开关，如图 2.15 所示当把这个开关打开的时候，用户加工程序可以进行编辑，参数可以进行改变，当把这个开关关闭的时候，程序和参数得到保护，不能进行修改。

（3）TRST：手动换刀开关，如图 2.16 所示，TRST 开关只能在手动方式下（INC、HANDLE、JOG）有效。在手动方式下，一直按着 TRST 开关，刀架电动机就一直朝着下正方向旋转，并且指示灯发亮指示。当放开 TRST 开关，刀架继续旋转，直到找到最近一个刀位时，电动机停止并反向锁紧，这时指示灯熄灭，换刀结束。

（4）ON 水泵启动开关、OFF 水泵停止开关。

如图 2.17 所示，当按一下"ON"水泵启动开关，水泵电动机就启动，可以进行冷却。当按一下"OFF"，水泵电动机就停止。

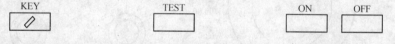

图 2.15　写保护开关　　图 2.16　手动换刀开关　　图 2.17　水泵启动和停止开关

注：水泵启停确认方式在任何方式下都有效。另外，水泵的启动、停止也可以通过 M08、M09 进行控制。

（5）NOR：手动主轴正转开关，如图 2.18 所示。

（6）REV：手动主轴反转开关，如图 2.19 所示。

（7）STOP：手动主轴停止开关。手动主轴正转、反转和停止开关只在手动方式下有效。当在手动方式下，按下 NOR 开关并保持 2 s，电动机就开始正转。在上电的情况下，电动机是以低速转动，当按下 STOP 开关时，主轴电动机停止转动，并且通过刹车盘进行刹车控制。在一般情况下，刹车动作保持 4 s，如图 2.20 所示。

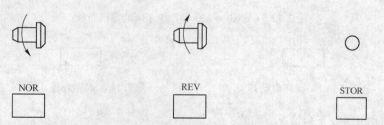

图 2.18　手动主轴正转开关　　图 2.19　手动主轴反转开关　　图 2.20　手动主轴停止开关

注：主轴电动机停止也可以通过 CRT 上的 "RESET" 复位键和用户面板上的 "EMMEGE EMECGENCY" 急停键来进行控制。

2. 功能开关介绍

（1）DRN：空运行开关，如图 2.21 所示。这个开关是锁紧开关，当按一下时，DRN 指示灯亮，再按一下时，指示灯熄灭。当 DRN 指示灯亮的时候，说明 DRN 空运行有效。在 DRN 有效的情况下，当快速移动开关有效时，机床以手动进给时最大进给倍率对应进给速度运行。一般情况下，这个功能开关是在试运行程序时使用的。在程序加工过程中，不提倡使用这个功能开关。

注：本功能开关要在 PLC 开关 "空运行" 为 ON 时有效。

（2）BDT：程序跳转开关，如图 2.22 所示。这个开关是锁紧开关，当按一下时，BDT 指示灯亮，再按一下时，指示灯 BDT 熄灭。当 BDT 指示灯亮的时候，说明 BDT 跳转功能有效。在 BDT 功能有效情况下，当程序执行到前面有反斜杠 "/" 的程序段时，程序就跳过这一段。例如：

```
N5   G50  X100  Z100;
N10  G00  X20  Z50;
/N15G01  G98  X10Z8  F100;
N20……
N25  M30;
```

当 BDT 有效时，程序执行完 N10 以后，直接跳过 N15 执行 N20；当 BDT 无效时，程序执行顺序是 N5 → N10 → N15 → N20 →……。

注：这个功能要在 PLC 开关 "单节 SKIP" 为 ON 时有效。

（3）SBK：程序单段开关，如图 2.23 所示，指示灯亮的时候，说明程序单段有效。在 SBK 有效的情况下，程序每执行完一段暂停，按一下 ST 循环启动开关，程序又执行下一段，以此类推。要想取消 SBK 功能，只要再按一下 SBK 开关，让 SBK 功能指示灯熄灭就可。

图 2.21　空运行开关　　　图 2.22　程序跳转开关　　　图 2.23　程序单段开关

注：这个功能要在 PLC 开关 "单节" 为 ON 时有效。

3. 指示灯介绍

（1）机床准备指示灯：MRDY　OK（绿色指示）。如图 2.24 所示，当指示灯亮的时候，说明机床已经准备好，NC 和伺服以及机械外围都正常，这时可以进行机床的各项操作。

（2）机床出错指示灯：ERR（红色指示灯）。如图 2.25 所示，这个指示灯亮的时候，说明机床出错报警，不能进行正常操作。引起机床报警的因素可能有以下几点：

① C 报警。

② SERVO 报警。

③ PLC 报警。

④ 操作报警。

关于 NCALARM 和 SERVO ALARM，请参阅 FANUC 公司提供的关于报警信息注释操作手册加以解除。关于 PLC ALARM，请根据 CRT 上的报警信息给予解除。

（3）程序自动执行完毕指示灯 M02/M30 指示灯（桔黄色指示灯）。如图 2.26 所示，当这个指示灯亮的时候，说明程序已经自动执行完毕，本指示灯自动闪烁 3 s 后，又自动熄灭。程序只有在执行到 M02 或 M30 时，这个指示灯才会发光指示。如果执行 M02，程序将重新自动启动。如果执行 M30，程序复位结束。

图 2.24　机床准备指示灯　　图 2.25　机床出错指示灯　　图 2.26　程序自动执行完毕指示灯

4. 进给倍率开关

如图 2.27 所示，进给倍率开关有双层数字标识符号，外层数字符号表示手动进给倍率，当在 JOG 方式下，按方向进给键时，伺服电动机就按这些符号标识的进给速度进给。例如，在 200.00 挡位上时，按下"＋X"方向键，X 轴就以 F200.00 的进给速度朝 X 轴正方向连续进给。内层的数字符号表示程序倍率。例如，在 50/0 的挡位上时，如果程序设定的进给速度是 F400.00 mm/min 时，那么机床实际上就是以 F400 × 50% ＝ F200.00 的实际进给速度进给。

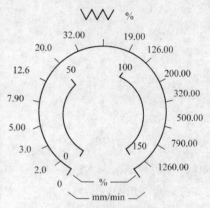

图 2.27　进给倍率开关

换句话说，外层数字符号如 2.0、3.0、7.90 等只在 JOG 方式下有效，而内层数字符号 50%、100%、150% 只在自动方式下有效。这个开关另外还有一个控制功能，即快速进给倍率（RT）控制功能，它在自动方式下控制 G00 的进给倍率，在手动 JOG 方式下控制快速进给的倍率。由于快速进给倍率分为四挡控制：0%、25%、50%、100%。所以我们在处理这个控制的时候，把程序的进给倍率 0% ～ 150% 分为四挡控制。

（1）0%、10% 对应于快速进给倍率的 F0。

（2）20%、30%、40% 对应于快速进给倍率 25%。

（3）50%、60%、70%、80%、90% 对应于快速进给倍率的 50%。

（4）100%、110%、120%、130%、140%、150% 对应于快速进给倍率的 100%。

另外，在快速进给控制中，通过参数设置把 X 轴快速进给速度定为 6 mm/min，Z 轴的快速进给速度定为 8 mm/min，所以在执行快速进给时，如果把倍率开关打在 60% 的挡位上时，机床实际运行的速度为 X 轴：6 mm/min × 50% ＝ 3 mm/min；Z 轴：8 mm/min × 50% ＝ 4 mm/min。

5. 急停开关

如图 2.28 所示，机床在遇到紧急情况时，马上按下急停开关，这时机床紧急停止，主轴也马上紧急刹车。当清除故障因素后，急停开关复位，机床操作正常。

6. 超程释放开关

如图 2.29 所示，在机床正面有一个超程释放开关。当机床碰到急停限位时，EMG 急停中间继电器失电，机床急停报警，要想解除急停报警，按超程释放开关，用手轮方式移出限位区域，按复位开关解除报警即可。

EMERGENCY

RELEASE

图 2.28　急停开关　　　　　　　图 2.29　超程释放开关

2.2　发那科系统数控车床的编程指令

2.2.1　机床坐标轴

数控车床是以其主轴轴线方向为 Z 轴方向，刀具运离工件的方向为 Z 轴正方向。X 轴位于与工件装夹面相平行的水平面内，垂直于工件旋转轴线方向，且刀具远离主轴轴线的方向为 X 轴的正方向。因此 CYNCP – 320 型数控车床的各轴方向如图 2.30 所示。

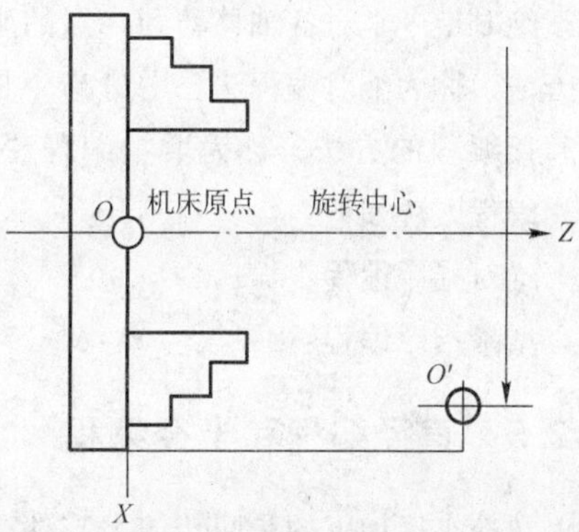

机床原点　　旋转中心

图 2.30　机床坐标系

2.2.2　机床坐标、参考点、机床坐标系

机床原点为机床上的一个固定点。车床的机床原点一般定义在主轴旋转中心线与车头端面的交点或参考点上，如图 2.30 所示，O 点即为机床原点。

参考点也是机床上一固定点，如图 2.30 所示，O′点即为参考点，其固定位置由 Z 向与 X 向的机械挡块来确定。当进行返回参考点的操作时，装在纵向和横向滑板上的行程开关碰到相应挡块后，向数控系统发出信号，由系统控制滑板停止运动，完成返回参考点的操作。CYNCP – 320 数控车床其机床原点与参考点重合。

如果以机床原点为坐标原点，建立一个 Z 轴与 X 轴的直角坐标系，则此坐标系就称为机床坐标系。

2.2.3　工件原点和工件坐标系

如图 2.31 所示，工件原点是人为设定的点。设定的依据如下：既要符合图样尺寸的标注习惯，又要便于编程。因此当零件图样给出以后，首先找出图样上设计基准点，并通常以该点作为工件原点。数控车床上工件原点一般选择在工件右端面、左端面或卡爪的前端面。

如果以工件原点为坐标原点，建立一个 Z 轴与 X 轴的直角坐标，则此坐标系就称为工件坐标系。数控车床上工件坐标系的 Z 轴一般与主轴轴线重合。

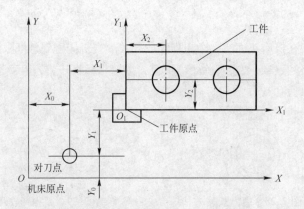

图 2.31　工件原点和工件坐标系

2.2.4　绝对编程与增量编程

确定轴移动的指令方法有绝对指令和增量指令两种。绝对指令是对各轴移动到终点的坐标值进行编程的方法，称为绝对编程法。增量指令是用各轴的移动量直接编程的方法，称为增量编程法。如图 2.32 所示，编程方法如下：

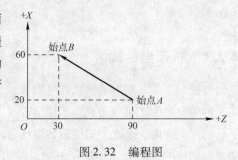

图 2.32　编程图

绝对指令编程：G01 X60 Z30;

增量指令编程：G01 U40 W-60;

2.2.5　直径编程和半径编程

数控车床加工的是回转体类零件，其横截面积为圆形，所以尺寸有直径指定和半径指定两种方法。当用直径编程时，称为直径编程法；当用半径编程时，称为半径编程法。如图 2.32 所示，上述两例即为该图的半径编程，下面两例为该图的直径编程法。

绝对指令编程：G01 X120 Z30;

增量指令编程：G01 U80 W-60;

数控车床出厂时一般设定的为直径编程。如需用半径编程，要改变系统中的相关参数，使系统处于半径编程状态。本节以后，若非特殊说明，各例均为直径编程。

2.2.6　程序的构成

1. 主程序和子程序

（1）主程序。程序分为主程序和子程序，通常 CNC 系统按主程序指令运行，但在主程序中遇见调用子程序的情形时，则 CNC 系统将按子程序的指令运行，在子程序调用结束后，控制权重新交给主程序。

CNC 存储区内可存 200 个主程序和子程序。在程序的开始为 O 地址指令的程序号。

（2）子程序。在程序中有一些顺序固定或反复出现的加工图形，把这些作为子程序，预先写入到存储器中可大大简化程序。

子程序和主程序必须存在于同一个文件中，调出的子程序可以再调用另一个子程序，将主程序调用子程序称为一重子程序调用，一重子程序再调用子程序称为二重调用，以此类推，一个子程序可被多调用，用一次调用指令可以重复 999 次调用。

子程序的编制：在子程序的开始为 O 地址指定的程序号、子程序中最后结束指令 M99，为一单独程序段。

子程序的执行：子程序是由上层主程序或子程序调出并执行的。

如图 2.33 所示，子程序调用指令如下。

M98　　　　　　P＊＊＊＊　　L＊＊＊＊

（调用子程序指令）　（子程序号）　　　（子程序调用次数）

子程序调用次数的默认值为 1，　　　例如：

```
M98  P1003  L6
```

O1003 号子程序被调用 6 次，M98 指令可与刀具移动指令放于同一程序段中。

注：① M98 M99 信号不输出到机床处。

② 当找不到 P 地址指定的子程序号时报警。

③ 在 MDI 下使用 M98　P＊＊＊＊调用指定的子程序是无效的。

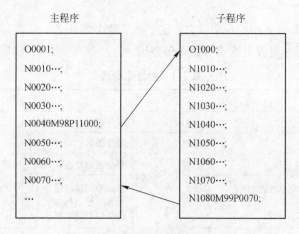

图 2.33　子程序调用

2. 文件名

CNC 装置可以装入许多程序文件，以磁盘文件的方式读写。文件名格式如下（有别于 DOS 的其他文件夹名）：

程序号格式为 O□□□□（地址 O 后面必须有四位数字）。

程序以程序号开始，以 M02、M30 或 M99 结束，如图 2.34 所示，M02、M30 表示主程序结束。M99 表示子程序结束。

3. 顺序号和程序段

程序是由多条指令组成，每一条指令都称为程序段（占一行）。

程序段之间应该用符号隔开，本系统规定每个程序段的末尾以 "；" 作为程序段的结束，构成程序段的是程序字，程序字由地址及其后续的数值构成。

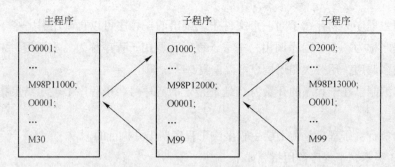

图 2.34   子程序结束和返回

注：① 程序段中字符数没有限制。

② ISO 代码中程序段结束符号为 LF，EIA 代码中程序段结束符号为 CR。

程序顺序号由 N 指明，范围为 1 ～ 9999，顺序号是任意给定的，可以不连续，可以在所有的程序段中都指定顺序号，也可只在必要的程序段中指定顺序号。

4. 程序字

程序段由字组成，而字由地址和地址后带符号的数字构成，如下：

X 2000

地址   数字   字

地址是大写字母 A ～ Z 中的一个，它规定了其后数字的意义，表 2.1 是 FANUC O – TD – Ⅱ型数控系统使用的各个地址及其含义和指令值范围。

表 2.1   地址指令表

功　能	地　址	
程序号	O	程序编号：O1～9999
顺序号	N	顺序编号：N1～9999
准备功能	G	指令运动状态（直线、圆弧等）G00～99
尺寸字	X、Y、Z、U、V、W R I、J、K	坐标轴的移动指令 ±9999.999 圆弧半径、拐角 r 圆弧中心的坐标
进给功能	F	进给速度的指定 F0～15000 或螺距
主轴功能	S	主轴转速的指令 S0～9999
刀具功能	T	刀具号、刀具偏置号 T0～9999
辅助功能	M	机床侧开/关控制的指定 M0～9
暂停	X	暂停时间指令 X1～9999.999
程序号指令	P	指令子程序号 P1～9999
重复次数	L	子程序的调用次数 L2～999
参数	P、Q、R、V、U、W、I、J、K、A	切削循环参数
倒角控制	C、R	

这些字组合在一起就形成了一个程序段，如下例所示：

　　N10　X100　Z200　M03;

注：① 由 CNC 装置所引起的限制和机床的限制是两个完全不同的概念，例如 CNC 装置 X 轴的移动量指令为约 10 m（m 为单位）时，但实际机床的 X 轴行程可能只有 2 m，进给速度也是如此，作为 NC 装置可以把进给速度控制到 15 m/min。但实际的机床就要限制到 3 m/min。因而，当编制程序时，应与机床厂家的说明书相结合，在很好地理解现有资料的基础上编程。

② 每转进给速度是根据主轴转速而转换成每分钟进给量后按每分钟进给量执行的。

2.2.7　M 指令

从指令（辅助功能）是用地址字 M 及两位数字表示的，它主要用于机床加工操作时的工艺性指令。其特点是靠继电器的通断来实现其控制过程。表 2.2 是 FANUC O – TD – Ⅱ 型数控系统的 M 指令功能表。

表 2.2　M 指令功能表

指　令	功　能	说　明	备　注
M00	程序暂停	执行 M00 后，机床所有动作均被切断，重新按启动按钮后，再继续执行后面的程序段	
M01	任选暂停	执行过程和 M00 相同，只是在机床控制面板上的任选停止开关置于接通位置时，该指令才有效	
M02	主程序结束	切断机床所有动作，并使程序复位	
M03	主轴正转		
M04	主轴反转		
M05	主轴停止		
M06	刀塔转位	刀塔转位必须与相应的刀号（T 代码）结合才能构成完整的换刀指令	
M08	切削液开		
M09	切削液关		
M98	调用子程序	其后 P 地址指定子程序号，L 地址指定调用次数	
M99	子程序结束	子程序结束，并返回到主程序中 M98 所在程序行的下一行	

2.2.8　F、T、S 指令

1. F 指令

F 指令（进给功能）是表示进给速度，进给速度是用字母 F 和其后面的若干数字来表示的。

（1）G98：每分钟进给，系统在执行了 G98 指令后，再遇到 F 指令时，便认为 F 所指定的进给速度单位为 mm/min。G98 指令执行一次后，系统将保持 G98 状态，即使关机也不受影响。但当系统又执行了含有 G99 的程序段时，则 G98 被否定，而 G99 发生作用。

（2）G99：每转进给，若系统处于 G99 状态，则认为 F 所指定的进给速度单位为 r/min。要取消 G99 状态，必须重新指定 G98。

2. T 指令

T 指令（刀具功能）是表示换刀功能，它是由字母 T 和其后的四位数字表示。其中前两位为刀具号，后两位为刀具补偿号。每一刀具加工结束后，必须取消其刀具补偿，即用"00"补偿号取消补偿功能。例如：

```
N10  G50  X50  Z50;
N20  G00  Z40  T0101;        /用"01"号刀加工,刀补号为"01")
N30  G01  X40  Z30  F100;
N40  G00  X50  Z50  T0100;   /取消"01"号刀补)
N50  M30;
```

3. S 指令

S 指令（主轴功能）主要是表示主轴旋转速度，它是由字母 S 和其后的数字组成的。例如，S600 表示主轴转速为 600 r/min。

2.2.9 G 指令

G 指令（准备功能）用地址字 G 和两位数值来表示，共有 G00～G99。表 2.3 为 G 指令功能表。其中 00 组的 G 指令称为非模态式 G 指令，其只限定在被指定的程序段中有效，其余组的 G 指令属于模态式 G 指令。

表 2.3 G 指 令 表

代　码	组　号	意　　义
G00 G01 G02 G03	01	定位 直线插补 圆弧插补（顺时针） 圆弧插补（逆时针）
G04	00	延时
G20 G21	04	英制输入 公制输入
G27 G28 G29 G31	00	参考点返回检查 返回参考点 由参考点返回 跳跃机能
G32	01	螺纹切削
G36 G37	00	X 轴自动刀偏设定 Z 轴自动刀偏设定
G40 G41 G42	07	刀具补偿取消 左刀补 右刀补
G50	00	工件坐标系设定
G54 G55 G56 G57 G58 G59	03	工件坐标系 1 工件坐标系 2 工件坐标系 3 工件坐标系 4 工件坐标系 5 工件坐标系 6
G65	00	宏指令简单调用
G66 G67	12	宏指令模态调用 宏指令模态调用取消

续表

代　码	组　号	意　义
G90 G94 G92	01	内/外径车削单一固定循环 端面车削单一固定循环 螺纹车削单一固定循环
G96 G97	02	恒线速 ON 恒线速 OFF
G98 G99	03	每分钟进给 每转进给
G71 G72 G73 G74 G75 G76	00	内/外径车削复合固定循环 端面车削复合固定循环 封闭轮廓车削复合固定循环 端面深孔加工循环 外圆、内圆切削槽循环 螺纹车削复合固定循环

1. 与坐标系相关 G 指令

（1）工件坐标系设定 G50 指令，指令格式如下：

```
G50X __ Z __;
```

该指令规定刀具起点（或换刀点）到工件原点的距离，X、Z 为刀尖起始点在工件坐标系中的坐标。假设刀尖起始点距工件原点的 Z 向和 X 向尺寸分别为 β 和 α（直径值），则执行该程序段 $G50X\alpha Z\beta$ 后系统内部即对（α，β）进行记忆，并建立了一个以工件原点为坐标原点的工件坐标系。例如，图 2.35 所示坐标系设定，当以工件左端面为工件原点时，应按下行建立工件坐标系，程序如下：

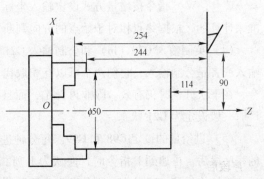

图 2.35　工件坐标系设定 G50 指令

```
G50   X180   Z254;
```

当以工件右端面为工件原点时，应按下行建立工件坐标系，程序如下：

```
G50   X180   Z114;
```

显然，当 α、β 不同，或改变刀具位置时，建立的工件坐标系也不同。因此在执行程序段 G50 Xα Zβ 前，必须先对刀。

（2）零点偏置 G54 ～ G59 指令。零点偏置是数控系统的一种特性，即允许把数控测量系统的原点在相对机床基准的规定范围内移动，而永久原点的位置被存储在数控系统中，因此当不用 G50 指令规定坐标系时，可以用 G54 ～ G59 设定机床所特有的 6 个坐标系原点（工件坐标系 1 ～ 6 的原点）在机床坐标系中的坐标值，即工件零点偏移值。该值可用 MDI 方式输入相应项中。如图 2.36 所示，程序为：

```
G55   G00   X20   Z100;
X40   Z20;
```

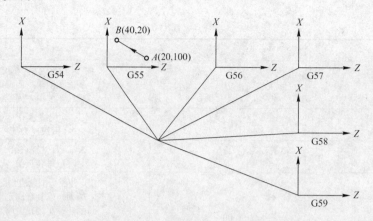

图 2.36 零点偏置 G54 ～ G59 指令

此例中（20，100）及（40，20）的位置被定位于工件坐标系 2 上。

（3）绝对值输入和增量值输入不用 G90、G91。

X __，Z __指令按绝对值方式设定输入坐标，即移动指令终点的坐值 X、Z 都是以工件坐标系坐标原点为基准来计算的，X、Z 是工件坐标系中坐标值。

U __，W __指令按增量方式设定输入坐标。即移动指令终点的坐标值 X、Z 都是以始点为基准来计算的，根据终点相对于始点的方向判断正负，与坐标轴同向取正，反向取负。

（4）英制输入 G20（in）和公制输入 G21（mm）指令。使用 G20/G21 指令可以选择是英制输入或者是公制输入，它们两个可以互相取代，且断电前后一致，即停机前使用 G20 或 G21 指令，在下次开机时仍有效。除非再设定，而且要在程序开头设置坐标系统之前设定好。机床出厂时一般设定为 G21 状态。

（5）进给量的设定 G98 和 G99。每分钟进给量设定 G98 指令：系统在执行了一条含有 G98 的程序段后，再遇到 F 指令时，便认为 F 所指定的进给速度单位为 mm/min。G98 被执行一次后，系统将保持 G98 状态，即使断电也不受影响，直至系统又执行了含有 G99 的程序段。

每转进给量设定 G99 指令：若系统处于 G99 状态，遇认为 F 所指定的进给速度单位为 mm/r 如 F0.15 mm/r。要取消 G99 状态，必须重新指定 G98。

（6）自动返回参考点 G28 和从参考点返回 G29 指令，指令格式如下：

```
G28X__ Z__ T0100;
```

① 执行 G28 指令时，刀具先快速移动到指令值所指令的中间点位置，然后自动回参考点。其中 X、Z 在绝对指令时是中间点的坐标值，在增量指令时，是中间点相对刀具当前点的移动距离。对各轴而言，移动到中间过渡点或移动到参考点均是以快速移动的速度来完成的（非直线移动），这种定位完全等效于 G00 定位。如图 2.37 所示，程序如下：

```
G00 X 80 Z90;
G28 X140 Z150 T0100;
G28U60 W60 T0100;
```

其刀具轨迹是快速从 $A \rightarrow B \rightarrow R$。

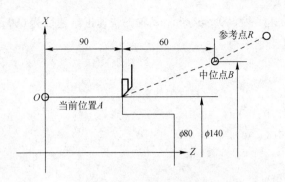

图 2.37　返回参考点指令

注: 在系统启动之后, 当没有执行手动返回参考点功能时, 指定 G28 指令无效, G28 指令仅在其被规定的程序段有效, 并且在执行该指令前, 须预先取消刀补, 指令格式如下:

G29X __ Z __;

② 执行 G29 指令时, 被指令各轴从参考点快速移动到前面 G28 所指令的中间点, 然后再移到 G29 所指令的返回点定位, 这种定位完全等效于 G00 定位。其中 X、Z 值在绝对指令时是返回点的坐标值, 增量指令时是返回点相对中间点的移动距离。G29 指令以在其被规定的程序段内有效。G28 和 G29 应用举例如图 2.38 所示, 程序如下:

```
N10 G28 U60 W100 T0100;        /A → B → R
N20 M06 T0200;                 /(换刀)
N30 G29 U80 W50;               /R → B → C
```

2. 与运动方式相关 G 指令

（1）快速点定位 G00 指令。指令格式如下:

G00X __ Z __;

根据该指令, 刀具从当前点快速移到 X、Z 所指令的目标点上, 其中 X、Z 在绝对值指令时, 为目标点的坐标值; 在增量指令时, 为目标点相对当前点 (始点) 的移动距离。实际刀具在运动时, 其进给路线可能为折线, 这与参数设定的各轴快速进给速度有关, 如图 2.39 所示。

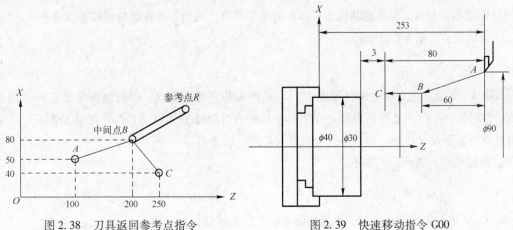

图 2.38　刀具返回参考点指令　　　　　图 2.39　快速移动指令 G00

如果 X 轴的快速进给速度为 $300\,\text{mm/min}$，Z 轴的快速进给速度为 $600\,\text{mm/min}$，刀具的始点位于工件坐标系的 A 点。当程序为：

```
O1008;
N10   G50 X90 Z253;          /建立工件坐标
N20   G00 X30 Z170;
(N20  G00 U-60 W-80);
N30   X90 Z253
(N30  G00 X60 Z80);
N50   M02;
```

此时，刀具不是从 A 点走一条直线到 C 点，而是先沿 X、Z 轴移至 B 点，再沿 Z 轴移至 C 点。

（2）直线插补或倒角、倒圆指令 G01。

① 直线插补指令 G01。指令格式如下：

```
G01X __ Z __ F __;
```

执行该指令时，刀具按 F 给定的走刀量，从当前点进行直线插补并到达 X、Z 指定的目标点上，其中 X、Z 在绝对指令时，为目标点的坐标值；在增量指令时，为目标点（终点）的移动距离。

注：F 指令为模态指令，在遇到下一个 F 指令前一直有效，当 F 指令一次也没指定时，其进给速度为最大速度。如图 2.40 所示，程序为：

```
O1009;
N10   G00 U-84 W-25;
N20   G01 U10 W-5 F300;
N20   W-45;
N40   U34 W-10;
N50   U20 W-15;
N60   U10;
N70   G00 U10 W100;
N80   M02;
```

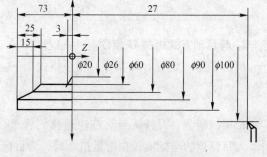

图 2.40　直线插补指令 G01

② 倒角指令 G01。倒角控制机能可以在两相邻轨迹之间插入直线倒角或圆弧倒角。

a. 直线倒角。指令格式如下：

```
G01X __ Z __ C;
```

其中 X、Z 值在绝对指令时（见图 2.41）是两相邻直线的交点，即假想拐角交点 G 点的坐标值；在增量指令时，是假想拐角交点相对于起始直线轨迹的始点（E 点）的移动距离。C 值是假想拐角的角点（G 点）相对于倒角始点（F 点）的距离。

b. 圆弧倒角。指令格式如下：

```
G01X __ Z __ R __;
```

其 X、Z 值与直线倒角一样，R 值是倒角圆弧的半径值，如见图 2.42 所示。

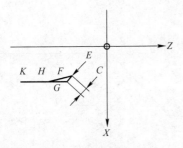

图 2.41　直线倒角性

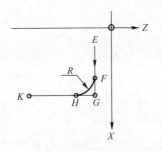

图 2.42　圆弧倒角

如图 2.43 所示，程序为：

O1012；　　／绝对编程

N10　G00 X70 Z80；

N20　G01 X0 Z70 F300；

N30　X26 C3；

N40　Z38 R3；

N50　X65 Z34 C3；

N60　Z0

N70　G00 X70 Z80；

N80　M02；

O0012　　／增量编程

N10　G00 U－30W－10；

N20　G01U26 F300；

N30　W32 R3；

N40　U39 W－4；

N50　W－34；

N60　G00 U5 W80；

N70　M02；

（3）圆弧插补指令 G02、G03。圆弧插补 G02、G03 是根据其移动时的旋转方向为顺时针或逆时针来区分的，由于在一个常量半径的环行轨迹上，要到达一个点有两个方向，因此确定 G02、G03 的选用，应建立在机床坐标系统基础上。在一个直角坐标系统中顺时针、逆时针的判定，取决于观察者的方向，即 Y 轴的负方向。图 2.44 为 CYNCP－320 型车床的坐标轴方向，以及圆弧插补方向的判断。

如图 2.45 所示，其中 X、Z 值在绝对指令时为圆弧终点坐标值，增量指令时为圆弧终点相对始点的距离；R 是圆弧半径，当圆弧所对的圆心角为 0°～180°时，R 取正值，当圆弧所对的圆心角为 180°～360°时，R 取负值；I、K 为圆心在 X、Z 轴方向上相对始点的坐标增量，I 为半径值，当 I、K 为零时可以省略。I、K 和 R 在程序段中等效，当在一程序段中同时指令了 I、K、R 时，R 有效。

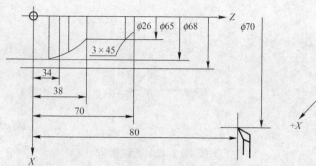

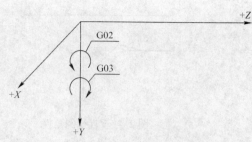

图 2.43　圆弧倒角增量编程指令　　　　　图 2.44　圆弧 G02、G03 指令

如图 2.45（a）所示，G02 绝对指令格式如下：

　　G02 X＿＿ Z＿＿ I＿＿ K＿＿ F＿＿；

　　或 G02 X＿＿ Z＿＿ R＿＿ F＿＿；

G02 增量指令格式如下：

　　G02 U＿＿ W＿＿ I＿＿ K＿＿ F＿＿；

　　或 G02 X＿＿ Z＿＿ R＿＿ F＿＿；

如图 2.45（b）所示，G03 绝对指令格式如下：

　　G03 X＿＿ Z＿＿ I＿＿ K＿＿ F＿＿；

　　或 G03 X＿＿ Z＿＿ R＿＿ F＿＿；

G03 增量指令格式如下：

　　G03 U＿＿ W＿＿ I＿＿ K＿＿ F＿＿；

　　或 G03 X＿＿ Z＿＿ R＿＿ F＿＿；

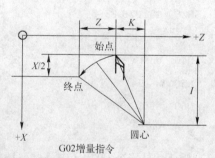

（a）圆弧G02绝对指令与圆弧G02增量指令

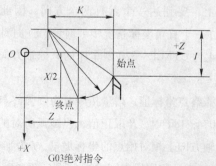

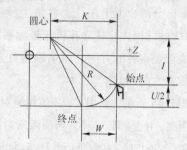

（b）圆弧G03绝对指令与G03增量指令

图 2.45　圆弧指令

如图 2.46 所示，程序为：

```
O1015;
N10 G00 X60 Z40;
N20 G01 X30 Z37 F300;
N30 Z25;
N40 G02 X46 Z17 I8 (R8);
N50 G01 X60;
N60 G00 Z40;
N70 M02;
```

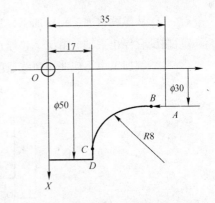

图 2.46　G02 绝对指令编程

如图 2.47 所示，程序为：

```
O1016;
N10 G00 U –70 W –10;
N20 G01 W –2 F300;
N30 U20;    /A → B
N40 G03 U28 W –14 K –14 (R14);   /B → C
N50 G01 W –14;   /C → D
N60 U22;
N70 G00 W40;
N80 M02;
```

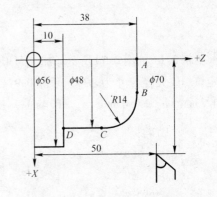

图 2.47　G03 相对指令编程

如图 2.48 所示，程序为：

```
O1017;
N10 G00 X60 Z50;
N20 G00 X36 Z42;
N30 G01   Z3334 F300;
N40 G02 X36 Z10 I16 K –12 (R20);
N50 G01 Z5;
N60 G00 X60 Z50;
N70 M02;
```

（4）G32 指令格式如下：

```
G32 X __ Z __ F __;
```

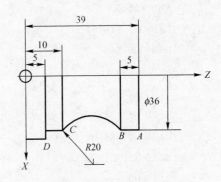

图 2.48　G02 绝对指令编程

执行 G32 指令时，刀具可以加工圆柱螺纹以及等螺距的锥螺纹、端面螺纹，如图 2.49 所示。

其中 X、Z 值在绝对指令时，为螺纹加工轨迹终点（B 点）的坐标值；在增量指令时，为螺纹加工轨迹终点（B 点）相对于始点（A 点）的距离。注意在螺纹加工轨迹中应设置足够的升速进刀段 δ、降速退刀段 δ'，以消除滞后造成的螺距误差。F 螺纹的导程，当加工锥螺纹时，斜角 β 在 45°以下为 Z 轴方向螺纹导程；斜角在 45°以上为 X 轴方向螺纹导程。

注：① 从螺纹粗加工到精加工，主轴的转速必须保持一常数。

② 在没有停止主轴的情况下，停止螺纹的切削将非常危险。

③ 在螺纹加工中不应使用恒线速度控制功能。

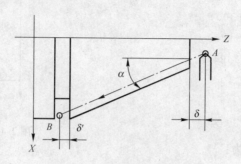

图 2.49 G32 加工螺纹

例 2.1 如图 2.50 所示，加工 M30 × 1.5 − 6h 圆柱螺纹，根据普通螺纹标准及加工工艺，确定该螺纹大径尺寸为 $\phi 30$，牙深 0.974 mm（半径值），三次背吃刀量（直径值）分别为 $a_{p1} = 0.7$ mm，$a_{p2} = 0.4$ mm，$a_{p3} = 0.4$ mm，升降速段为 $\delta_1 = 1.5$ mm，$\delta_2 = 1$ mm。

```
O1019;
N10 G00 X50 Z120;
N20 G00 X29.3 Z101.5;          /ap1 = 0.7
N30 G32 Z19 F1.5;
N40 G00 X40;
N50 Z101.5;
N60 X28.9;                     /ap2 = 0.4
N70 G32 Z19 F1.5;
N80 G00 X40;
N90 Z101.5;
N100 X28.5;                    /ap3 = 0.4
N110 G32 Z19 F1.5;
N120 G00 X40;
N130 X50 Z120;
N140 M02;
```

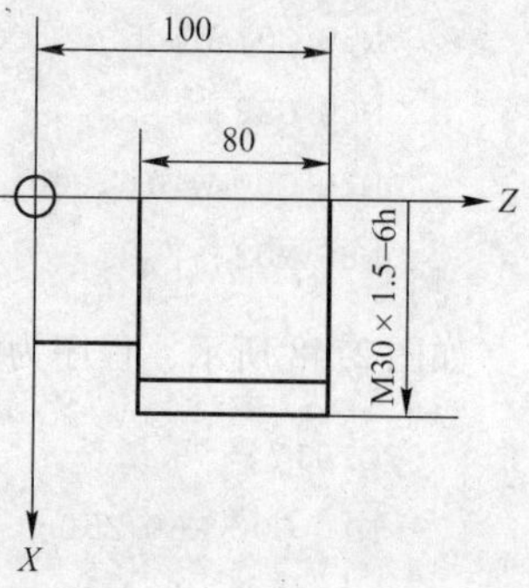

图 2.50 加工圆柱螺纹

例 2.2 如图 2.51 所示进行锥螺纹切削，螺纹导程为 2.5 mm，$\delta_1 = 2$ mm，$\delta_2 = 1$ mm，每次进刀量为 1 mm。

```
O0018;
N10 G00U −36;
N20 G32U29 W −43 F2.0;
N30 G00U7;
N40 W43;
```

```
N50 U - 38；

N60 G32U29 W - 43 F2.0；

N70 G00 U9；

N80 W43；

N90 U - 40；

N100 G32U29 W - 43 F2.0；

N110 G00U11；

N120 W43；

N130 M02；
```

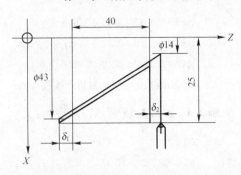

图 2.51　加工锥螺纹

（5）延时指令 G04。执行 G04 指令可使其前一段的指令进给速度达到零之后，保持动作。其中 X 值是暂停时间，单位为 s，最大指令时间是 9 999.999 s。该指令除常用于切槽及钻、镗孔外，还可用于拐角轨迹控制。由于系统的自动加减速作用，刀具在拐角处的轨迹并不是直角。如果拐角处的精度要求不严，可在拐角处使用暂停指令。

（6）固定循环切削指令 G90、G92、G94。

① 单一切削循环指令 G90。

a. 切削圆柱面时的内外径切削循环指令 G90。指令格式如下：

```
G90 X(U)__ Z(W)__ F __；
```

见图 2.52，执行该指令刀具从循环起点（A 点）开始，经 $A \rightarrow B \rightarrow C \rightarrow D \rightarrow A$ 四段轨迹，其中 AB、DA 段按快速 R 移动。X、Z 值在绝对指令时为切削终点（C 点）的坐标值；在增量指令时，为切削终点（C 点）相对于循环始点（A 点）的移动距离。

b. 带锥度的内外径切削循环指令 G90。指令格式如下：

```
G90 X(U)__ Z(W)__ R __ F __；
```

见图 2.53，其中 X、Z 同上述一样，I 值为切削始点 B 与切削终点 C 的半径差，即 $r_{始} - r_{终}$。当算术值为正时，I 取正值；为负时，I 取负值。

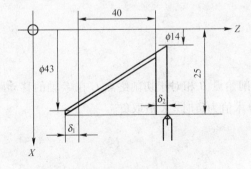

图 2.52　圆柱面的内外径切削循环 G90

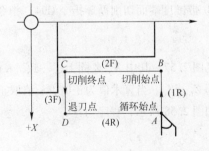

图 2.53　带锥度的内外径切削循环 G90

例 2.3　如图 2.54 所示，程序为：

```
O1023；

N10 G00 X40 Z50 F300；
```

N20 G90 X30 Z20 F300;

N30 G90 X27 Z20 F300;

N40 G90 X24 Z20 F300;

N50 M02;　　/绝对指令编程

例 2.4　如图 2.55 所示，程序为：

O1024;

N10 G90 U −10 W −30 I −10;

N20 G90 U −13 W −30 I −10 F300;

N30 G90 U −16 W −30 I −10 F300;

N40 M02;　　/增量指令编程

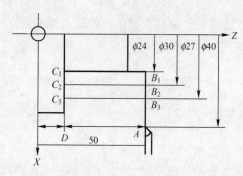　　　　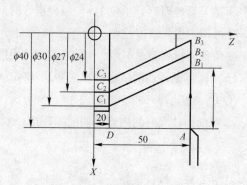

图 2.54　G90 指令加工实例 1　　　　图 2.55　G90 指令加工实例 2

② 端面切削循环指令 G94。指令格式如下：

G94 X(U)__ Z(W)__ F __;

如图 2.56，执行从该循环始点（A 点）开始，经循环始点 A → 切削始点 B → 切削终点 C → 退刀点 D → 循环始点 A 四段轨迹，其中 AB、DA 段按快速 R 移动，BC、CD 按指令速度 F 移动。X、Z 值在绝对指令时为切削终点 C 的坐标值；在增量指令时为切削终点 C 相对于循环始点 A 的移动距离。

③ 带锥度端面切削循环指令 G94。指令格式如下：

G94 X(U)__ Z(W)__ R __ F __;

见图 2.57，其中 X、Z 同上述一致。K 值为切削始点 B 相对于切削终点 C 在 Z 轴的移动距离，即 $Z_B - Z_C$。当算术值为正时，K 值取正；当算术值为负时，K 值取负。

如图 2.58 所示，程序为：

O0013;

N10 G94 U −15 W −8 F300;

N20 G94 U −15 W −11;

N30 G94 U −15 W −14;

N40 M02;

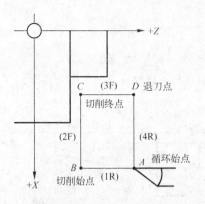

图 2.56　端面切削循环 G94

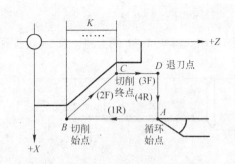

图 2.57　带锥度端面切削循环 G94

如图 2.59 所示，编制的程序如下：

O0014；

N10 G00 X6.5 Z45；

N20 G94 X25 Z31.5 R−2.5 F300；

N30 Z29.5；

N40 Z27.5；

N50 Z22.5；

N60 G00 X65 Z45；

N70 M02；

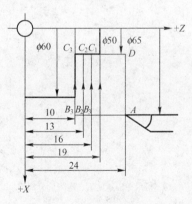

图 2.58　G94 指令加工实例 1

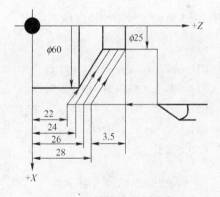

图 2.59　G94 指令加工实例 2

④ 螺纹切削循环 G92。

a. 直螺纹切削循环，程序格式如下：

G92 X(U)__ Z(W)__ F __；

见图 2.60，执行该指令，可切削锥螺纹和圆柱螺纹，并且刀具从循环始点 A 开始，经循环始点 A → 螺纹始点 B → 螺纹终点 C → 退刀点 D → 循环始点四段轨迹，其中 AB、CD 两段按指令速度 F 移动。其中 X、Z 在绝对指令时为螺纹终点 C 的坐标值；增量指令时为螺纹终点 C 相对循环始点 A 的移动距离。F 为螺纹导程。

b. 锥螺纹切削循环 G92。程序格式如下：

```
G92 X(U)__ Z(W)__ R__ F__;
```

见图 2.61，其中 X、Y 同上述一致，I 为锥螺纹始点与锥螺纹终点的半径差，即 $r_{始} - r_{终}$。

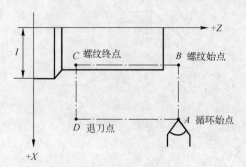

图 2.60　直螺纹切削循环 G92

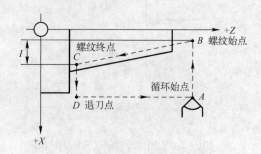

图 2.61　锥螺纹切削循环 G92

如图 2.62 所示，编制的程序如下：

```
O1031;
N10 G50X35 Z104;
N20 G92 X29.2 Z56 F1.5;
N30 G92 X28.6 Z56 F1.5;
N40 G92 X28.4 Z56 F1.5;
N50 M02;
```

如图 2.63 所示，编制的程序如下：

```
O1032;
N10 G92 U-32 W-50 I-10;
N20 G92 U-30.8 W-50 R-10 F2;
N30 G92 U-31.4 W-50 R-10 F2;
N40 G92 U-31.6 W-50 R-10 F2;
N50 M02;
```

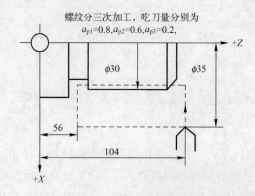

图 2.62　G92 指令加工实例 1

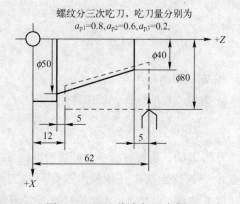

图 2.63　G92 指令加工实例 2

（7）复合循环切削指令 G70 ～ G76。运用这组 G 代码，只需指定精加工路线和粗加工的背吃刀量，系统会自动计算出粗加工路线和加工次数。

① 外径粗加工循环 G71：

```
G71   U(Δd)   R(e)
G71   P(ns)   Q(nf)   U(Δu)   W(Δw)   F(f)   S(s)   T(t)
```

Δd：切深，无符号。切入方向由 AA′ 方向决定（半径指定）。该指定是模态的，一直到下次指定以前均有效，并且用参数也可以指定。根据程序指令，参数值也可改变。

e：退刀量，是模态值，在下次指定前均有效。用参数也可设定，用程序指令时，参数值也可改变。

ns：精加工形状程序段群的第一个程序段的顺序号。

nf：精加工形状程序段群的最后一个程序段的顺序号。

Δu：X 轴方向精加工余量的距离及方向（直径/半径指定）。

Δw：Z 轴方向精加工余量的距离及方向。

F、S、T：在 G71 循环中，顺序号 ns ～ nf 的程序段中的 F、S、T 功能都无效，全部忽略，仅在有 G71 指令的程序段，F、S、T 有效。

注：Δd、Δu 都用同一地址 U 指定，其区分是根据该程序段有无指定 P、Q。循环动作由 P、Q 指定的 G71 指令进行。另外，在带有恒线速控制选择功能时，在 A 至 B 间移动指令中的 G96 或 G97 无效，在含 G71 或以前程序段指令的有效。

用 G71 切削的形状，有下述种情况。无论哪种都是根据刀具平行 Z 轴移动进行切削的。在 A 至 A′ 间，顺序号 ns 的程序段中，可含有 G00 或 G01 指令，但不能含有 Z 轴指令。在 A′ 至 B 间，X 轴、Z 轴必须都是单调增大或减小。

在顺序号 ns ～ nf 的程序段中，不能调用子程序。如图 2.64，刀具起始点为 A，假定在某程序中指定了由 A → A′ → B′ → B 的精加工路线，只要用此指令，就可实现切削深度为（该量为半径值，无正负，方向由 AA′ 决定）。

例 2.5　如图 2.65 所示，编制的程序如下：

```
O1034
N10 G50 X280 Z250;
N20 G00 X260 Z360 M03;
N30 G71 U3 R2;
N40 P100 Q200 X1 Z0.2 F400;
N100 G00 X50 Z360 F300;
G01 X50 Z300 F300;
X100 Z240;
X100 Z170;
X160 Z100;
X250 Z50;
N200 X250 Z0;
```

```
G00 X280 Z350;
M02;
```

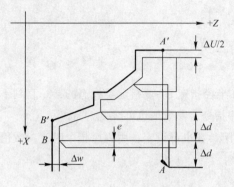

图 2.64　外径粗加工循环 G71

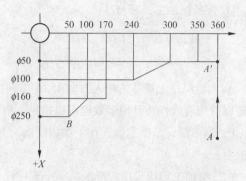

图 2.65　G71 指令加工实例

② 端面粗车复合循环 G72。如图 2.66 所示，与 G71 相同，用与 X 轴平行的方向进行切削。

```
G72  W(Δd)  R(e);
G72  P(ns)  Q(nf) U(Δu) W(Δw) F(f)  S(s)  T(t);
```

Δd，e，ns，nf Δu，Δw，F，S，T 和 G71 相同。

用 G72 切削的形状，有下列五种情况。无论哪种，都是根据刀具重复平行于 X 轴的方向进行切削的。

见图 2.66，该循环指令与 G71 指令的区别在于其切削方向平行于 X 轴，其格式中参数含义与 G71 中的相同，在使用 G71 指令或 G72 指令编程时应注意下述几点：

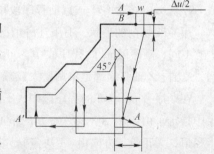

a. 带有 P、Q 地址的 G71 或 G72 指令，才能进行该循环加工。

b. 粗加工循环时，处于 ns～nf 的程序段之间的 F、S、T 机能的指令均无效，G71 或 G72 格式中仍有的 F、S、T 有效。

图 2.66　端面粗车复合循环 G72

c. 在顺序号为 ns 的顺序段中，应包含 G00 或 G01 指令，进行由 A → A′的动作。

d. 刀具由 A → A′的运动过程中，使用 G71 指令时，不得有 Z 轴方向的位移；使用 G72 指令时，不得有 X 轴方向的位移。

e. 由 A → B 的刀具轨迹在 X、Z 轴上必须连续递减或递增。

例 2.6　如图 2.67 所示，编制的程序如下：

```
O0008;
N10 G00 U−20 W−20 M03;
N20 G72 W2.5 R2;
N30 P90 Q180 U0.5 W1 F300 S700;
N90 G00 U0 W−325;
    G01 U−99 W55 F300;
```

```
    X0 W70；

    U－60 W0；

    U0 W70；

    U－50 W60；

N180 U0 W50；

    G00 U20 W50；

    M02；
```

③ 封闭轮廓循环 G73。如图 2.68 所示，利用该循环，可以按同一轨迹重复切削，每次切削刀具向前移动一次，因此对于经锻造、铸造等粗加工已初步形成的毛坯，可以进行高效率地加工。程序中指令的图形为：

```
AA1  A1′  B1  A2  A2′  B2…  A  A′  B  A
G73   U(Δi)  W(Δk)  R(d)
G73   P(ns)  Q(nf)  U(Δu)  W(Δw)  F(f)  S(s)  T(t)
```

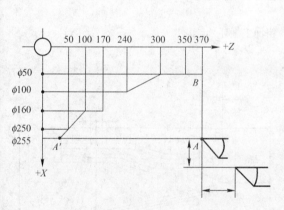

图 2.67　G72 指令加工实例

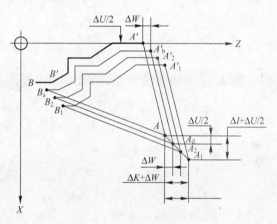

图 2.68　封闭轮廓循环 G73

Δi：X 轴方向退刀的距离及方向（半径指定）。这个指定是模态的，一直到下次指定前均有效。并且，用参数也可设定。根据程序指令，参数值也可改变。

Δk：Z 轴方向退刀距离及方向。这个指定是模态的，一直到下次指定前均有效。另外，用参数也可设定。根据程序指令，参数值也可改变。

d：分割次数等于粗车次数。这个指定是模态的，直到下次指定前均有效。也可以用参数设定。根据程序指令，参数值也可改变。

ns：构成精加工形状的程序段群的第一个程序段的顺序号。

nf：构成精加工形状的程序段群的最后一个程序段的顺序号。

Δu：X 轴方向的精加工余量（直径/半径指定）。

Δw：Z 轴方向的精加工余量。

F、S、T：在 ns ～ nf 间任何一个程序段上的 F、S、T 功能均无效。仅在 G73 指定中的 F、S、T 功能有效。

注：Δi、Δk、Δu、Δw 都用地址 U、W 指定，它们的区别，根据有无指定 P、Q 来判断。循环动作 G73 指令根据 P、Q 来进行，切削形状可分为四种，编程时注意 Δu、Δw、Δi、Δk 的符号。循环结束后，刀具就返回 A 点。见图 2.69，该功能在切削工件时刀具轨迹为一封闭回路，刀具逐渐进给，使封闭切削回路逐渐向零件最终形状靠近，最终切削加工完成。

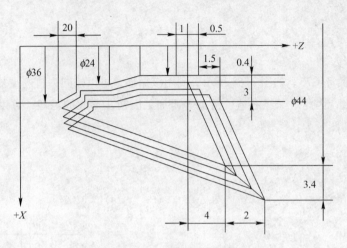

图 2.69　G73 粗加工循环

例 2.7　如图 2.70 所示，编制的程序如下：

```
O1038;
N10 G00 X52 Z190;
N20 G00 X44 Z160;
N30 G73 U3 W1.5 R4;
N40 G73 P100 Q200 U0.5 W0.2;
N100 G00 X16 Z121;
G01 X16 Z100 F100;
G01 X24 Z90;
N200 G01 X36 Z30;
G00 X52 Z190;
M02;
```

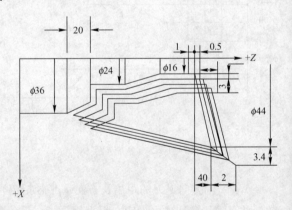

图 2.70　G73 指令加工实例

④ 精加工循环（G70）。在用 G71、G72、G73 粗加工后时，可以用下述指令精车。

G70　P(ns) Q(nf);

ns：构成精加工形状的程序段群的第一个程序段的顺序号。

nf：构成精加工形状的程序段群的最后一个程序段的顺序号。

注：在含 G71、G72 程序段中指令 F、S、T 对于 G70 的程序段无效，而顺序号 ns ～ nf 间的指令 F、S、T 为有效。G70 的循环一结束，刀具就用快进给返回始点，并开始读入 G70 循环的下个程序段。在 G70 ～ G73 间的程序段中，不能调用子程序。

例 2.8 如图 2.71 所示为复合型固定循环（G70，G71）的实例（直径指定，公制输入），编制的程序如下：

```
O0009;
N100  G50  X200.0  Z220.0;
N110  G00  X160.00  Z180.0 M03 S800;
N120  G71  U7.0  R1.0;
N130  G71  P140  Q200  U4.0  W2.0  F0.3  S500;
N140  G00  X40.0  F0.15 S800;
N150  G01  W−40.0
N160  X60.0 W−30.0;
N170  W−20.0;
N180  X100.0 W−10.0;
N190  W−20.0;
N200  X140.0  W−20.0;
N210  G70  P140  Q200;
N220  G00  X200.0 Z220.0;
N230  M05;
N240  M30;
```

例 2.9 如图 2.72 所示为复合固定循环（G70，G72）的实例（直径指定，公制输入），编制的程序如下：

```
O0028;
N100  G50  X200.0  Z190.0
N110  G00  X176.00  Z132.0 M03 S700;
N120  G72  W7.0  R1.0;
N130  G72  P140  Q190  U4.0  W2.0  F0.3  S600;
N140  G00  Z58.0  S880;
N150  G01  X120.0  W120.0  F0.15;
N160  W10.0;
N170  X80.0  W10.0;
N180  W20.0;
N190  X36.0  W−22.0;
N200  G70  P140  Q190;
N210 G00 X220.0 Z190.0;
N220  M05;
N230  M30;
```

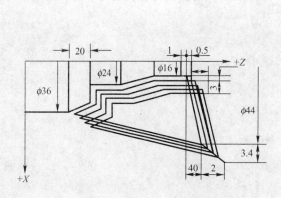

图 2.71　G70 与 G71 复合循环

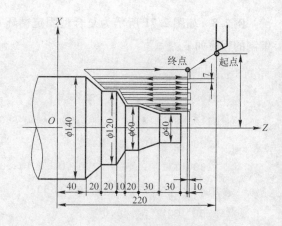

图 2.72　G70 与 G72 复合循环

例 2.10　如图 2.73 所示为复合固定循环（G70，G73）的实例（直径指定，公制输入），编制的程序如下：

```
N100  G50  X260.0  Z220.0;
N110  G00  X220.0  Z160.0  M03  S900;
N120  G73  U14.0  W14.0  R3;
N130  G73  P140  Q190  U4.0  W2.0  F0.3  S180;
N140  G00  X80.0  W-40.0;
N150  G01  W-20.0  F0.15  S600;
N160  X120.0  W-10.0;
N170  W-20.0  S400;
N180  G02  X160.0  W-20.0  I20.0;
N190  G01  X180.0  W-10.0  S0280;
N200  G70  P140  Q190;
```

⑤ 复合型螺纹切削循环（G76，切螺纹可以不需退刀糟）按照下面的程序，可以进行如图 2.74 所示的螺纹切削循环。

G76　P(m)（r）（a）Q(Δdmin) R(d)；

G76　X(U)　Z(W) R(i)　P(k) Q(Δd)　F(L)

m：最后精加工的重复次数 1～99。此指定值是模态的，在下次指定前均有效。另外用参数也可以设定，根据程序指令，参数值也可改变。

r：螺纹倒角量（螺纹收尾部分的长度）。如果把 L 作为导程，在 0.01～9.9L 的范围内，以 0.1L 为一挡，可以用 00～99 两位数值指定。根据程序指令，参数值也可改变。

a：刀尖的角度（螺纹牙的角度）。可以选择 80°、60°、55°、30°、29°、0° 6 种角度。把此角度值原数用

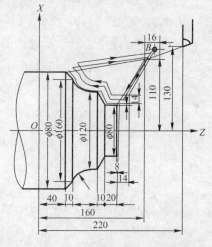

图　2.73

两位数指定。此指定是模态的，在瑕疵被指定前均有效。另外，用参数也可以设定，根据程序指令也可改变参数值。

m、r、a 同用地址 P 一次指定。例如，m = 2，r = 1.2L，a = 60°，P 如下：

　　P　02(m)　12(r)　　60(a)

$\Delta dmin$：最小切入量。当一次切入量 $\{\Delta DN - \Delta D（N-1）\}$ 比 dmin 还小时，则用$\Delta dmin$ 作为一次切入量。该指定是模态的，在下次被指定前均有效。另外，用参数也可以设定，根据程序指令，也可改变参数值。

d：精加工余量。该指定是模态的，在下次被指定前均有效。并且用参数也可设定，根据程序指令，也可改变参数。

i：螺纹部分的半径差，i = 0 为切削直螺纹。

k：螺纹牙高（X 轴方向的距离用半径值指定）。

Δd：第一次切入量（同 G32 的螺纹切削）

注：用 P、Q、R 指定数据，根据有无地址 X（U）、Z（W）来区别。循环动作由地址 X（U）、Z（W）指定的 G76 指令进行。

此循环加工中，刀具为单侧刃加工，刀尖的负载可以减轻。另外，第一次切入量为Δd，第 N 次为ΔdN，每次切削量是一定的。考虑各地址的符号，有四种加工图形，也可以加工内螺纹。在图 2.74 所示的螺纹切削中，只有 C、D 间有 F 指令的进给速度，其他为快速进给。

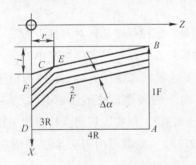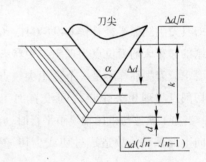

图 2.74　G76 复合型螺纹切削循环

在图 2.74 所示的循环中，增量的符号如下：

U、W 负（由轨迹 *A* 到 *C*、*C* 到 *D* 的方向决定）。

R（I）：负（由轨迹 A 到 C 的方向决定）。

P（K）：正（为正）。

Q（D）：正（为正）。

如图 2.75 所示为复合循环（G76）的实例，编制的程序如下：

　　G76　P01　1060　Q100　R200;
　　G76　X60640　Z25000　P3680　Q1800　F60;

注：关于切螺纹的注意事项，与 G32 切螺纹和 G92 螺纹切削循环相同；螺纹倒角量的指定，对 G92 螺纹切削循环也有效；G76 数值必须是整数（参数设置为小数点指定）。

3. 刀具补偿功能

（1）刀具的几何磨损补偿。如图 2.76 所示，在编程时，一般以其中一把刀具为基准，并以该刀具的刀尖位置 A 为依据建立工件坐标系。这样，当其他刀位转到加工位置时，刀尖位置 B 就会有偏差，原设定的工件坐标系对这些刀具就不适用。此外，每把刀具在加工过程中都有不同程度的磨损。因此应对偏移量 ΔX、ΔZ 进行补偿，使刀尖位置 B 移至位置 A。

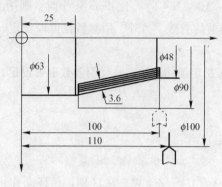

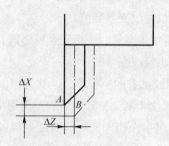

图 2.75   图 2.76   刀具几何磨损补偿

刀具补偿功能由程序中指定的 T 代码来实现。T 代码由字母 T 后面跟四位数码组成，其中前两位为刀具号，后两位为刀具补偿号，刀具补偿号实际上是刀具补偿寄存器的地址号，该寄存器中存放有刀具的 X 轴偏置量和 Z 轴偏置量。系统对刀具的补偿或取消都是通过滑板的移动来实现的。

（2）刀具刀尖圆弧半径补偿 G40、G41、G42 指令。数控程序是针对刀具上的某一点即刀位点进行编制的，车床的刀位点为理想尖锐状态下的车刀刀尖点。但实际加工中的车刀，由于工艺或其他要求，刀尖往往不是一个理想尖锐点，而是一段圆弧线。当加工轨迹与机床轴线平行时，实际切削点与理想尖锐点之间没有加工轴方向上的偏移，故不影响其尺寸、形状（见图 2.77）；当加工轨迹与机床轴线不平行时（斜线或圆弧），则实际切削点与理想尖锐点之间有加工轴方向上的偏移，故造成过切或少切（见图 2.78），此时可用刀尖半径补偿功能来消除误差。

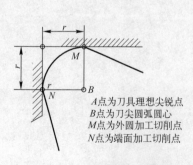

A点为刀具理想尖锐点
B点为刀尖圆弧圆心
M点为外圆加工切削点
N点为端面加工切削点

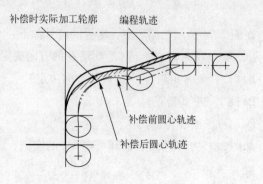

图 2.77   刀尖圆弧半径补偿   图 2.78

系统执行到含有 T 代码的程序段时，是否对刀具进行刀尖半径补偿，以及用何种方式补偿由 G 代码中的 G40、G41、G42 决定（见图 2.79）。

G40：取消刀尖半径补偿。刀尖运动轨迹与编程轨迹一致。

G41：刀尖半径左补偿。沿进给方向看，刀尖位置在编程轨迹左边。

G42：刀尖半径右补偿。沿进给方向看，刀尖位置在编程轨迹右边。

数控车床对刀，要求刀尖位置与程序中的起刀点重合。但实际车刀刀尖不是一理想尖锐点，而是一段圆弧，因此加工时车刀刀尖上的切削点可能产生变化，并造成过切或少切。为了分析刀尖圆弧造成的误差，需要确定一不变的基准刀尖位置点，对刀时使该点与程序中的起刀点重合。该位置可以是刀具上的假想刀尖点"A"，也可以是刀尖圆弧中心点"B"（见图 2.77）。在没有刀尖半径补偿时，按哪个假定刀尖位置编程，则该点按编程轨迹运动，产生过切或少切的大小和方向因刀尖位置而异。其中当按假想刀尖 A 点编程时，刀尖位置方向因装夹方向不同，从刀尖圆弧中心看假想刀尖点的方向，有 8 种刀尖位置方向可供选择，并依次设定为 1～8 号（见图 2.80）。当按刀尖圆弧中心 B 点编程时，刀尖位置方向则设定为 0 或 9 号。刀尖半径补偿的加入是执行 G41 或 G42 指令时完成的，当前面没有 G41 或 G42 指令时，可以不用 G40 指令，而直接写入 G41 或 G42 指令即可；如前面有 G41 或 G42 指令时，则应指定 G40 指令取消前面的刀尖半径补偿后，再写入 G41 或 G42 指令。刀尖半径补偿的取消是在 G41 或 G42 指令后面，加 G40 指令完成的。

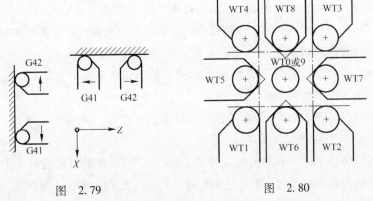

图　2.79　　　　　　　　　图　2.80

刀具补偿量的设定，是由操作者在 CRT/MDI 面板上用"刀具偏置"功能键输入刀具补偿寄存器的，其中对应每个刀具补偿号，都有一组偏置量，即 X、Z 轴偏置量，以及刀尖圆弧半径值 R 和刀尖位置号 T（见表 2.4）。

表 2.4　刀尖圆弧半径值 R 和刀尖位置号 T

补偿号	X 轴	Z 轴	R	T
01	0.1	4.3	0.4	2
02	0.3	2.8	0.2	4

2.3　综合实例

例 2.11　孔类零件如图 2.81 所示，用 G71 内圆车削循环进行加工，螺纹为公制直螺纹，螺距 1.5 mm，刀具起始点为（X100，Z100）。

1）零件分析

该零件是孔类零件，零件的最大外径是 $\phi54$，所以选取毛坯为 $\phi60$ 的圆棒料，材料为 45 号钢，如图 2.81 所示。

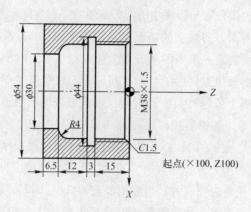

起点(×100, Z100)

图 2.81 孔类零件

2）工艺分析

（1）该零件分八个工步来完成加工，第一步用 $\Phi28$ 的麻花钻来钻孔；第二步粗车外圆；第三步精车外圆；第四步粗镗孔；第五步精镗内孔；第六步切内槽；第七步车 M38 的内螺纹（螺距 $F = 1.5$ mm）；第八步是切断。

（2）较为突出的问题是如何保证 3 mm 的内槽，精车完后用粗车刀车 C1.5 的倒角，棒料伸出三爪自定心卡盘 55 mm 装夹工件。

（3）选择 01 号外圆车刀、02 号内孔镗刀、03 号内螺纹刀、04 号内沟槽刀、05 号外槽刀共五把刀。

（4）G71 进行粗加工时，单边粗车吃刀量 1 mm，$U = 1$，R 退刀量的值为 1 mm，精车余量 0.5 mm；G71 进行内孔粗加工时，单边粗车吃刀量 1 mm，$U = 1$，R 退刀量的值为 0.5 mm，精车余量 0.5 mm。

3）工件坐标系的设定

选取工件的右端面的中心点 O 为工件坐标系的原点。

4）编制加工程序

编制的程序如下：

```
O0001;
N10 G50X100Z100;
N20 T0101M03S300F200M08;
N30 G00X62Z2;
N40 G71U1R1;
N50 G71P60Q70U0.5W0.5F300;
N60 G01X54;
N70 Z-40;
N75 T0101S1000;
```

```
N80 G70P60Q70;
N90 G00X100;
N100 Z100;
N110 T0202;
N120 G00X126Z2;
N130 G71U1R0.5;
N140 G71P150Q200U-0.5F200;
N150 G01X41;
N160 Z0;
N170 X38Z-1.5;
N180 Z-26;
N190 G03X30Z-30R4;
N200 G01Z-40;
N205 T0202S1000;
N210 G70P150Q200;
N220 G00Z100;
N230 X100;
N240 T0404;
N250 G00X26Z2;
N260 G01Z-18F100;
N270 X44;
N280 G04X1;
N290 G01X26;
N300 Z2;
N310 G00X100Z100;
N320 T0303;
N330 G00X32Z3;
N340 G92X38.8Z-17F1.5;
N350 X39.4;
N360 X39.8;
N370 X39.96;
N380 X39.96;
N390 X39.96;
N400 G00Z100;
N410 X100;
N420 T0505;
N430 G00X56Z-36.5;
N440 G01X28;
N450 G00X100;
```

```
N460 Z100;
N470 M05M09;
N480 M30;
```

例 2.12   轴类零件如图 2.82 所示，用 G71 外圆车削循环进行加工，螺纹为公制锥螺纹，刀具起始点为（X100，Z100）。

1）零件分析

该零件是轴类零件，零件的最大外径是 $\phi40$，所以选取毛坯为 $\phi45$ 的圆棒料，材料为 45 号钢，如图 2.82 所示。

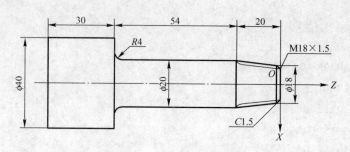

图 2.82   轴类零件

2）工艺分析

（1）该零件分四个工步来完成加工，第一步粗车外圆；第二步精车外圆；第三步车公制螺纹；第四步切断。

（2）较为突出的问题是如何保证英制螺纹的精度，精车完后用粗车刀车 $1.5 \times 45°$ 的倒角，棒料伸出三爪自定心卡盘 120 mm 装夹工件。

（3）选择 01 号外圆车刀、02 外螺纹刀、03 号外槽刀共三把刀。

（4）G71 进行粗加工时，单边粗车吃刀量 1 mm，$U = 1$，R 退刀量的值为 1 mm，精车余量 0.5 mm。

3）工件坐标系的设定

选取工件的左端面的中心点 O 为工件坐标系的原点。

4）编制加工程序

编制的程序如下：

```
O0002;
N10 G50 X100 Z100;
N20 T0101 M03 S300 F200;
N30 G00 X47 Z2;
N40 G71 U2 R1;
N50 G71 P60 Q130 U0.5 W0.2;
N60 G01 X15;
N70 Z0;
N80 X18 Z-1.5;
```

N90 X20Z – 20;

N100 Z – 70;

N110 G02 X28 Z – 74 R4;

N120 G01 X40;

N130 Z – 106;

N135 T0101S1000;

N140 G70 P60 Q130;

N150 G00 X100 Z100;

N160 T0202 S200;

N170 G00 X42 Z2;

N180 G92 X19.2Z – 22I1F1.5;

N190 X18.6;

N200 X18.2;

N210 X18.04;

N220 X18.04;

N230 X18.04;

N240 G00X100Z100;

N250 T0303S300;

N260 G00X42Z – 104;

N270 G01X – 1F80;

N280 G00X100;

N290 Z100;

N300 M05M09;

N310 M30;

2.4　数控车床的基本操作

2.4.1　数控车床的准备

（1）检查 CNC 车床的外表是否正常（如后面电控柜的门是否关上，车床内部是否有其他异物）。

（2）打开位于车床后面电控柜上的主电源开关，应听到电控柜风扇和主轴电动机风扇开始工作的声音。

（3）按操作面板上的"POWER ON"键接通电源，几秒钟后 CRT 显示屏上出现如图 2.83 所示的画面，这时才能操作数控系统上的按钮，否则容易损坏机床。

操作MESSAGE		O0001 N0000
番号　　2000		
X　AXIS　NO-REF		
09,48,18	S	0T
	JOG	
[ALARM]　[操作PN]　[MESSAGE]　[　]　[　]		

图 2.83　开机后几秒钟后 CRT 显示屏

（4）顺时针方向松开急停"EMERGENCY"键。

（5）绿灯亮后，机床液压泵启动，机床进入准备状态。

（6）如果在进行以上操作后，机床没有进入准备状态，检查是否有下列情况，进行处理后再按"POWER ON"键。

① 是否按过操作面板上的"POWER ON"键？如果没有，则按一次。

② 是否有某一个坐标轴超过行程极限？如果是，则对机床超过行程极限的坐标轴进行恢复操作。

③ 是否有警告信息出现在 CRT 显示屏上？如果是，则按警告信息做操作处理。

2.4.2　工件与刀具的装夹

1. 工件的装夹

（1）FANUC O – TD – II 型数控车床使用三爪自定心卡盘，对于圆棒料，装夹时工件要水平安放，右手拿工件，左手旋紧夹盘扳手。

（2）工件的伸出长度一般比被加工工件大 10 mm 左右。

（3）对于一次装夹不能满足形位公差的零件，要采用鸡心夹头夹持工件并用两顶尖顶紧的装夹方法。

（4）用校正划针校正工件，经校正后再将工件夹紧，工件找正工作随即完成。

2. 刀具的装夹

将加工零件的刀具依次装夹到相应的刀位上，操作如下：

（1）根据加工工艺路线分析，选定被加工零件所用的刀具号，按加工工艺的顺序装夹。

（2）选定 1 号刀位，装上第一把刀，注意刀尖的高度要与对刀点重合。

（3）手动操作控制面板上的"刀架旋转"按钮，然后依次将加工零件的刀具装夹到相应的刀位上。

3. 对刀

在数控车床车削加工过程中，首先应确定零件的加工原点，以建立准确的加工坐标系；其次要考虑刀具的不同尺寸对加工的影响，这些都需要通过对刀来解决。常用的对刀方法有四种。

（1）试切对刀。将工件安装好之后，先用手动方式操纵机床，用已选好的刀具将工件端面车一刀，然后保持刀具在纵向（Z 向）的尺寸不变，沿横向（X 向）退刀。当取工件右端面 O 为工件原点时，对刀输入 O 点坐标 Z_0；左端面 O' 为工件原点时，则需测量左端面到加工面的长度尺寸 δ 并输入，如图 2.84（a）所示。用同样的方法，再将工件外圆表面车一刀，然后保持刀具在横向上的尺寸不变，从纵向退刀，停止主轴，再量出车削后的直径值 ϕ，如图 2.84（b）所示。根据 δ 和 ϕ 值，即可确定刀具在工件坐标系中的位置。其他各刀具都需要进行以上操作，从而确

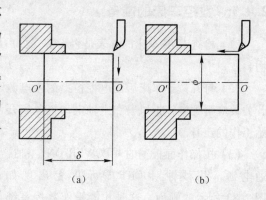

（a）　　　　　　　　（b）

图 2.84　试切对刀

定每把刀具在工件坐标系中的位置。

（2）机外对刀仪对刀。机外对刀的本质是测量出刀具假想刀尖到刀具基准点之间在 X 向和 Z 向的长度。利用机外对刀仪可将刀具预先在机床外校对好，以便装上机床即可使用。如图 2.85 所示是一种比较典型的机外对刀仪，它适用于各种数控车床，并安装在对刀刀具台上。这个对刀刀具台与刀座的连接结构、尺寸及制造精度应与刀架相应结构、尺寸及制造精度相同。机外对刀的大体顺序如下：将刀具随同刀座一起紧固在对刀刀具台上，摇动 X 向和 Z 向进给手柄，使移动部件载着投影放大镜沿着两个方向移动，直至假想刀尖点与放大镜中十字线交点重合为止，如图 2.86 所示。这时通过 X 向和 Z 向的长度值，就是这把刀具的对刀长度。如果这把刀具马上使用，那么将它连同刀座一起装夹到机床某刀位之后，将对刀长度输到相应刀具补偿号中就可以了。如果这把刀具是备用的，应做好记录。

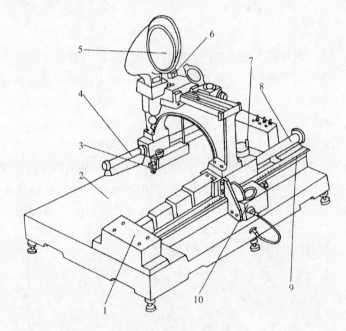

图 2.85　机外对刀仪

1—刀具台安装；2—底座；3—光源；4、8—轨道；5—投影放大镜；6—X 向进给手柄；
7—Z 向进给手柄；9—刻度尺；10—微型计数器

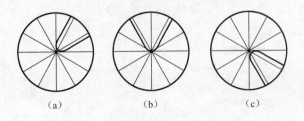

（a）　　　　　　　　　（b）　　　　　　　　　（c）

图 2.86　刀尖在放大镜中的对刀投影

（3）ATC 对刀。它是在机床上利用对刀显微镜自动地计算出车刀长度的简称。对刀镜与支架不用时取下，需要对刀时才装到主轴箱上。对刀时，用手动方式将刀尖移到对刀镜的视野内，再用手动脉冲发生器微量移动使假想刀尖点与对刀镜内的中心点重合，如图 2.86 所示），再将光标移到相应刀具补偿号，按"自动计算（对刀）"键，这把刀在两个方面的长度就被自动计算出来，并自动存入它的刀具补偿号中。

（4）自动对刀。自动对刀又叫刀具检测功能，是利用数控系统自动精确地测量出刀具在两个坐标方向的长度，并自动修正刀具补偿值，然后直接开始加工零件。自动对刀是通过刀尖检测系统实现的，如图2.87所示，刀尖随刀架向已设定了位置的接触式传感器缓缓行进并与之接触，直到内部电路接通后发出电信号，数控系统立即记下该瞬时的坐标值，接着将此值与设定值比较，并自动修正刀具补偿值。

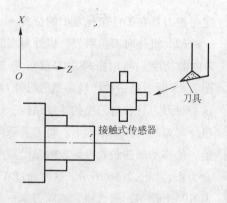

图 2.87　自动对刀

2.4.3　返回参考点操作

在程序运行前，必须先对机床进行返回参考点操作，即将刀架返回机床参考点。有手动返回参考点和返回自动参考点两种方法，通常情况下，在开机时采用手动返回参考点方法，其操作方法如下：

（1）将机床操作模式开关设置在 JOG 手动方式位置上。

（2）将机床操作面板上的"＋X"或"＋Z"键拨至相应的坐标轴。

（3）如图2.88所示，按机床操作面板上 JOG 方式下坐标轴移动按钮。连续按选定的坐标轴及方向按钮慢速移动坐标轴，松开时则移动停止，同时按坐标轴按钮和移动加速按钮（中间按钮）可以使坐标轴快速移动，分别进行 X 轴、Z 轴回零操作，如图2.88和图2.89所示。

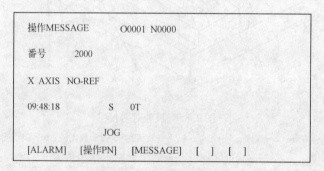

图 2.88　X 轴回零操作

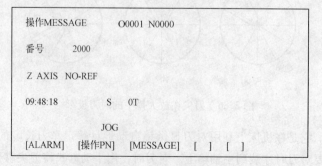

图 2.89　Z 轴回零操作

（4）当坐标轴返回参考点时，刀架返回参考点，确认灯亮后，操作完成。

进行操作时应注意以下事项：

（1）参考点返回时，应先移动 X 轴。

（2）应防止在参考点返回过程中刀架与工件、尾座发生碰撞。

（3）由于在坐标轴加速移动方式下速度较快，没有必要时尽量少用，以免发生预想不到的危险。

2.4.4 手动操作与自动操作

1. 手动操作

使用机床操作面板上的开关、按钮或手轮，用手动操作移动刀具，可使刀具沿各坐标轴移动。

（1）手动连续进给。用手动可以连续地移动机床，操作步骤如下：

① 将方式选择开关置于 JOG 的位置上，如图 2.90 所示。操作控制面板上的 X 方向和 Z 方向的移动按钮，如图 2.91 所示，机床将按选择轴方向连续移动。

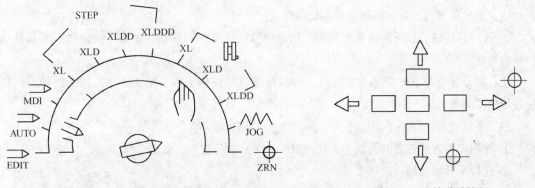

图 2.90 方式开关置于 JOG   图 2.91 连续移动按钮

② 选择移动轴，将控制面板上的"$+X$"或"$+Z$"键拨至相应的坐标轴，如图 2.92 所示，机床将按选择的轴方向移动。

（2）快速进给。同时按下两个按钮，如图 2.93 所示，刀具将按选择的方向快速进给。

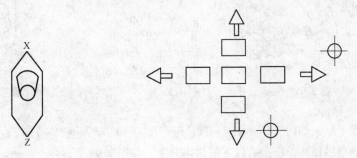

图 2.92 轴选择按钮在 X 轴   图 2.93 快速进给按钮

（3）步进进给（STEP）。可实现步进移动，操作如下：

① 将方式选择开关置于 STEP 的位置，如图 2.94 所示。

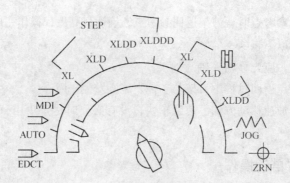

图 2.94　方式开关置于 STEP

② 选择移动量。步进进给量如表 2.5 所示。

表 2.5　步进进给量

×1	×10	×100	×1 000
0.001 mm	0.01 mm	0.1 mm	1 mm

注：直径指定时，X 轴的移动量为直径变化。

③ 选择移动轴。按下所选轴向开关，相应的轴按选定方向移动，每按一次按钮，刀具移动一步的当量。

注：移动速度与 JOG 进给速度相同。若按快速进给按钮，变为快速进给。快速进给时，快速进给倍率有效。

（4）手脉进给。转动手摇脉冲发生器，可使机床微量进给，步骤如下：

① 控制面板方式选择开关置于手轮（HANDLE）的位置上，如图 2.95 所示。

② 选择手脉移动轴，如图 2.96 所示。

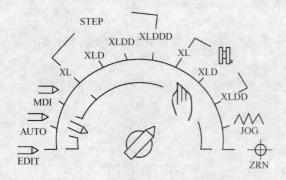

图 2.95　方式开关置于 HANDLE

图 2.96　轴选择开关在 Z 轴

③ 转动手脉，如图 2.97 所示。右转——正方向；左转——负方向。

④ 移动量。操作面板上有以下的切换开关，如图 2.98 所示。

注：手摇脑脉冲发生器请以 5 r/min 的速度转动，如超过了此速度，可能会造成刻度和移动量不符。如果选择了 ×100 的倍率，过快地移动手轮，刀具以接近于快速进给的速度移动，此时，机床会产生振动。

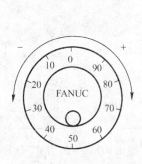

图 2.97　手摇脉冲发生器

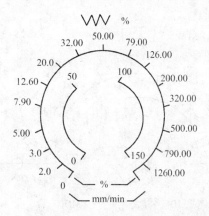

图 2.98　手动倍率切换

2. 自动操作

（1）运转方式。

存储器运行步骤：

① 预先将程序存入存储器中。

② 选择要运行的程序。

③ 将方式选择开关置于 AUTO 位置，如图 2.99 所示。

④ 按循环启动开关，如图 2.100 所示，即开始自动运转，循环启动灯亮。

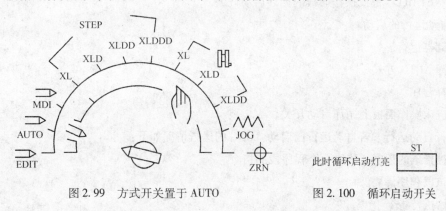

图 2.99　方式开关置于 AUTO　　　　　图 2.100　循环启动开关

（2）MDI 运转。从 CRT/MDI 操作面板输入一个程序段的指令并执行该程序段。例如，执行下列程序：

```
X28.80  W180.88;
```

① 将方式选择开关置于 MDI 的位置，如图 2.101 所示。

② 按 "PRGRM" 键。

③ 按 "PAGE" 键，使画面的左上角显示 MDI，CRT 显示如图 2.102 所示。

④ 由数据输入键键入 X28.80。

⑤ 按 "INPUT" 键。

在按 "INPUT" 键之前，如果发现键入的数字是错误的，按 "CAN" 键，可以重新键入 X 及正确的数字。

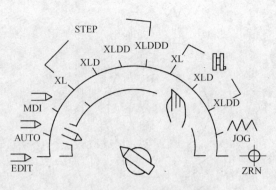

图 2.101　方式开关置于 MDI

PROGRAM	O0001　N0000
(MDI)	[持壳]
X　　28.80	G01　F
W　　180.88	G97　M
	G69　S
	G99　T
	G21
	G40　WX　0.0000
	G25　W2　0.0000
	G22
	G54
ADRS：　　　　MDI　S　0T	
[程式]　[现单节]　[次单节]　[MDI]　[再开]	

图 2.102　　MDI 方式下 CRT 显示

⑥ 键入 W188.88。

⑦ 按 "INPUT" 键，W188.88 的数据被输入并显示。

如果输入的数字是错误的，与 X 时同样处理。

⑧ 按 "START" 键或机床操作面板上的启动开关。

按循环启动开关之前修改程序的方法。

为了把 X28.80　W180.88；变成 28.80，取消 180.88，其方法如下：

a. 按 "CAN"、"INPUT" 键。

b. 按 "START" 键或操作面板的循环启动开关。

（3）自动运行的启动。

① 存储器运行。

a. 选择 AUTO 方式。

b. 选择程序。

c. 按机床操作面板上循环启动开关。

② 执行自动运行。若自动运行已启动，CNC 的运行情况如下：

a. 从被指定的程序，读取一个程序段的指令。

b. 对该段程序译码。

c. 开始执行指令。

d. 读取下一个程序段的指令。

e. 译码下一个程序段的指令，使之变为可执行的代码，该过程称为缓冲。

f. 由于缓冲，程序段执行一结束，立刻开始执行下一个程序段。

g. 以后重复执行 d、e、f 步。

（4）自动运行的停止。使自动运行程序停止的方法有：预先在程序中需要停止的地方输入停止指令；还可以按操作面板上的开关，使其停止。

① 程序停止（M00）。程序中执行 M00 指令后，自动运行停止。此时各模态信息、寄存状态与单段运行相同。按下循环启动开关，程序从下一个程序段重新自动运行。

② 任选停止（M01）。与 M00 相同，执行含有 M01 指令的程序段之后，自动运行停止。但 M01 指令的执行要求机床操作面板上必须有 "任选停机开关"，且该开关置于接通状态。

③ 程序结束（M02，M03）。M02，M03 指令的意义如下：

a. 表示主程序结束。

b. 自动运行停止，CNC 呈复位状态。

c. M30 使用权自动运行停止，并使程序返回到程序的开头。

d. 进给暂停。程序运行时，按机床操作面板上的进给暂停按钮，可使自动运行暂时停止。若按暂停开关，进给暂停灯亮，而循环起动灯灭，如图 2.103 和图 2.104 所示。

图 2.103　进给暂停开关　　　　　　图 2.104　循环启动开关

e. 复位。按下 MDI 键盘上的复位（RESERT）开关，或输入外部复位信号，自动运行时移动中的坐标轴减速，然后停止，CNC 系统置于复位状态。

2.4.5　换刀点的设置

换刀点的设置方法如下：

（1）换刀点是加工过程中自动装置的换刀位置，该点可以是固定的，也可以是任意的，具体由编程者来设定。换刀点的位置应保证刀具转位时不碰撞工件及其他部件。

（2）在 FANUC O – TD（Ⅱ）型数控系统中，换刀点是任意的，可用"G00 X – Z –"指令快速定位到工件坐标系中操作者所确定的位置上。一般情况下，换刀点选在工件轮廓的外部，大多数都选在起刀点。如图 2.105 所示，其对刀点 A 的设定就是考虑到精车过程中需要方便换刀，故设置在离毛坯较远的位置处，同时将起刀点与对刀点重合在一起。

（3）一个加工程序中换刀点只设置一个。

（4）如图 2.106 所示说明换刀点的设置过程。换刀点可以设置在参考点或中间点 1。如果参考点离加工点位置较远，返回参考点换刀会花费很长的时间，为节省时间，可以设置一个距离零件位置比较近的中间点 1，同时还必须根据工件的结构情况选择一个中间点 2，中间点 2 的设置是防止刀具在返回参考点的途中与工件交叉而发生碰撞，自动换刀时刀具经过中间点返回换刀点。返回参考点的过程中刀具是以 G00 快速运动方式移动的。如图 2.106 所示为刀具返回参考点的过程。

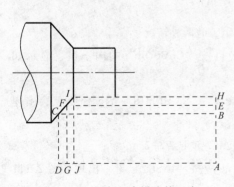

图 2.105　用起刀点设为换刀点

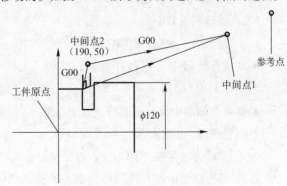

图 2.106　巧用中间点 1、2 换刀

刀具从中间点 2（190，50）返回中间点 1，其指令如下：

  G00 X190 Z50； （绝对坐标方式）

  G00 U100 W30； （增量坐标方式）

如果参考点返回时不经过中间点 2，则刀具会与工件发生碰撞，引起事故。

2.4.6　程序的输入

1. 数控车床的键盘程序输入

（1）程序存储、编辑操作前的准备。

① 把程序保护开关置于 ON 上，接通数据保护键（KEY），如图 2.107 所示。

图 2.107　数据保护键打开图

② 将操作方式置为 EDIT 方式（即编辑方式），如图 2.108 所示。

③ 按显示机能键"PRGRM"或［程序］软键后，显示如图 2.109 所示的画面，显示程序后方可编辑程序。

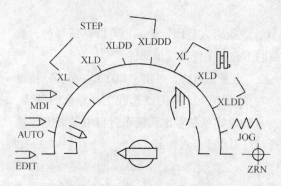

图 2.108　方式开关置于 EDIT

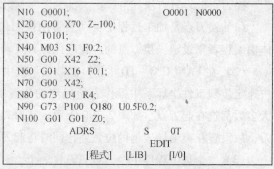

图 2.109　按"PRGRM"键显示画面

（2）把程序存入存储器中。

① 用 MDI QVFP 键盘键入

a. 方式选择为编辑方式（EDIT）。

b. 再按软键［LIB］。

c. 用键盘输入地址 O，CRT 显示如图 2.110（a）所示，有两种情况：

- 如果存储器中有该程序的话，如输入"O0006"，再按"CURSOR"的向下键，显示如图 2.110（b）所示。

- 如果存储器中没有该程序的话，如输入"O0009"，再按"CURSOR"的向下键，会出现报警画面，报警灯亮，如图 2.111（a）所示。

d. 消除的方法是按"RESET"键复位，再按"PRGRM"键重新输入。

e. 如果存储器中没有该程序的话，如输入"O0009"，应按"INSET"键，出现如图 2.111（b）所示的画面。

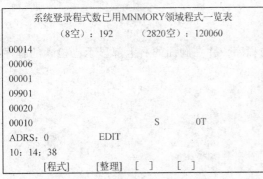

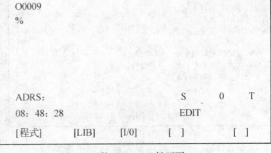

（a）键入"O"后的显示　　　　　　　　（b）键入"O0006"后的显示

图　2.110

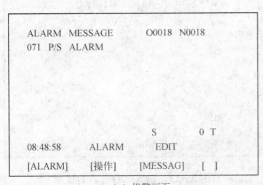

（a）报警画面　　　　　　　　　　（b）按"INSET"键画面

图　2.111

f. 通过这个操作，存入程序号，之后把程序中的每个字用键盘输入，然后按"INSET"键便可将键入程序存储起来（参照字的插入一节）。

② 把由多个程序组成的一个文件的内容存到存储器中，此操作与 CNC 存入存储器中的操作相同。几个程序都存到存储器中，选择程序号的方法如下：

a. 不用键盘设定程序号时：

● 把 CNC 文件上的 O 值（没有 O 时，取第一个程序段的 N 值）作为程序号用。

● 在 CNC 文件上的程序中，O 和 N 都没有时，把前一个程序号时加 1 的结果作为该程序号。

b. 在 CNC 程序存入前，用 MDI 键盘设定了程序号时，此时不管程序上的 O 值，而取用设定的值作为程序号。该程序后面的程序号依次加 1。

（3）程序检索。当存储器存入多个程序时，显示程序时总是显示当前程序指针指向的程序，即使断电，该程序指针也不会丢失。可以通过检索的方法调出需要的程序（也就改变了程序指针），而对其进行编辑或执行，此操作称为程序检索。

① 检索方法如下：

a. 选择方式（EDIT 或 AUTO 方式）。

b. 按［程序］软键，显示程序画面。

c. 按地址 D。

d. 键入要检索的程序号。

e. 按"CURSOR"键。

f. 检索结束时，在 CRT 的画面显示检索出的程序，并在画面的右上部显示已检索的程序号，如图 2.112 所示。

② 扫描法。

a. 选择方式（EDIT 或 AUTO 方式）。

b. 按［程序］软键。

c. 按地址键 O，如图 2.113 所示。

d. 按"CURSOR"键。选择 EDIT 方式时，反复按 O、CURSOT 键，可逐个显示存入的程序。

注：当被存入的程序全部显示出来后，便返回到头一个程序。

```
N10  O0001;                    O0001  N0000
N20  G00  X70  Z-100;
N30  T0101;
N40  M03  S1  F0.2;
N50  G00  X42  Z2;
N60  G01  X16  F0.2;
N70  G00  X42;
N80  G73  U4  R4;
N90  G73  P100  Q180  U0.5F0.2;
N100 G01  G01  Z0;
           ADRS          S    0T
                         EDIT
           [程式]  [LIB]  [I/O]
```

图 2.112　按［程序］软键后显示的画面

```
        系列登录程式数已用MNMORY领域程式一览表
           （8空）：192   （2820空）：120060
   00014
   00006
   00001
   09901
   00020
   00010                      S      0T
   ADRS：0       EDIT
   10:14:38
       [程式]    [整理]    [ ]    [ ]
```

图 2.113　键入"O"后的显示

（4）程序的删除。删除存储器中的程序方法如下：

① 选择 EDIT 方式。

② 按［程序］软键，显示程序画面，如图 2.114 所示。

③ 按地址 O。

④ 用键盘输入要删除的程序号，如 0001。

⑤ 按"DELET"键，则对应键入程序号的 O0001 存储器中程序被删除。

上例中，如果检索 N8888，而存储器中又没有该程序号，则会出现报警显示，如图 2.115 所示。

```
N10  O0001;                    O0001  N0000
N10  G00  X70  Z-100;
N30  T0101;
N40  M03  S1  F0.2;
N50  G00  X42  Z2;
N60  G01  X16  F0.1;
N70  G00  X42;
N80  G73  U4  R4;
N90  G73  P100  Q180  U0.5F0.2;
N100 G01  G01  Z0;
           ADRS          S    0T
                         EDIT
           [程式]  [LIB]  [I/O]
```

图 2.114　按［程序］软体键显示画面

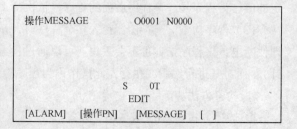

```
操作MESSAGE              O0001  N0000




                         S      0T
                       EDIT
[ALARM]   [操作PN]   [MESSAGE]   [ ]
```

图 2.115　出现报警显示

（5）字的插入、修改和删除。存入存储器中程序的内容，可以改变。

① 把方式选择为 EDIT 方式，如图 2.116 所示。

② 按［程序］软键，显示程序画面。

③ 选择要编辑的程序，如图 2.117 所示。

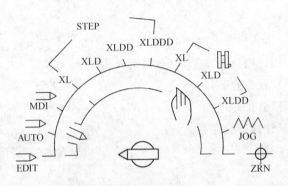

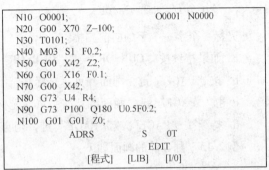

图 2.116　方式开关置于 EDIT　　　　图 2.117　按［程序］软键显示画面

④ 检索要编辑的字。有以下两种方法（见注 2）。

a. 用扫描（SCAN）的方法。

b. 用检索字的方法。

⑤ 进行字的修改 \ 插入 \ 删除等编辑操作。

注：字的概念和编辑单位。所谓字是由地址和跟在它后面的数据组成。对于用户程序，字的概念通称"编辑单位"，在一次扫描中，光标显示在"编辑单位"的开头，插入时，插入的内容在编辑单位之后。

编辑单位的定义：

① 从当前地址到下个地址之前的内容：如 G65　　H01　　O = /103　　Q = /105；中有四个"编辑单位"。

② 所谓地址是指字母"；"（EOB）为单独一个字。

根据这个定义，字也是一个编辑单位，在下面关于编辑的说明中。所谓字正确地应该说是编辑单位。

注：光标总是在某一个编辑单位的下端，而编辑的操作也是在光标所指的编辑单位上进行的，在自动方式下程序的执行也是从光标所指的编辑单位开始执行程序的。将光标移动至要编辑的位置或要执行的位置称之为检索。

（6）字的检索。

① 用扫描的方法：一个字一个字地扫描。

② 按向下的"CURSOR"键时，此时在画面上，光标一个字一个字地顺方向移动。也就是说，在被选择字的地址下面显示出光标。

```
N100 G50  X260.0  Z220.0;
N011 G00  X220.0  Z160.0;
```

光标一个字一个字地向下扫描。

③ 按向上的"CURSOR"键时，此时在画面上，光标一个字一个字地反方向移动。也就是说，在被选择字的地址下面显示出光标。

```
N150 G01 W -20.0 F0.15 S0600;
N160 X120.0 W -10.0;
N170 W -20.0   S400;
```

光标一个字一个字的向前扫描。

a. 如果持续按"CURSOR"或"CURSOR"键，则会连续自动快速移动光标。

b. 按"PAGE"键，画面翻页，光标移至下页开头的字。

c. 按"PAGE"键，画面翻到前一页，光标移至开头的字。

d. 持续按"PAGE"或"PAGE"键，则自动快速连续翻页。

例 2.13　翻页前的画面如下：

```
O2888;
N10 G50 X140 Z50;
N20 M06 T0101;
N30 M03;
N40 G00 X40 Z2;
N50 G01 X25.8 F300;
N60 G71 U1 R0.7 P70 Q100 X04 Z0.1 F200;
N70 G01 X8 Z2 F300;
N80 X16 Z -2 F100;
N90 X16 Z -28;
N100 X24 Z -38;
```

翻一页后的画面如下：

```
N110 G01 Z -48;
N120 G02 X24 Z -66 R15;
N130 G01 Z -80;
N140 G00 X140 Z50;
N150 T0100;
N160 M06 T0202;
N170 G00 X30 Z -28;
N180 G01 X20 F300;
N190 X12 F500;
N200 X14;
```

再翻一页后的画面如下：

```
N210 X17 Z -26.5;
N220 G00 X140 Z50;
N230 T0200;
```

```
N240 M06 T0303;
N250 G00 X24 Z2;
N260 G92 X1503 Z26.5 F1;
N270 G92 X15.1 Z26.5 F1;
N280 G92 X14.9 Z26.5 F1;
N290 G92 X14.9 Z26.5 F1;
N300 G00 X140 Z50;
```

从光标现在位置开始，顺方向或反方向检索指定的字。

```
O0007;
N10 G50 X16 Z72.436;
N20 G00 X16 Z72.436 M03 S200;
N30 M98 P0003 L6;
N40 M02;
N50 O0003;
N60 G01U-12 F100;
N70 G03U7.385 W-4.923 R8;
N80U2.215 W-39.877 R60;
N90 G02U1.4 W-28.636 R40;
N100U2;
N110W72.436;
N120U-2.8;
N130 M99;
```

a. 用键输入地址 S。

b. 用键输入 200。

注：如果只用键输入 S2，就不能检索 S200；检索 S09 时，如果只是 S9 就不能检索，此时必须输入 S09。

c. 按"CURSOR"键开始检索。

如果检索完成，光标显示在 S200 的下方。如果不是按"SURSOR"键，而是按"CURSOR"键，则向反方向检索。

```
O0007;
N10 G50 X16 Z72.436;
N20 G00 X16 Z72.436 M03 S200;
N30 M98 P0003 L6;
N40 M02;
N50 O0003;
N60 G01U-12 F100;
N70 G03U7.385 W-4.923 R8;
N80U2.215 W-39.877 R60;
N90 G02U1.4 W-28.636 R40;
N100U2;
```

N110W72.436;

N120U - 2.8;

N130 M99;

从现在位置开始，顺方向检索指定的地址。

O0008;

N10 G50 X140 Z50;

N20 M06 T0101;

N30 M03;

N40 G00 X40 Z2;

N50 G01 X25.8 F300;

N60 G71 U1 R0.7 P70 Q100 X04 Z0.1 F200;

N70 G01 X8 Z2 F300;

N80 X16 Z - 2 F100;

N90 X16 Z - 28;

N100 X24 Z - 38;

N110 G01 Z - 48;

N120 G02 X24 Z - 66 R15;

N130 G01 Z - 80;

N140 G00 X140 Z50;

N150 T0100;

N160 M06 T0202;

N170 G00 X30 Z - 28;

N180 G01 X20 F300;

N190 X12 F500;

N200 X14;

a. 按地址键 M。

b. 按"CURSOR"键。

c. 检索完成后，光标显示在 M 的下方。如果按向下"CURSOR"键，则反方向检索。

O0008;

N10 G50 X140 Z50;

N20M06 T0101;

N30 M03;

N40 G00 X40 Z2;

N50 G01 X25.8 F300;

N60 G71 U1 R0.7 P70 Q100 X04 Z0.1 F200;

N70 G01 X8 Z2 F300;

N80 X16 Z - 2 F100;

N90 X16 Z - 28;

N100 X24 Z –38;

N110 G01 Z –48;

N120 G02 X24 Z –66 R15;

N130 G01 Z –80;

N140 G00 X140 Z50;

N150 T0100;

N160 M06 T0202;

N170 G00 X30 Z –28;

N180 G01 X20 F300;

N190 X12 F500;

N200 X14;

返回到程序开头的方法。当前光标的位置在 G00 下方：

O0200;

N010　G50　X260.0　Z220.0;

N011　G00　X220.0　Z160.0;

N012　G73　U14.0　W14.0　R3;

N013　G73　P014　Q019　U4.0　W2.0　F0.3　S0180;

N014　<u>G00</u>　X80.0　W—40.0;

按下面三种方法操作后，光标返回到程序开头 O 的下方：

<u>O</u>0200;

N100　G50　X260.0　Z220.0;

N110　G00　X220.0　Z160.0;

N120　G73　U14.0　W14.0　R3;

N130　G73　P140　Q190　U4.0　W2.0　F0.3　S180;

N140　G00　X80.0　W–40.0;

方法 1：按 RESET 键（EDIT 方式，选择了程序画面），当返回到开头后，在 LCD 画面上，从头开始显示程序的内容。

方法 2：检索程序号。

方法 3：

a. 置于 AUTO 方式或 EDIT 方式。

b. 按［程序］软体键，显示程序画面。

c. 按地址 O。

d. 按 "CUROSR" 键。

（7）字的插入：

a. 检索或扫描到要插入的前一个字；插入前如图 2.118 所示。

b. 用键输入要插入的地址。本例中要插入 M。

c. 用键输入 08。

d. 按"INSERT"键；图 2.119 是插入 M08 后的画面。

```
N10  O0001;              O0001 N0000
N20  G00  X70  Z-100;
N30  T0101;
N40  M03  S1 _F0.2;
N50  G00  X42  Z2;
N60  G01  X16  F0.1;
N70  G00  X42;
N80  G73  U4  R4;
N90  G73  P100  Q180  U0.5F0.2;
N100  G01  G01  Z0;
          ADRS         S    0T
                 EDIT
     [位置]   [程式]  [LIB]  [I/0]
```

```
N10  O0001;              O0001 N0000
N20  G00  X70  Z-100;
N30  T0101;
N40  M03  F0.2 _M08;
N50  G00  X42  Z2;
N60  G01  X16  F0.1;
N70  G00  X42;
N80  G73  U4  R4;
N90  G73  P100  Q180  U0.5F0.2;
N100  G01  G01  Z0;
          ADRS         S    0T
                 EDIT
     [位置]   [程式]  [LIB]  [I/0]
```

图 2.118 插入 M08 前的画面   图 2.119 插入 M08 后的画面

（8）字的变更：

```
N100   X100.0   Z120.0 M15 M05;

N110   T0100;

N120   M30;
```

光标现在位置变更为 M09 时：

a. 检索或扫描到要变更的字。

b. 输入要变更的地址，本例中输入 M。

c. 用键输入数据。

d. 按"ALTER"键，则新键入的字代替了当前光标所指的字。

如输入 M09，按"ALTER"键时：

```
N100   X100.0   Z120.0  M09 M05;      /光标现在位置

N110   T0100;                         /变更后的内容

N120   M30;
```

（9）字的删除：

```
N100   X100.0   Z120.0 M09 M05;       /光标现在位置

N110   T0100;                         /要删除 Z120.0

N120   M30;
```

a. 检索或扫描到要删除的字。

按"DELETE"键，则当前光标所指的字被删除。

```
N100 X100.0   M09 M05;                /光标现在位置

  N110   T0100;                       /删除后

N120   M30;
```

删除到 EOB（;）。

按照下面的顺序按键，就会将从光标当前到 EOB 的内容全部删除，光标移动到下个字地址的下面，按"EOB"，"DELET"键。

删除前的程序段：

```
N100  X100.0  M09 M05;
N110  T0100;
N120  M30;
```

光标当前的位置，删除前的程序段：

```
N110  T0100;
N120  M30;
```

b. 多个程序段的删除。

从现在显示的字开始，删除到指定顺序号的程序段。

按地址键 N。

用键输入顺序号 110。

按"DELET"键，至 N110 的程序段被删除。光标移动到下个字的地址下方。

删除前的程序段，当前光标的位置：

```
N60   G04 X10;
N70   G01 X40;
N80   G00 W8;
N90   G01 Z18;
N100  X100.0  M09 M05;
N110  T0100;
N120  M30;
```

删除后的程序段，当前光标的位置：

```
N60   G04 X10;
N120  M30;
```

（10）存储程序的个数。系统标准配置可存储程序 200 个。

2. 图形模拟功能

（1）在 CRT 画面上，可描绘加工中编程的刀具轨迹。由 CRT 显示的轨迹可检查加工的进展状况。另外，也可对画面进行放大或缩小。

（2）图形参数设定。

在按了功能键"AUX/GRAPH"之后，按软键显示如图 2.120 所示的图形参数画面。

在用光标键将光标移到所要求的数据处并输入数值后，当按"INPUT"键时，数据被设定。

3. RS232DNC 程序输入

1）用 RS232 进行传递数据

材料长 W=100		描画终了单节 N=0	
D=100		消去	A=1
		限制	L=1
画面中心坐标	X=26		
	Z=34		
倍率	S=100		
番号 W=		S	0T
[图形]	[ ]	[扩大]	[ ]　[辅助]

图 2.120　图形参数画面

（1）连接好 PC，把 CNC 程序装入计算机。

（2）设定好 RS232C 有关的设定。

（3）把程序保护开关置于 ON 位置。操作方式设定为 EDIT 方式（即编辑方式）。

（4）按［程序］软键后，显示程序。

（5）当 CNC 磁盘上无程序号或者变更程序号时，键入 CNC 所希望的程序号。（当磁盘上有程序号且不改变程序号时，不需此项操作）。

① 按地址键 O。

② 用键输入程序号。

（6）运行通信软件，并使之输出状态（详见通信软件说明）。

（7）按"INPUT"键。此时，程序即传入存储器，传输过程中，画面状态显示"输入"。

注：为了保护零件程序，在［机床］页面上设有程序保护开关，只有该开关 ON 状态时，才可编辑程序，用 PC 输入。

2）存储器中存储的程序和 PC 中的比较

关上程序保护开关，与文件输入存储器同样的操作，可对存储中已存入的程序与 PC 的程序进行比较。

① 选择 EDIT 方式或者 AUTO 方式。

② 关闭程序保护开关。

③ 把计算机连接好，并使之在输出状态。

④ 按［程序］软键，LCD 上显示出程序画面。

⑤ 按"INPUI"键。

⑥ 在文件中有几个程序时，校对到 ER（%）为止。校对过程中，状态行显示"比较"。

注：校对不一致时，出现 N0O79 号 P/S 报警，校对停止；打开程序保护开关，进行上列操作时，程序存入存储器中，不进行校对。

3）通信软件的应用

（1）运行 XTALK。选择进入包含 XTALK. EXE 的子录后，运行 XTALK. EXE。

（2）选择通信环境参数。进入 XTALK 的界面后，按"ESC"键会出现可供选择的参数，选择 FANUC 既可。

```
Enter number for file to use (1): 1
COMMAND?LOAD
Enter number for file to use (1): 1
```

当无 COMMAND? 提示时可用"ESC"键。

（3）从机床侧接收到计算机中。接收用命令 CA（CAPTURE）。

```
COMMAND?CA
Capture to what file?  文件名
```

在计算机侧先按"Enter"键，在机床侧选择需要输出的内容按"OUTPUT"键可开始。当机床侧输出完成后，计算机侧先按"ESC"键停止输入，用命令 CA OFF 保存接收内容。

```
COMMAND?CA   OFF
```

当按收加工程序后先用通用编辑软件，如 EDIT，打开接收支的文件并把文件最后的"&"删除后存盘。否则输入数控系统后可能有多余的"；"出现。

用通用编辑软件可编辑新的机床加工程序，编辑时可用接收支的加工程序头进行，以便格式正确。

4）发送

发送用 SEND 命令。

```
COMMAND:SEND       ╱文件名
```

机床侧选择需要输入的内容后按"INPUT"键，机床显示器的右下端会有"标头"字样出现。计算机侧按"ENTER"键开始发送。

如发送加工程序，机床侧的程序保护钥匙开关需位于 ON 位置。

如发送机床参数，机床侧还需将输入允许开关设为 1（打开）。

有关输入和输出可参考 FANUC 的操作说明书。

5）通信电缆

通信电缆为 RS232C，接计算机的串口。

计算机的串口为 25 芯，如表 2.6 所示。

表 2.6　通信线的连接

机床侧 25 芯插头	计算机侧 25 芯插头	备　　注
2	3	
3	2	
4	5	
5	4	
6	8　　20	计算机侧 8 脚和 20 脚短接
7	7	
8　　20	6	机床侧 8 脚和 20 脚短接

计算机的串口为 9 芯，可用 25 芯转 9 芯转接头，如表 2.7 所示。

表 2.7　通信线的连接

机床侧 25 芯插头	计算机侧 9 芯插头	备　　注
2	2	
3	3	
4	8	
5	7	

续表

机床侧 25 芯插头	计算机侧 9 芯插头	备 注
6	4	
7	5	
20	6	

2.4.7 对刀与刀具补偿

1. 对刀

在数控车削工艺中，刀尖运动轨迹是自始至终要控制的，所以"对刀"是很重要的一项工作，必须掌握它。

（1）试切对刀。用 G50 Xα Zβ 设定工件坐标系，则在执行此程序段之前必须先进行对刀，通过调整机床，将刀尖放在程序所要求的起刀点位置 (α, β) 上，其方法如下：

① 返回参考点操作。用 ZRN（回参考点）方式，进行回参考点的操作，建立机床坐标系。此时 CRT 上将显示刀架中心（对刀参考点）在机床坐标系中当前位置的坐标值。

② 试切测量。用 MDI 方式操作机床将工件外圆表面试切一刀，然后保持刀具在横向（X 轴方向）上的位置尺寸不变，沿纵向（Z 轴方向）退刀；测量工件试切后的直径 D 即可知道刀尖在 X 轴方向上当前位置的坐标值，并记录 CRT 上显示的刀架中心（对刀参考点）在机床坐标系中 X 轴方向上当前位置的坐标值 X_t。

用同样的方法再将工件右端面试车一刀，保持刀具纵向（Z 轴方向）位置不变，沿横向（X 轴方向）退刀，同样可以测量试切端面至工件原点的距离（长度）尺寸 L，并记录 CRT 上显示的刀架中心（对刀参考点）在机床坐标系中 Z 轴方向上当前位置的坐标值 Z_t。

③ 计算坐标增量。根据试切后测量的工件直径 D、端面距离长度 L 与程序所要求的起刀点位置 (α, β)，算出将刀尖移到起刀点位置所需的 X 轴坐标增量 $\alpha - D$ 与 Z 轴坐标增量 $\beta - L$。

④ 对刀。根据算出的坐标增量，用手摇脉冲发生器移动刀具，使前面记录的位置坐标值 (X_t, Z_t) 增加相应的坐标增量，即将刀具移至使 CRT 上所显示的刀架中心（对刀参考点）在机床坐标系中位置坐标值为 ($X_t + \alpha - D$, $Z_t + \beta - L$) 为止。这样就实现了将刀尖放在程序所要求的起刀点位置 (α, β) 上。

⑤ 建立工件坐标系。若执行程序段为 G50 Xα Zβ，则 CRT 上将会立即变为显示当前刀尖在工件坐标系中的位置 (α, β)，即数控系统用新建立的工件坐标系取代了前面建立的机床坐标系。

例如图 2.121 所示。设以卡爪前端面为工件原点（G50 X200 Z253），若完成返回参考点操作后，经试切削，测得工件直径为 $\phi67$，试切端面至卡爪前端面的距离尺寸为 131 mm，而 CRT 上显示的位置坐标值为 X265.763，Z297.421。为了将刀尖调整到起刀点位置（X200，Z253）上，只要将

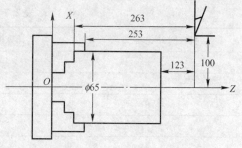

图 2.121 工件坐标系设定

显示的位置 X 坐标增加 $200 - 67 = 133$，Z 坐标增加 $253 - 131 = 122$，即将刀具移到使 CRT 上显示的位置为 X398.763、Z419.421 即可。执行加工程序段 G50 X200 Z253，即可建立工件坐标系，并显示刀尖在工件坐标系中当前位置 X200、Z253。

（2）改变参考点位置。通过数控系统参数设定功能或调整机床各坐标轴的机械挡块位置，将参考点设置在与起刀点相对应的对刀参考点上。这样在进行返回参考点操作时，即能使刀尖到达起刀点位置。

2. 刀具补偿

（1）直接输入刀具偏置量值。把编程时假设的基准位置（基本刀具刀尖和转塔中心等）与实际使用的刀尖差作为偏置量来设定，用以下方法比较简便。

工件坐标系已经设定，如图 2.121 所示。

① 选择实际使用的刀具，用手动方式切削 A 面。

② 不移动 Z 轴，仅 X 方向退刀，主轴停止。

③ 测量从工件坐标系的原点到 A 面的距离 b，把该值作为 Z 轴的测量值，用下述方法设定到指定号的刀偏存储器中。

a. 按"OFSET"键和"PAGE"键，显示刀具补偿画面，如图 2.122 所示。

b. 移动光标键，指定刀偏号。

c. 按地址键 M 和地址键 Z。

d. 键入测量值 b。

e. 按"INPUT"键，如图 2.123 所示。

```
工具补正/形状

   番号      X         Z         R        T
   G  01    0.000     0.000     0.000     0
   G  02    0.000     0.000     0.000     0
   G  03    0.000     0.000     0.000     0
   G  04    0.000     0.000     0.000     0


现在位置（相对坐标）
      U    -124.722   W  -182.476
   ADRS           S       0T
   [摩耗]    [形状]    [工件移]   [MACRO]      [进尺]
```

图 2.122　输入刀具形状补偿前画面

```
工具补正/形状

   番号      X          Z          R        T
   G  01    0.500     -456.00     0.000     0
   G  02   -373.161   -369.810    0.000     0
   G  03   -357.710   -405.387    0.000     0
   G  04   -263.245   -469.410    0.000     0


现在位置（相对坐标）
      U    -124.722        W   -182.476
   ADRS              S       0T
   [摩耗]     [形状]     [工件移]   [MACRO]       [进尺]
```

图 2.123　输入刀具形状补偿画面

④ 用手动方式切削 B 面，如图 2.124 所示。

⑤ 不移动 X 轴，仅 Z 轴方向退刀，主轴停止。

⑥ 测量 B 面的直径 α，将此值设定为所要求的偏置号的 X 测量值，对每把刀具重复上述步骤，则自动地计算出偏置量并设定在相应的刀偏号中。

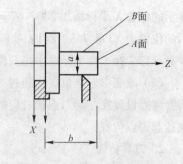

图 2.124　对刀时的工件坐标

例如，如图 2.124 中 B 面图样上的坐标值为 70.0 时，如果 $\alpha = 69.0$，在刀偏号 N0.2 中设定 MX69.0，则偏置号 2 中输入 1.0 作为 X 轴的刀偏值。

注：a. 刀具位置偏置量的直接输入，仅在参数 DOFST 为（参数 N0.0010）"1" 时有效。

b. X 轴为直径测量值。

c. 若把测量值作为几何形状补偿输入，所有的偏置量都变为几何形状补偿量，与之相应磨损补偿量为 "零"。

d. 若把测量值作为磨损补偿输入，几何形状偏置量不动，补偿量之和与几何形状补偿量的差为磨损补偿量。

e. 若编制梯形图，并按 "存储" 键，可以两轴同时退刀测量（参数 N0.0015MORB）。

（2）偏置量的计数器输入。将刀具分别移动到机床上的一个具参考点，可直接设定刀偏置值。

① 将基准刀具用手动移动到参考位置。

② 把相对坐标值 U、W 复位为零。

③ 将基准刀具移走，将要设定刀偏量的刀具移到参考位置。

④ 用光标选择偏置量置入偏置号。

⑤ 按地址键 X（或 Z），按 "INPUT" 键。

⑥ 则这把刀具的偏置输入至该偏置号的存储器中。

2.4.8　空运行

1. 试运行

（1）机床锁。使机床操作面板上的机床锁开关接通，自动运行加工程序时，机床刀架并不移动，只是在 CRT 上显示各轴的移动位置。该功能可用于加工程序的检查。

注：在机床锁住状态下，即使用 G27、G28 指令来移动机床，机床也不返回参考点，返回参考点指示灯也不亮。

（2）辅助功能锁：

① 机床操作面板的辅助功能锁住后，程序中的 M、S、T 代码指令被锁，不能执行。该功能与机床锁一起用于程序检测。

② M00、M01、M30、M98、M99，可正常执行。

2. 空运行

空运行开关如图 2.125 所示。若按下空运行开关，空运行灯变亮，不装夹工件，在自动运行状态运行加工程序，机床空跑。

如果在操作中，程序指定的进给速度无效，用（NO. 0001，RDRN）参数来进行重新设定。

（空运行灯变亮）

图 2. 125　空运行开关有效

2. 4. 9　单程序段执行和首件试切削

1. 单程序段执行

单程序段开关如图 2. 126 所示。若按下单程序段开关，单程序段灯变亮，执行一个程序段后，机床停止。其后，每按一次循环启动开关，则 CNC 执行一个程序段的程序。

（1）指令 G28 时，即使在中间点，单程序段也停止。

（2）在单程序段灯亮的状态下，执行固定循环 G90、G94 时，如下所示：

① 暂停后或停止后的再启动。

a. 返回所需的工作方式（AUTO 或 MDI）。

b. 按循环启动开关，如图 2. 127 所示。

② 在自动运行的中途，插入手动操作时：

a. 自动运转中，按进给暂停开关或单程序段开关置于接通状态，使自动运行暂停，如图 2. 128 所示。

b. 观察位置显示，记录停止位置的坐标值。

c. 进行手动操作。

● 边看位置显示，边返回记录的坐标值（手动操作的始点）。

● 为恢复自动运行必须使方式选择开关变为原来的状态（暂停前的状态）。

● 按循环启动开关。

③ 在自动运行的中途，执行 MDI 指令时：

a. 按下单程序段开关，使单程序段灯亮，以停止自动运行，如图 2. 129 所示。

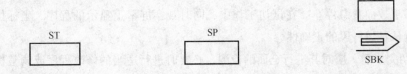

图 2. 127　循环启动灯亮　　　图 2. 128　进给暂停灯亮　　　图 2. 129　单程序段灯变亮

b. 将方式选择开关置于 MDI 变为 MDI 工作方式，如图 2. 130 所示。

c. 进行手动数据输入操作。

d. 为恢复自动运行，使方式选择开关返回到原来的状态，按循环启动开关。

注：执行 MDI 操作时，要受到在此之前的自动运行模态数据的影响；MDI 操作后有 MDI 指令的模态数据，会给后面的自动运行带来影响；进给暂停时，不能执行 MDI 操作。

跳过任选程序段。此功能使程序中含有"/"的程序段无效。程序跳转灯亮有效，程序跳转灯灭无效。程序跳转开关如图 2.131 所示。

注：信息从存储器读入缓寄存器时，进行有效性的判断，因此已经读入缓冲寄存器的程序段，此功能无效。

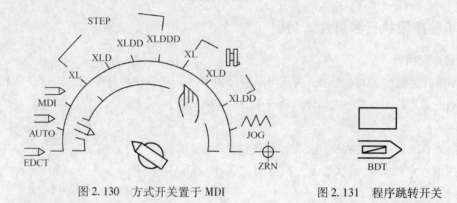

图 2.130　方式开关置于 MDI　　　　图 2.131　程序跳转开关

2. 首件试切削

（1）一般加工操作方法与步骤如下：

① 依次打开电源开关，系统启动。

② 返回参考点。

③ 调入或输入加工程序。

④ 进行"刀具参数"和"数据设定"。

⑤ 测试运行（机床锁锁住，空运行）。

（2）加工零件的首件试切削步骤如下：

① 当刀具、夹具、毛坯程序等一切都已准备就绪后，即可进行工件的试切削工作。首先将机床锁住，空动行程序，检查程序中可能出现的错误。其次，可利用机床 Z 坐标锁住的功能。

② 检查刀具在 X、Y 平面内走刀轨迹的情况。有时为了便于观察，可利用跳跃任选程序段的功能使刀具在贴近工件表面处走刀，进一步检查刀具的轨迹，以防止走刀轨迹的错误或是否会发生碰撞。一般试切工件时，多采用单段运行，并将 G00 快速移动速度调慢，以便发生程序错误时引起碰撞事故而紧急停车。在试切工作中，同时观察屏幕上显示的程序、坐标位置、图形显示等，以确认各运行段的正确性。

③ 首件试切完毕后，应对其进行全面的检测，必要时进行适当的修改程序或调整机床，直到加工件全部合格后，程序编制工作才算结束，并应将已经验证的程序及有关资料进行妥善保存，便于以后的查询和总结。

④ 一般首件试切削均采用单程序段执行，将单段开关置于 ON 位置，在自动运行方式下，执行一个程序段后自动停止，每执行一个程序段后，按下机床操作面板上的循环启动开关，直到加工完为止。

2.5   加工操作保护与过程监控

2.5.1   数控车床保护区的设置

1. 紧急停止

（1）当数控车床出现异常情况时，立即按下机床操作面板上的急停开关，机床立即停止移动。急停开关如图 2.132 所示。

（2）急停开关按下后，机床即被锁住，解除方法是通过旋转解除。

（3）紧急停止，即切断了电动机的电源。

（4）解除紧急停止前，一定要排除不正常因素。

2. 超程

刀超越了机床限位开关限定的行程范围或者进入由参数指定的禁止区域，CRT 显示"超程"报警，且刀具减速停止。此时，用手动将刀具移向安全的方向，然后，按复位开关解除报警，如图 2.133 所示。

EMERGENCY

RESET

图 2.132   急停开关   图 2.133   复位开关

3. 保护区的软限位

（1）设定刀具的移动范围。按图 2.134 用数据来设定刀具的移动范围，斜线部分为刀具的禁区。

（2）限位。用参数（NO.700，701，704，705）来设定限制范围，限制范围的外侧面禁止区一般由机床厂家设定，也可以进行修改。

（3）参数设定点。参数设定如图 2.135 所示的 A 点、B 点。其中：

$$X_1 > X_2, \ Z_1 > Z_2$$

$$X_1 - X_2 > \delta$$

$$Z_1 - Z_2 > \delta$$

δ 为 8msec 的移动量，速度为 15m/min 时为 2000（最小移动单位）。

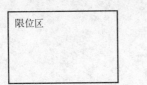

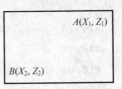

图 2.134   刀具的限位区   图 2.135   参数设定点

（4）移动刀架至 $A(X_1, Z_1)$、$B(X_2, Z_2)$ 两点，记录下坐标值，用参数设定的 A、B 点的值，这些值是机床原点到 A 点和 B 点的距离。

（5）只有在接通电源，并用手动返回参考点或由 G28 指令返回参考点后限制范围的设定才有效。

（6）接通电源后，返回参考点，存储行程限位有效，若参考点在禁止范围时，则立刻报警。

（7）在以上情况下，若设定值是错的，改正之后，应重新进行返回参考点操作。

（8）设定禁止范围时，如果两点为同一点时，则为全部禁止范围。

（9）进入禁止范围而且报警时，工作台只能从相反方向退出。

4. 保护区的硬限位

（1）先调 Z 方向的限位固定挡块的位置：按加工的标准位置装夹好刀具，Z 方向移动刀架位置，当刀尖离卡盘右端面大约 1 mm 时停止，然后调整好挡块的位置。

（2）再调 X 方向的限位固定挡块的位置：按加工的标准位置装夹好刀具，X 方向移动刀架位置，当刀尖超过卡盘旋转中心大约 1 mm 时停止，然后调整好挡块的位置。

5. 报警处理

不能运转时，请检查以下情况：

（1）在 CRT 上显示错误代码时，请按维修查找原因。若错误代码有"PS"二字，则一定是程序或设定数据的错误，请修改程序或修改设定的数据。

（2）在 CRT 上没有显示错误代码时，可能是由于机床执行了一些故障操作，请参照维修手册。

2.5.2 加工工件质量的控制

1. 利用 G04 暂停指令

在编程时，程序执行 G71、G72、G73 粗加工循环后，加入 G04 暂停指令（直径指定，公制输入）：

```
N100  G50  X260.0  Z220.0;
N110  G00  X220.0  Z160.0;
N120  G73  U14.0  W14.0  R3;
N130  G73  P140  Q190  U0.5  W0.2  F0.3  S180;
N140  G00  X80.0  W—40.0;
N150  G01  W-20.0  F0.15  S600;
N160  X120.0  W-10.0;
N170  W-20.0  S0400;
N180  G02  X160.0  W-20.0  R20.0;
N190  G01  X180.0  W-10.0  S280;
N200  G04  X10.0  (P10000);
N210  G70  P140  Q190;
```

当程序执行完循环指令后，执行 G04 指令，暂停 10 s，手动操作"RESET"复位键，进行测量零件的外圆、内孔和长度。把（测得的值，即实际值）输入磨耗，注意 X 和 Z 方向的正负号。

把光标移至 N021，在手动方式下按"NOR"主轴正转开关，启动主轴，再按"ST"循环启动开关即可，只要测量和输入的数据无误，一般都很精确。

2. 利用 M01 计划停止按钮，修改精车余量（ΔU 和 ΔW）的值

在编程时，程序执行 G71、G72、G73 粗加工循环后，加入 M01 指令，使程序计划停止，加工前一定要按操作面板上"M01"键，使计划停止键有效，绿灯变亮。例如：

```
N100  G50  X200.0  Z220.0
N110  G00  X160.00  Z180.0;
N120  G71  U7.0  R1.0;
N130  G71  P140  Q200  U0.5  W0.2  F0.3  S55;
N140  G00  X40.0  F0.15  S58;
N150  G01  W-40.0
N160  X60.0 W-30.0;
N170  W-20.0;
N180  X100.0 W-10.0;
N190  W-20.0;
N200  X140.0  W-20.0;
N210  M01;
N220  G70  P140  Q200;
```

当程序执行完循环指令后，执行 M01 指令，程序停止，进行测量零件的外圆、内孔和长度。把（测得的值，即实际值）输入磨耗，注意 X 和 Z 方向的正负号。

把光标移至 N210，在手动方式下按"NOR"主轴正转开关，启动主轴，再按"ST"循环起动开关即可，只要测量和输入的数据无误，一般都很精确。

2.5.3 加工的中断控制及恢复

数控车床在按自动循环加工零件的过程中，可任意暂停加工程序，将刀具退离工件，停止主轴转动，以便检测工件，方法如下：

（1）正常加工中，按"进给保持"开关，机床停止进给，中断运行程序。

（2）将状态开关由"自动"改为"手动"。

（3）用点动方法将刀具退离工件，并按"主轴停止"开关，使主轴停止。

（4）进行工件检测及其他工作。

（5）按"主轴起动"开关启动主轴旋转，其转向应与原转向一致，并用点动方法将刀具返回原来位置。

（6）状态开关由"手动"改为"自动"。

（7）按循环起动开关，解除进给保持状态，中断的程序被重新启动，继续进行加工。

1. 手动手轮中断

在自动运转中，可以将手动进给与自动运转的移动重叠。在以下状态中，可以转动手摇脉冲发生器，进行手轮中断。

（1）手轮中断操作：

① 方式。HANDLE 方式，TEACH IN HANDLE 方式除外。（即使 JOG 方式，TEACH IN JOG 方式，手摇脉冲发生器有效时，也变为一般的手轮进给。）

② 操作条件。不在机床锁住状态。

③ 手轮中断轴选择信号。要进行手轮中断轴的选择信号（HIX，Z）接通时（输入该信号，需要 FANUC PMC MODEL L/M）

（2）手轮中断的移动：

① 移动量。手轮插入的移动量，是由手摇脉冲发生器的刻度的手轮进给倍率（X1、X10、X100）决定的，但是，插入移动量不需要加减速，选择 X100 进行手轮 中断很危险，请勿选择。

X1 时的 1 个刻度的移动量为 0.001 mm（公制输入）或 0.001 inch（英制输入），该移动量在自动运转时可与自动运转的移动量重叠。

② 与各种信号的关系如表 2.8 所示。

表 2.8　手轮中断的移动与各种信号的关系

信　号	关　系
机床锁住	机床锁住有效。机床锁住接通时，机床不移动
镜像	镜像无效。即使镜像接通，用正指令也可以开始正方向切削与各种位置显示的关系

③ 与各种位置显示的关系，如表 2.9 所示。

表 2.9　与各种位置显示的关系

显　示	关　系
绝对坐标值	根据手轮中断，绝对坐标值无变化
相对坐标值	根据手轮中断，相对坐标值无变化
机械坐标值	机械坐标值，仅改变手轮中断量

④ 显示手轮中断的移动量。在位置显示画面，可以显示手轮中断的移动量。在手轮中断移动量的显示画面中，以下 4 种数据可以同时显示。

a. 输入单位的手动移动量（INPUT UNIT）。

b. 输出单位的手动移动量（OUTPUT UNIT）。

c. 相对坐标的位置（RELATIVE）。

d. 剩余移动量（DISTANCE TO GO）。

手轮中断的移动量，每个轴低速返回参考点时清零。

（3）手轮中断轴高速返回参考点。输入单位和输出单位不同时，手轮中断量不为零的轴，即使进行高速返回参考点（G28），机械坐标值（MACHINE）也不能返回到零，此时仍要返回参考点后，再输出。（高速返回参考点结束时，机械坐标值的偏移最大为 2 个脉冲。）在返回参考点中，如果进行手轮中断，无论机床能否正确返回参考点，返回参考点结束信号仍被输出。

2. 程序在启动

刀具损坏或停止后再启动加工时，指令再启动的程序段的顺序号便从其程序段再开始加工，还可以用于高速纸带检测，图 2.136 所示为程序再启动的画面。

（1）刀具损坏时（P 型）：

① 按进给保持开关，使刀具退刀，更换新的刀具，如果需要改变偏置量时再进行变更。

② 接通机床操作面板的程序再启动开关。

③ 按"PRGRM"键，使其显示现在的程序。

④ 返回程序开头。按"RESET"键，存储器运转时，变为 AUTO 方式，按"O"键再按"↓"键。

⑤ 由"P"、"顺序号"、"向下"检索要起动的顺序号的程序。

同一顺序号多次出现时，例如，检索子程序的顺序号的程序时，多次调出子程序时，其顺序号的程序段出现几次。由 4 位数指定，并用 4 位数指定顺序号。

P1　2　3　4　　　　0　1　2　3

次数为 1 时，前 4 位数可以省略。不能指定次数时，前导零可以省略。

⑥ 检索结束，CRT 的画面变为程序再启动的画面。再启动坐标表示开始加工的位置。再启动移动量表示现在刀具的位置到再开始加工位置的距离。此外，轴名称左侧的数字表示后叙的移向开始位置的顺序（参考设定）。

M 表示最后 35 次被指令的代码。

T 表示最后 2 次被指令的 T 代码。

S 表时最后被指令的 T 代码。

按被指令的顺序显示。此外，由程序的再开始指令以及复位状态的循环启动，使各代码清零。

⑦ 关段程序再启动开关。此时（再启动移动量）轴名称左侧的数字闪亮。

⑧ 观察画面，如果有要输出的 M. S. T 代码，在 MDI 方式下，由 MDI 输出 M. T 代码。此时的各代码不能在程序的再启动画面上显示。

⑨ 存储器运转时，返回到 AUTO 方式中，确认（在开始移动量）的距离是否正确，移向接触不到的位置。再按循环启动开关。此时，刀具按照参数（NO. 0124 ～ 0127）设定顺序，每个轴用空转移向在开始加工置，进行连续加工。

```
程序再启动                              00002   N0060
再开坐标              M033 010  011   020    015
         X  600.00   019  034  056   050    044
         Z  400.00   065  068  070   080    082
再开移动量            ***  ***  ***   ***    ***
        2X   600.00
        3Z   400.00        T0101        0202
                           AUTO         再开
 PRGRM   现程序段   下程序段   检测   再开
```

图 2.136　程序再启动的画面

（2）以下的（a）～（c）操作以后，在开始加工时（Q 型）。

① 电源 XD 断开时。

② 一旦按紧急停止按钮时。

③ 由于行程限位报警停止时。

④ 由于前一次自动运转停止后，改变坐标系时。

（3）根据返回参考点，自动坐标系被设定，由"RESET"键变更坐标系时。

① 接通电源和解除紧急停止时返回参考点等，在此时完成。

② 用手动运转，使刀具移到程序的出发点（开始加工点），使模态信息及坐标系变为与开始加工时相同。

③ 如果有必要，进行变更、设定偏置量。

④ 使机床操作面板的程序再启动开关置于 ON。

⑤ 按"PRGRM"键使其表示应该再启动的程序。而显示的不是所指定的时，应该检索所需要的程序。

⑥ 返回程序开头。按"RESET"键。存储器运转时，变为 AUTO 方式，按"O"键和"↑"键。

⑦ 由"Q"、"顺序号"、"↓"检索要起动的顺序号程序段。

同一顺序号多次出现时，其顺序号的程序段几次出现，由前 4 位数指定，用后 4 位数指定顺序号。

⑧ 检索一结束，CRT 的画面变为程序再启动的画面。

⑨ 程序再启动开关置于 OFF。

此时（再启动移动量）的轴名称左侧的数字闪亮。

⑩ 观察画面。如果有要输出的 M，S，T 代码，在 MDI 方式下，由 MDI 输出 M，S，T 代码。此时的各代码不能程序的在启动画面上显示。

⑪ 存储器运转时，返回到 AUTO 方式中，确认（再启动移动量）的距离是否正确，移向启动再加工位置时，还应确认是否接触到其他工件，如果能接触到，用手动把刀具移到接触不到的位置。之后按循环启动开关。此时，刀具按照参数（NO. 0124 ～ 0127）设定的顺序，每个轴用空运转移向再开始加工位置，进行连续加工。

注：以下条件时，P 型的程序不能再启动：a. 接通电源后仍不进行自动运转时。b. 解除紧急停止，超程报警之后，仍不进行自动运转。c. 设定、变更或偏移坐标系之后，仍不进行自动运转。

出现 a. 、b. 或 P/S（NO. 94、96、97）报警复位后，出现 P/S（NO. 97）报警。设定坐标系时，出现 P/S（NO. 94）报警。偏移坐标系时，出现 P/S（NO. 96）报警。在中断加工前最后设定或变更坐标系的程序后，是由 P 型程序再启动，能准确反回的程序段。

每个轴再开始加工的位置移动时，P 型、Q 型均可在每轴操作结束后单程续断停止，但是，在此不能插入 MDI。可以手动插入已经反回的轴，由于反回动作不能在移动。

检索中，如果输入信号，偏置量等于加工不同时，就不会返回正确的再启动加工位置。此外，即使单程序段开关接通也可以继续检索。

检索中，加上进给保持或检索后复位时，从开始就要重新进行程序的再启动操作。但是，检索结束后，按照参数（NO. 045CLER）进行 MDI 方式复位。

程序再启动开关接通时，循环启动无效。

无论加工前后，手工操作必须在手动绝对接通状态下进行。

以下场合，原则上能返回正确的位置：

① 在手动绝对断开状态下，手动移动时。

② 机床锁动移动时。

③ 使用外部镜相时。

④ 在增量指令程序的最初，设有设定坐标时。

⑤ 使用程序镜像时。

⑥ 为了返回，在轴移动的途中，插入手动时。

⑦ 在机床锁住状态下，指令程序再启动之后，解除机床锁住时。

⑧ 对于执行跳过切削的程序和其后的决对指令之间的程序段，指令程序再启动时。

⑨ 检索结束后，进行坐标系的设定、变更、偏移时。

⑩ 对于复合型固定循环中途的程序段，指令程序再启动时，但（c）时，若是最后转换接通，可在关断的程序段之后，用 I 型返回。此时应保持与镜像信号中断同样的状态。（e）时，可以用 P 型返回，要特别注意任何场合都不报警。

没有发现被指定 M98、M99 程序段，宏程序（G65、G66、G67）调出各单独程序段或被指定的程序段时，显示 P/S 报警（NO. 60）。

接通电源之后，一次也不返会参考点就指令了程序再启动，检索中发现 G28，显示 P/S 报警。

检索结束后，进行轴移动前，用方式进行移动指令时，显示 P/S 报警（NO. 99）。

指令程序再启动之后到最后一个轴移动结束之间，置于画面的最下方的 RST 文字闪亮。

第 3、4 轴为旋转轴，返回参考点的方向为 " - " 方向时，并且指令再启动程序段前是 G28、G30 或 G28 及 G30 后的增量指令的程序段时，第 3、4 轴的绝对位置有时回错 360°。

带有绝对位置检测器（绝对脉冲编码器）时，要返回参考点的操作。

关于 PMC 轴控制，本功能不适应。

2.6　用户宏程序

把用某一组命令构成的功能像子程序一样存储在存储器中。将存储的功能用某一个命令代表，只根据写入的代表命令就能执行其功能。把存储的一组命令叫作用户宏程序主体，把代表命令叫作用户宏程序命令。也可以省略用户宏程序主体而简称宏程序，用于宏程序调出的用户宏程序命令也可以称为宏命令。

编程人员不必记忆用户宏程序主体的一组命令。只记忆作为代表命令的用户宏程序命令即可。用户宏程序的最大特点是在用户宏程序主体中，可以进行变量间的运算，用宏命令可以给变量设定实际值。

2.6.1　用户宏程序命令

用户宏程序命令是从用户宏程序主体中调出的命令，其有以下几种类型。

1. M98 指令调出

指令格式如下：

M98P；

可由该指令调出用 P 指定的宏程序主体。

2. M 代码调出

根据设定在参数中的 M 代码可以调出子程序。

N＿＿ G＿＿ X＿＿…M

用参数（NO.024UMMCD1 ～ NO.0242UMMCD3）设定调出子程序的 M 代码。

注：① 与 M98 一样，不能送出信号 MF、M 代码。

② 不能交换自变量。

③ 用于调出子程序的 M 代码，在由 M 代码、T 代码调出的子程序指令时，不能调出子程序与普通的 M 代码同样对待。

3. 用于 T 代码调出子程序

预先设定了参数（NO.0040TMCR），由 T 代码便可以调出子程序。

注：在同一程序段中，不能同时指令 M 代码、T 代码调出子程序；在由 M 代码、T 代码调出的子程序中，若指令作为调出子程序的 T 代码，则不能调出子程序，与普通的 T 代码同样对待。

2.6.2 用户宏程序体的构成

在用户宏程序主体中，可以使用一般的 CNC 指令、变量 CNC 指令、运算及转移命令。用户宏程序主体以 O 后的程序号开始，M99 结束，如表 2.10 所示。

表 2.10 宏程序主体

O ＿＿；	程序号
G65	运算命令
G90 H01	使用变时的 CNC
G65 H82	指令
M99	转移命令
	用户宏程序主体结束

变量可以指定用户宏程序主体地址的值。变量的值可由用户宏指令给宏程序赋值或者在执行宏程序主体时，由给出的计算值来决定。

（1）变量的显示。变量是用#后的变量号来显示的，其格式如下：

#i（i ＝1，2，3，4…）

（2）变量的引用。用变量可以代替地址后面的数字。如果程序是（地址）#1 或（地址）＿＿#1，将意味着把变量值或者变量值的补码直接作为地址的指令值。

注：地址 O、N 不能引用变量。程序中不能使用 O#100、N#120；超过每个地址规定的最大指令值时不能指令；变量值的显示与设定，即可以把变量值显示在 CRT 画面上，也可以用 MDI

给变量设定值。有关操作请参照用户宏程序变量值的显示与设定一节。

（3）变量的种类。变量根据变量号可分为公共变量、系统变量，其用途与性质各不相同。

① 公共变量#100 ～#149、#500 ～#531。如表 2.11 所示，所谓公共变量，就是通过主程序及由其调出的各子/宏程序所通用的变量。因此，在某一宏程序中使用的#i 与其他宏程序中使用的#I 是相同的。运算中得到的公共变量值，可在其他宏程序中使用。

表 2.11　公　共　变　量

系统变量	位 置 信 息	在移动中读取	刀具位置偏置
#5001	X 轴程序段终点位置（ABSIO）	可以	没考虑刀尖位置（程序指令位置）
#5002	Z 轴程序段终点位置		
#5003	第 3 轴（CF 轴）程序段终点位置		
#5004	第 4 轴（轴）		
#5021	轴机械位置（）	不可以	考虑后的刀具基准位置（机械坐标）
#5022	轴机械位置		
#5023	第 3 轴（轴）		
#5044	第 4 轴（轴）		
#5041	轴现在位置（）	不可以	考虑后的刀具基准位置（与的表示相同）
#5042	轴机械位置		
#5042	第 3 轴（轴）现在位置		
#5044	第 4 轴（轴）现在位置		
#5061	轴跳过信号位置	不可以	考虑后的刀具基准位置
#5062	轴跳过信号位置		
#5063	第 3 轴（轴）跳过信号位置		
#5064	第 4 轴（轴）跳过信号位置		
#5081	轴刀具位置偏置量或磨损补偿量	不可以	
#5082	轴刀具位置偏置量或磨损补偿量		
#5084	第 4 轴（轴）刀具位置偏置量或补偿量		
#5121	轴几何形状补偿量	不可以	
#5122	轴几何形状补偿量		
#514	第 4 轴（轴）几何形状补偿量		

公共变量的应用范围，在系统中没有规定，用户可自由选用。

② 系统变量。系统变量是根据用途而被固定的变量，主要用途如下：

#1000 ～#1035：接口信号 DJ；

#1100 ～#1135：接口信号 DO；

#2000 ～#2999：刀具补偿量；

#3000，#3006：P/S 报警，信息；

#3001，#3002：时钟；

#3003，#3004：单步，连续控制；

#3007：镜像；

#4001 ～#4018：G 代码；

#4107 ～#4120：D，E，F，H，M，S，T 等；

#5001 ～#5006：各轴程序段终位置；

#5021 ～#5026：各轴现时位置；

#5221 ～#5315：工件偏置量。

2.6.3　运算命令与转移命令（G65）

运算命令与转移命令的种类如表2.12所示。

表 2.12　运算命令与转移命令的种类

G 代码	H 代码	功　能	定　义
G65	H01	定义，置换	#I = #j
G65	H02	加法	#I = #j + #k
G65	H03	减法	#I = #j － #k
G65	H04	乘法	#I = #jX#k
G65	H05	除法	#I = #j/#k
G65	H11	逻辑加	#I = #j. OR. #k
G65	H12	逻辑乘	#I = #j. AND. #k
G65	H13	异或运算	#I = #j. XOR. #k
G65	H21	平方根	#I = #j
G65	H22	绝对值	#I = |#j|
G65	H23	余数	#I = #j － trunc(#i/#k)X#k trunc：小数部分舍去
G65	H24	从二～十进制交换	#I = BIN(#j)
G65	H25	变成二～十进制	#I = BCD(#j)
G65	H26	复合乘除运算	#I = (#Ix#j)/#k
G65	H27	复合平方根 1	#I = #j + #k
G65	H28	复合平方根 2	#I = #j － #k
G65	H31	正弦	#I = #j. SIN(#k)
G65	H32	余弦	#I = #j. COS(#k)
G65	H33	正切	#I = #j. TAN(#k)
G65	H34	反正切	#I = #j. ATAN#j/#k)
G65	H80	无条件转移	gOTOn
G65	H81	条件转移 1	1F#j = #k,GoTon
G65	H82	条件转移 2	1F#j = #k,GoTon
G65	H83	条件转移 3	1F#j > #k,GoTon
G65	H84	条件转移 4	IF#J < #K,
G65	H85	条件转移 5	IF#J
G65	H86	条件转移 6	IF#J
G65	H99	发生 P/S 报警	发生 P/S500 + n 报警

1. 普通形式

```
G65  Hm  P#I   Q#j  R#k;
```

① M：用 01 ～ 99 表示运算命令或转移命令的功能。

② #I：加工运算结果的变量名。

③ #j：被运算的变量名 1，可以定为常量。

④ #k：被运算的变量名 2，可以定为常量。

注：① 变量值不能带小数点。因此，按每个值的意义分别在地址中使用时，与不带小数点指定的相同。

② 角度用度表示，单位是 1/1000 度。

③ 用 G65 指定的 H 代码，对偏置量的选择无任何影响。

2. 运算命令

（1）变量的定义，置换#1 = #k。

```
G65   H01   P#1   Q#J;
```

例如：

```
G65 H01  P#101  Q#1055;       /#101 = -#1055
G65 H01 P#101  Q#110;         /#101 = -#110
G65 H01 P101 Q - #112;        /#101 = -#3112
```

（2）加法#I = #j + #k。

```
G65   H02   P#I   Q#j  R#k;
```

例如：

```
G65 H02 P#101   Q#102  R15;      /#101 = #102 +15
```

（3）减法#I = #j + #k。

```
G65   H05  P#101 Q#102  R#103; /#101 = #102 - #103
```

（4）乘法 #I = #jx#k。

例如：

```
G65   H04  P#I   Q#j  R#k;       /#101 = #102x#103
```

（5）除法#I = J/#k。

```
G65   H05   P#I    Q#j   R#k;
```

例如：

```
G65   H05   P#101   Q#102   R#103;/#101 = #102 /#103
```

（6）逻辑加#I = #j. OR. #k。

```
G65   H11   P#I   Q#j   R#k;
```

例如:

    G65　H11　P#101　Q#102　R#103；/#101 = #102.OR#103

(7) 逻辑乘#I = #j. AND. #K。

    G65　　H12　　P#101　　Q#102　　R#103；

例如:

    G65　H12　P#101　Q#102　R#103；/#101 = #102.AND.#103

(8) 异或运算#I = #j. XOR. #K。

    G65　　H13　　P#I　Q#j　R#k；

例如:

    G65　H13　P#101　Q#102　R#103；/#101 = #102.XOR..#103

(9) 平方根#I = #j。

    G65　　H21　　P#I　Q#j；

例如:

    G65　　H21　P#101　Q#102；　　　　/#101 = #102

(10) 绝对值#I = ｜#j｜。

    G65　H22　　P#I　Q#j；

例如:

    G65　H22　P#101　　Q#102；　　　/#101 = |#102 |

(11) 乘余数#I = #j − trnuc（#j/#k）x#k。

#102 − trunc；小数部分舍去。

    G65　　　H23　　P#I　Q#j；

例如:

    G65 H23 P#101 Q#102 R#103；　　　/#101 = #102 − trunc(#102/#103)x#103

(12) 从二～十进制变换#1 = BIN（#j）。

    G65　　H24　　　P#Ii　　Q#j；

例如:

    G65 H24 P#101 Q#102；　　　　　　/#101 = BIN(#102)

(13) 变成二～十进制 #I = BCD（#j）。

    G65　　H25　　P#I　Q#j；

例如：

G65 H25 P#101 Q#102;　　　　　　　/#101 = BCD(#102)

（14）复合乘除运算 #I =（#ix#j）/#k。

G65　H26　P#I　Q#j　R#k;

例如：

G65 H05 P#101 Q#102 R#103;　　　　/#101 = (#101x#102)/#103

（15）复合平方根#I = #j + #k。

G65　H27　P#I　Q#j　R#k;

例如：

G65 H27　P#I　Q#102　R#103;　　　/#101 = #102 + #103

（16）复合平方根#I = #j – #k。

G65　H28　P#I　Q#j　R#k;

例如：

G65 H28　P#I　Q#101　Q#102　R#103;　/#101 = #102 – #103

（17）正弦#I = #j. SIN（#k）（度指定）。

G65　H31　P#I　Q#j　R#k;

例如：

G65 H31P#101 Q#102 R#103;　　　　/#101 = #102.SIN(#103)

（18）余弦#I = #j. COS（#k）（度指定）。

G65　　H32　P#I　Q#j　R#k;

例如：

G65 H32 P#101 Q#102 R#103;　　　/#101 = #102.COS(#103)

（19）正切#I = #j. TAN（#k）（度指定）。

G65　H33　P#I　Q#j R#k;

例如：

G65 H33 P#101 Q#102 R#103;　　　/#101 = #102.TAN(#103)

（20）反正切# = I = ATAN（#j/#k）（度指定）。

G65　H34　P#I　Q#j　R#k;　　　　/0° ≤ #1 ≤ 360°

例如：

G65 H34 P#101 Q#102 R#103;　　　　　　/#101 = ATAN(#102/#103)

注：（7）～（20）的角度用度指定，单位为1/1000度；在各种运算中，没有指定所需要的Q、R时，其值作为零计算；在各种运算结果中，所产生的小数部分全部舍去。

3. 转移命令

转移命令如表2.13所示。

表 2.13　转移命令表

（1）无条件转移 G65　H80　Pn；n：顺序号 例如：G65H80P120 （转移到 N120 程序段）	（2）无条件转移 1# j. EQ. #K，（ = ）n G65　H81　Pn　Q#j　r#k；n：顺序号 例如：G65 H81 P1000 Q#101 R#102 #101 = #102 时，向 N1000 转移 #101 ≠ #102 时，向下一个程序段
（3）条件转移 2#j. NE. #K，（ ≠ ）n G65　H82　Pn　Q#j　R#k；n：顺序号 例如：G65 H82 P1000 Q#101 R#102 #101 ≠ = #102 时，向 N1000 转移 #101 = 102 时，向下一个程序段	（4）条件转移 3#j. GT. #k，（ > ）n G65　H83　Pn　Q#j　R#k；n：顺序号 例如：G65 H83 P1000 Q#101 R#102 #101 > #102 时，向 N1000 转移 #101 ≤ #102 时，向下一个程序段
（5）条件转移 4#j. LT. #k，（ < ）n G65　H84　Pn　Q#j　R#k；n：顺序号 例如：G65 H84 P1000 Q#101 R#102 #101 < #102 时，向 N1000 转移 #101 ≥ #102 时，向下一个程序段	（6）条件转移 5#j. GE. #k，（ ≥ ）n G65　H85　Pn　Q#j　R#k；n：顺序号 例如：G65 H85 P1000 Q#101 R#102 #101 ≥ #102 时，向 N1000 转移 #101 < #102 时，向下一个程序段
（7）条件转移 6#j. EQ，#k（ ≤ ），n G65　H86　Pn　Q#j　R#k；n：顺序号 例如：G65 H86 P1000 Q#101 R#102 #101 ≤ #102 时，向 N1000 转移 #101 > #102 时，向下一个程序段	（8）发生 P/S 报警 G65　H99　P1；1：报警号 +500 例如：G65 H99 P15 发生 P/S 报警

注：① 给转移地址的顺序号指定正确值时，开始为正方向，之后为反方向依次检索。指定负值时开始为反方向，之后为正方向依次检索。

② 可变量指定顺序号。

满足 G65 H81 P#100 Q#101 R#102 条件时，向用#100 指定的顺序号的程序段转移。

2.6.4　有关用户宏程序主体的注意事项

1. "#"键的输入方法

按地址键之后，再按［/#EOB］键，"#"被输入。

2. 对于 MDI 方式

该方式也能指令宏程序命令，但是，输入 G65 以外的地址数据不显示。

3. 运算转移命令时

I、P、Q 务必记述在 G65 之后，在 G65 之前记述的地址仅有 O、N。

4. 单程序段

通常运算转移命令的程序段,即使单程序段停止置于 ON 状态,也不停止。然而根据设定参数(NO. 0011SBKM)可以使单程序段停止。该功能可用于宏程序测试。

5. 变量范围

可在 -2　~ 2　-1 的范围内取值。显示中只有 $-99999999 \sim 99999999$ 才是正确的。超过上述范围时,显示 ＊＊＊＊＊＊＊＊＊＊＊＊。

6. 子程序的嵌套

子程序的嵌套为 4 重嵌套。

7. 变量值取整数

由于变量值只能取整数,运算结果的小数部分舍去。因此,要十分注意运算的程序。例如:

```
#100 =35,#101 =10,#102 =5;
#110 = #100 /#101 ( =3);
#111 = #110 ×102 ( =15);
#120 =100 × #102 ( =175);
#121 = #120 /#101 ( =17),#111 =15,#121 =17;
```

8. 运算转移命令的执行时间

运算转移命令的执行时间,根据各种条件(如轴是否移动)的不同而不同,应考虑其平均数 10ms。

2.6.5　用户宏程序应用举例

例 2.14　下面以一个示意性的例子来说明用户宏程序的应用。

当图 2.137 中 A、B、U、V 的尺寸分别为 $A = 20$、$B = 20$、$U = 40$、$V = 20$ 时,其程序如下:

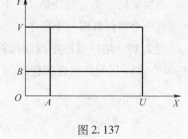

图 2.137

```
O1;
G00 X20.0 Y20.0;
G01 Y20.0;
X40.0;
Y -20.0;
X -40.0;
G00 X -20.0 Y -20.0;
```

当图中 A、B、U、V 值变化时,程序如下:

```
O1;
G00 XA YB;
O1;
G00 XA YB;
G01 YV;
```

```
XU;
Y - V;
X - U;
G00 X - A Y - B;
```

此时可以将其中变量，用用户宏中的变量#i来代替，字母与#i的对应关系为：

```
A:    #1;
B:    #2;
U:    #21;
V:    #22;
```

则用户宏主体即可写成如下形式：

```
O9801;
G00 X#1 Y#2;
G01 Y#22;
X#21;
Y - #22;
X - #21;
G00 X - #1 Y - #2;
```

使用时就可以用下述用户宏命令来调用：

```
G65 P9801 A20.0 B20.0 U40.0 V20.0;
```

实际使用时，一般还需要在这一指令前再加上 F、S、T 指令及进行坐标系设定等。

当加工同一类，但只是尺寸不同的工件时，只需改变用户宏命令的数值即可，而没有必要针对每一个零件都编一个程序。

例 2.15 用户宏程序编制抛物线 $Y = X^2/8$（见图 2.138），从 $X0 \sim X16$ 区间内轨迹的程序如下：

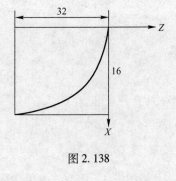

图 2.138

```
O1049;
#1 = 0;
#2 = 0;
N10 G01 X[#1] Z{ - [#2]} F1000;
#1 = [#1] + 0.008;
#2 = [#1] × [#1] /8;
#3 = [#1];
IF {[#3] LE [16]} GOTO 10;
G00 Z0;
M02;
```

2.7　数控车削加工综合实例

2.7.1　轴类零件加工

加工轴类零件，要按照"先粗后精"、"由大到小"的原则。先粗后精，就是先对工件整体粗加工，然后半精车、精车；由大到小，就是车削时，先从最大直径处开始车削，然后依次向小直径加工。在数控车床上车削轴类零件时，往往从工件右端面开始连续不间断地对整个工件进行切削。

例 2.16　零件如图 2.138 所示，用 G71 外圆车削循环进行加工，刀具起始点为（X100，Z100）。

1）零件分析

该零件是轴类零件，零件的最大外径是 $\phi36$，所以选取毛坯为 $\phi40$ 的圆棒料，材料为 45 号钢，如图 2.139 所示。

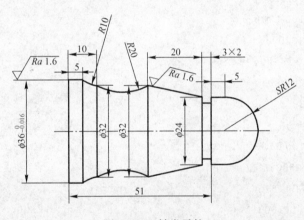

图 2.139　轴类零件

2）工艺分析

（1）该零件分四个工步来完成加工，第一步粗车外圆；第二步精车外圆；第三步切槽；第四步切断。

（2）较为突出的问题是如何保证 3×2 mm 的外槽、$\phi36$ 外圆，棒料伸出三爪自定心卡盘 80 mm 装夹工件。

（3）选择 01 号外圆车刀、02 号外槽刀，共两把刀。

（4）G71 进行粗加工时，单边粗车吃刀量 1 mm，精车余量 0.5 mm。

3）工件坐标系的设定

选取工件的右端面的中心点 O 为工件坐标系的原点。

4）编制加工程序

```
O0005;
N10 G50 X100 Z100;
N20 T0101 M03 M08 S300 F300;
```

```
N30 G00 X42 Z2;

N40 G71 U2 R1;

N50 G71 P60 Q130 U0.5 W0.2;

N60 G01 X0;

N70 Z0;

N80 G03 X24 Z-12 R12;

N90 G01 Z-20;

N100 X32 Z-40;

N110 G02 X32 Z-53 R20;

N120 G02 X35.992 Z-58 R10;

N130 G01 Z-53;

N140 G00 X100 Z100;

N150 T0101 S1000;

N160 G70 P60 Q130;

N170 G00 X100 Z100;

N180 T0202 S200;

N190 G00X42 Z-20;

N200 G01 X20 F80;

N210 G04 X3;

N220 G01 X47;

N230 G00 X100 Z100;

N240 T0303S300;

N250 G00X42Z-51;

N260 G01X-1F100;

N270 GOOX100;

N280 Z100;

N290 M05 M09;

N300 M30;
```

2.7.2 螺纹类零件加工

例 2.17 零件如图 2.140 所示，用 G71 外圆车削循环进行加工，刀具起始点为（X100，Z100）。

1）零件分析

该零件是螺纹类零件，零件的最大外径是 $\phi45$，所以选取毛坯为 $\phi50$ 的圆棒料，材料为 45 号钢，如图 2.140 所示。

2）工艺分析

（1）该零件分五个工步来完成加工，第一步粗车外圆；第二步精车外圆；第三步切槽；第四步车 M24×1.5 的直螺纹（螺距 $Y=1.5$）；第五步切断。

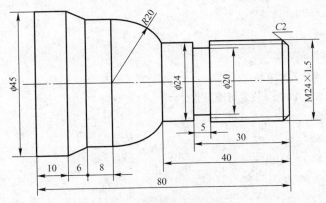

图 2.140　外螺纹零件

（2）较为突出的问题是如何保证 3×2 mm 的外槽、M24×1.5 的外螺纹，棒料伸出三爪自定心卡盘 100 mm 装夹工件。

（3）选择 01 号外圆车刀、02 号外槽刀、03 号外螺纹刀，共三把刀。

（4）G71 进行粗加工时，单边粗车吃刀量 1 mm，精车余量 0.5 mm。

3）工件坐标系的设定

选取工件的右端面的中心点 O 为工件坐标系的原点。

4）编制加工程序

```
O0007;
N10 G50 X100 Z100;
N20 T0101 M03 M08 S200 F300;
N30 G00 X52 Z2;
N40 G71 U1.5 R1;
N50 G71 P60 Q150 U0.5 W0.5 F200;
N60 G01 X20;
N62 Z0;
N66 X24 Z-2;
N70 Z-25;
N80 X20;
N90 Z-30;
N100 X24;
N110 Z-40;
N120 G03 X40 Z-56 R20;
N130 G01 X40 Z-64;
N140 X45 Z-70;
N150 Z-80;
N160 G00 X100;
N170 Z100;
N180 T0101 S800;
```

N190 G00 X100;

N200 Z100;

N210 T0202 S400;

N220 G00 X52 Z−30;

N230 G01 X20 F80;／假定切槽刀宽5 cm

N240 G04 X3;

N250 G01 X52;

N260 G00 X100 Z100;

N270 T0303 S300;

N280 G00 X28 Z2;

N290 G92 X23.2 Z−27 F1.5;

N300 X22.6;

N310 X22.2;

N320 X22.04;

N330 X22.04;

N340 X22.04;

N350 G00 X100 Z100;

N360 T0202 S300;

N370 G00 X52 Z−80;

N380 G01 X−1 F180;

N390 G00 X100;

N400 Z100;

N410 M05 M09;

N420 M30;

例2.18 零件如图 2.140 所示，用 G71 外圆车削循环进行加工，刀具起始点为（X100,Z100）。

1）零件分析

该零件是直螺纹类零件，零件的最大外径是 $\phi36$，所以选取毛坯为 $\phi40$ 的圆棒料，材料为 45 号钢，如图 2.141 所示。

2）工艺分析

（1）该零件分五个工步来完成加工，第一步粗车外圆；第二步精车外圆；第三步切槽；第四步车 M24×1.5 的直螺纹（螺距 $P=1.5$）；第五步切断。

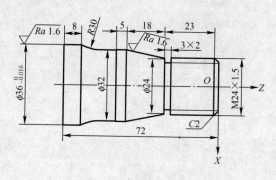

图 2.141 直螺纹类零件

（2）较为突出的问题是如何保证 3×2 mm 的外槽、M24×1.5 的外螺纹，棒料伸出三爪自定心卡盘 105 mm 装夹工件。

（3）选择 01 号外圆车刀、02 号外槽刀、03 号外螺纹刀，共三把刀。

（4）G71 进行粗加工时，单边粗车吃刀量 1 mm，精车余量 0.5 mm。

3）工件坐标系的设定

选取工件的右端面的中心点 O 为工件坐标系的原点。

4）编制加工程序

```
O0004;
N10 G50 X100 Z100;
N20 T0101 M03 M08 S300 F300;
N30 G00 X42 Z2;
N40 G71 U2 R1;
N50 G71 P60 Q130 U0.5 W0.2;
N60 G01 X20;
N70 Z0;
N80 X24 Z-2;
N90 Z-25;
N100 X32 Z-43;
N110 Z-48;
N120 G02 X35.992 Z-64 R30;
N130 G01 Z-74;
N140 G00 X100 Z100;
N150 T0101 S1000;
N160 G70 P60 Q130;
N170 G00 X100 Z100;
N180 T0202 S200;
N190 G00X42 Z-25;
N200 G01 X20 F80;
N210 G04 X3;
N220 G00 X100;
N230 G00 Z100;
N240 T0303S300;
N250 G00X28Z2;
N260 G92X23.2Z-24F1.5;
N270 X22.6;
N280 X22.2;
N290 X22.04;
N300 X22.04;
N310 X22.04;
N320 G00X100Z100;
N330 T0202S400;
N340 G00X42Z-72;
```

```
N350 G01X - 1;
N360 G00X100;
N370 Z100;
N380 M05M09;
N390 M30;
```

例 2.19 零件如图 2.141 所示，用 G71 外圆车削循环进行加工，刀具起始点为（X100，Z100）。

1）零件分析

该零件是锥螺纹类零件，零件的最大外径是 $\phi 36$，所以选取毛坯为 $\phi 40$ 的圆棒料，材料为 45 号钢，如图 2.142 所示。

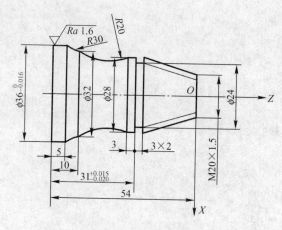

图 2.142　锥螺纹类零件

2）工艺分析

（1）该零件分五个工步来完成加工，第一步粗车外圆；第二步精车外圆；第三步切槽；第四步车 M20 × 1.5 的锥螺纹（螺距 $P = 1.5$）；第五步是切断。

（2）较为突出的问题是如何保证 5 mm 的外槽、M30 × 1.5 的外螺纹，棒料伸出三爪自定心卡盘 80 mm 装夹工件。

（3）选择 01 号外圆车刀、02 号外槽刀、03 号外螺纹刀，共三把刀。

（4）G71 进行粗加工时，单边粗车吃刀量 1 mm，精车余量 0.5 mm。

3）工件坐标系的设定

选取工件的右端面的中心点 O 为工件坐标系的原点。

4）编制加工程序

```
O0003;
N10 G50 X100 Z100;
N20 T0101 M03 S300 F300;
N30 G00 X42 Z2;
N40 G71 U2 R1;
```

N50 G71 P60 Q120 U0.5 W0.2；

N60 G01 X24；

N70 Z0；

N80 X28 Z -20；

N90 Z -26；

N100 G02 X32 Z -44 R20；

N110 G02 X35.984 Z -49 R10；

N120 G01 Z -56；

N130 T0101 S1000；

N140 G70 P60 Q120；

N150 G00 X100 Z100；

N160 T0202 S200；

N170 G00 X42 Z -23；

N180 G01 X24 F80；

N190 G00 X42；

N200 G00 X100 Z100；

N210 T0303 S300；

N220 G00 X32 Z2；

N230 G92 X27.2 Z -22 R4 F1.5；

N240 X26.6；

N250 X26.2；

N260 X26.04；

N270 X26.04；

N280 X26.04；

N290 G00 X100 Z100；

N300 T0202S300；

N310 G00X42Z -54；

N320 G01X -1F150；

N330 G00X100；

N340 Z100；

N350 M05 M09；

N360 M30；

2.7.3　盘类零件加工

例 2.20　盘类零件如图 2.143 所示，零件的最大外径是 $\phi36$，所以选取毛坯为 $\phi40$ 的圆棒料，材料为 45 号钢。

1）工艺分析

（1）该零件分八个工步来完成加工，先用 $\phi17$ 的麻花钻来钻孔；再粗车外圆；第三步精车外圆；第四步粗镗孔；第五步精镗内孔；第六步切槽；第七步车 M36 的粗牙螺纹（螺距 F =2）；

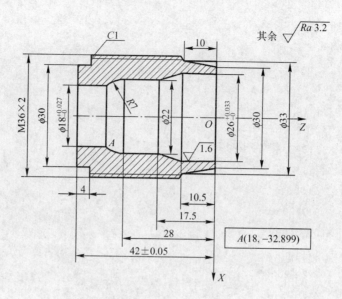

图 2.143　回转体类零件 3

第八步切断。

（2）较为突出的问题是如何保证 $\phi 26$、$\phi 18$ 和长度 42 mm 的尺寸公差，精车完后用切槽刀切 4 mm 的槽，棒料伸出三爪自定心卡盘 57 mm 装夹工件。

（3）选择 01 号车刀（副偏角大于 45°）、02 号螺纹刀、03 号内孔镗刀和 04 号割槽刀，共四把刀。

（4）G71 进行外圆粗加工时，单边粗车吃刀量 2 mm，U＝2，R 退刀量的值为 1 mm，精车余量 0.5 mm；G71 进行内孔粗加工时，单边粗车吃刀量 1 mm，U＝1，R 退刀量的值为 0.5 mm，精车余量 0.5 mm。

2）工件坐标系的设定

选取工件的右端面的中心点 O 为工件坐标系的原点。

3）手动钻孔

夹好工件，用 $\phi 17$ 的麻花钻手动钻孔，孔深 48 mm。

4）编制加工程序

```
O0014;
N10G50X100Z100;
N20 T0101M03S600M08F0.2;
N30G00X42Z2;
N40G01Z0;
N50X15;
N60G00X42Z2;
N70G71U2R1;
N80G71P90Q130U0.5F0.2;
N90 G01X30;
```

```
N100Z0;
N110X33Z -10;
N120X36Z -10.5;
N130 Z -44;
N140G00X100;
N150Z100;
N160T0303;
N170G00X15Z2;
N180G71U1R0.5;
N190G71P200Q250U -0.5F0.2;
N200 G01X26.017;
N210Z -10.5;
N220X22Z -17.5;
N230Z -28;
N240G03X18.014Z -32.899R7;
N250 Z -44;
N260S1000;
N270G70P200Q250;
N280G00Z100;
N290 X100;
N300T0101;
N310G70P90Q130;
N320 G00X100Z100;
N330 T0404S400;
N340G00X42Z -42;
N350G01X30F0.05;
N360G04X0.5;
N370G00X38;
N380G00X100;
N390Z100;
N400T0202S200;
N410G00X38Z6;
N420G92X35Z -40F2;
N430 X34.4;
N440X34;
N450X33.6;
N460X33.48;
N470X33.4;
N480X33.4;
```

N490 G00X100Z100;

N500 T0404S300;

N510G00X38Z-45.975;

N520G01X16F0.05;

N530G00X100;

N540Z100;

N550M05M09;

N560M30;

习　题　2

2.1　什么叫机床参考点，何时要进行返回机床参考点操作？

2.2　试说明 CYNCP-320 型数控车床"增量倍率"的作用？

2.3　请设计一种对刀方法。

2.4　设定刀具补偿量有哪几种方法？

2.5　多重复全循环指令（G71、G72、G73）能否进行圆弧插补循环？各指令适合于加工哪类毛坯的工件？

2.6　编制如图 2.144～图 2.149 中所示的零件的加工程序，并说明在执行加工程序前应如何对刀？怎样调整数控车床？

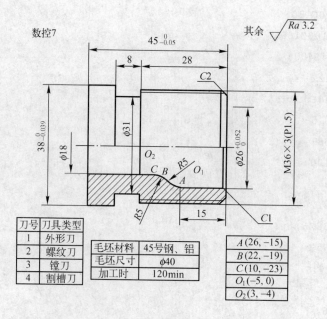

图　2.144

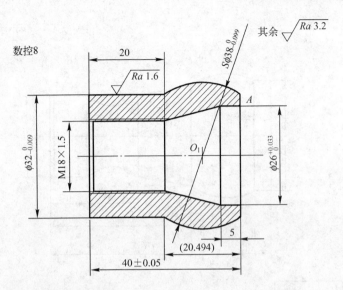

数控8

其余 $\sqrt{Ra\,3.2}$

刀号	刀具类型
1	外形刀
2	螺纹刀
3	镗刀
4	割槽刀

毛坯材料	45号钢、铝
毛坯尺寸	$\phi40$
加工时	120min

$A\,(-16,\,0)$
$O_1(0,\,-10.2470)$

图　2.145

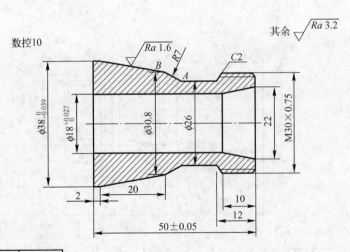

数控10

其余 $\sqrt{Ra\,3.2}$

刀号	刀具类型
1	外形刀
2	螺纹刀
3	镗刀
4	割槽刀

毛坯材料	45号钢、铝
毛坯尺寸	$\phi40$
加工时	120min

$A(-26,\,-22.775)$
$B(30.776,\,-20.0411)$

图　2.146

数控15

其余 $\sqrt{Ra\,3.2}$

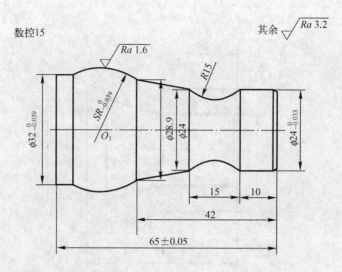

刀号	刀具类型
1	外形刀
2	螺纹刀
3	镗刀
4	割槽刀

毛坯材料	45号钢、铝
毛坯尺寸	$\phi40$
加工时	120min

$O_1(0, -52.7290)$
$A(16, -60.9692)$

图 2.147

数控19

其余 $\sqrt{Ra\,3.2}$

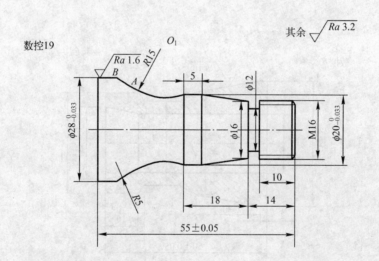

刀号	刀具类型
1	外形刀
2	螺纹刀
3	镗刀
4	割槽刀

毛坯材料	45号钢、铝
毛坯尺寸	$\phi40$
加工时	120min

$A(25.394, -46.634)$
$B(28, -50)$
$O_1(-23.7878, -36.5345)$

图 2.148

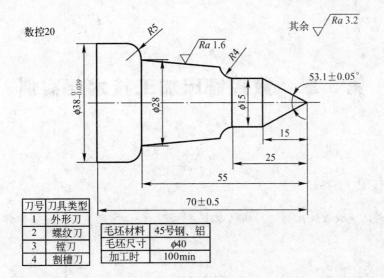

数控20

其余 $\sqrt{Ra\,3.2}$

刀号	刀具类型
1	外形刀
2	螺纹刀
3	镗刀
4	割槽刀

毛坯材料	45号钢、铝
毛坯尺寸	$\phi40$
加工时	100min

图　2.149

第3章 数控铣床加工技术与实训

本章主要内容

本章主要讲述了数控铣床概述、编程方法、编程指令、固定循环指令、操作、程序运行和编程实例。

本章学习重点

(1) 了解数控铣床的特点、编程坐标系和编程指令。

(2) 掌握数控铣床软件的操作方法，熟练掌握数控铣床循环指令和子程序调用。

(3) 通过数控铣床的编程实例的学习，会对比较复杂的工件进行编程和加工。

3.1　数控铣床概述

数控铣床的功能特点概述如下（以 XK716 床身型数控铣床为例，介绍数控铣床的加工技术与实训及其操作时的注意事项）。

1. 主要功能和用途

XK716 床身型数控铣床为大规格、高效通用的自动化机床，可进行铣、镗、钻、铰、攻螺纹等多种工序的切削加工；主轴采用交流电动机，高低速自动换挡，低速传动比 1:4，主轴低速扭矩大。

该立式数控铣床采用的是 FANUC O－MD 型数控系统，除 CRT 面板外，还有两块用户操作面板，这两块操作面板上的各个功能符号的定义和使用方法将在 3.2 中具体介绍它们的功用。

系统采用中文显示方式，具有图形显示功能，ISO 国际数控代码编程，程序可手动输入和 RS232 接口输入、输出，机床采用液压自动润滑和冷却。

2. 技术参数

XK716 床身型数控铣床技术参数见表 3.1 所示。

表 3.1　XK716 床身型数控铣床技术参数

技术参数		XK716 床身型数控铣床	
工作台	工作台面积	$630 \times 2\ 000$	mm × mm
	T 形槽	$5 \times 18H8$	mm × mm
	工作台最大承重	1 500	kg

技 术 参 数		XK716 床身型数控铣床	
行程	X 向、Y 向、Z 向行程	1300 × 650 × 630	mm × mm × mm
	主轴端面至工作台距离	150～780	mm
	主轴中心至立柱导轨面距离	680	mm
主轴	主轴转速（电动机无级调速）	50～4 000	r/min
	主轴孔锥度	ISO50#	—
三向进给	三向切削进给速度	1～5000	mm/min
	三向快速移动速度	X，$Y = 15$；$Z = 12$	m/min
电动机	主轴电动机	11/15	kW
	X、Y 向	3	kW
	Z 向	3.3	kW
精度	定位精度	X 轴	0.06	mm
		Y、Z 轴	0.05	mm
	重复定位精度	0.02	mm
一般规格	外形尺寸（长 × 宽 × 高）	4 280 × 4 000 × 3 200	mm × mm × mm
	机床重量	10 000	kg

3.2　常用功能的编程方法

在一个程序段里，常用的功能有准备功能和辅助功能，由这些功能指令控制机床的运动，S功能、T 功能与车床编程基本相同，本节着重讨论常用的辅助功能和准备功能的编程方法。

3.2.1　常用的辅助功能

FANUC – MD 系统常用的辅助功能如下。

1. 程序暂停指令 M00

M00 实际上是一个暂停指令。当执行有 M00 指令的程序段后，主轴的转动进给、切削液都将停止，它与单程序段停止相同，模态信息全部被保存，以便进行某一手动操作，如换刀、测量工件的尺寸等。重新启动机床后，继续执行后面的程序。

2. 选择停止指令 M01

M01 与 M00 的功能基本相似，只有在按"选择停止"键后，M01 才有效，否则机床继续执行后面的程序段；按"启动"键，继续执行后面的程序。

3. 程序结束指令 M02

M02 该指令编在程序的最后一条，表示执行完程序内所有指令后，主轴停止，切削液关闭，机床处于复位状态。

4. M03/M04

M03/M04 指令用于主轴顺时针/逆时针方向转动。

5. M05

M05 指令用于使主轴停止转动。

6. M07/M09

M07/M09 指令用于使切削液开或关。

7. 程序结束指令 M30

使用 M30 指令时，除表示执行 M02 指令的内容之外，还返回到程序的第一条语句，准备下一个工件的加工。

8. M98/M99

M98/M99 指令用于调用子程序、子程序结束及返回。

3.2.2　常用的准备功能

准备功能是编制程序中的核心内容，只有熟练掌握这些基本功能的特点、使用方法，才能更好地编制加工程序，FANUC 0 – MD 系统的常用 G 功能如表 3.2 所示。

表 3.2　FANUC 0 – MD 系统的常用 G 功能

功　能	代　码	编程格式
快速定位	G00	G00　X—　Y—　—
直线插补	G01	G00　X—　Y—　Z—　F—
圆弧插补	G02，G03	G17 {G02，G03}　X—Y—{R 或 I—J—}　F—； G18 {G02，G03}　X—Z—{R 或 I—K—}　F—； G19 {G02，G03}　Y—Z—{R 或 J—K—}　F—；
暂停	G04	G04 {X—或 P—}
刀具半径补偿	G40～G42	G17　G43　X G18　　　　　Y　H—； G19　G44　Z G41：取消刀具半径补偿 H：刀具偏置号
刀具长度补偿	G43，G44，G49	G17　G41 G18　　　　　H—； G19　G42 G49：取消刀具长度补偿 H：刀具偏置号
固定循环	G73，G74，G80～G89	（G73，G74，G81～G89）X—Y—Z— P—　Q—　R—　F—　K— G80：取消固定循环
绝对/相对指令	G90，G91	G90，G91…相对指令
工件坐标系设定	G92	G92　X—　Y—　Z—
返回初始点/返回 R 点	G98，G99	G98 返回初始点；G99 返回 R 点

1. 与坐标系有关的指令

（1）绝对尺寸指令 G90。ISO 代码中绝对尺寸指令用 G90（续效指令）指定，它表示程序段中的尺寸字为绝对坐标值，即以编程零点为基准的坐标值。

编程举例:

```
G90  G01  X30  Y-60  F150;
```

X 30 Y - 60 表示 X、Y 的值为相对于编程坐标系 X、Y 的绝对尺寸。

(2) 增量尺寸指令 G91。ISO 代码中增量尺寸指令用 G91(续效指令)指定,它表示程序中的尺寸字为增量坐标值,即刀具运动的终点相对于起点的坐标值增量。

编程举例:

```
G91  G01  X-40  Y30  F100;
```

X、Y 的值为目标点相对于起始点的增量值。

在实际编程中,是选用 G90 还是 G91,要根据具体的零件确定。如图 3.1 所示,(a) 中的尺寸都是根据零件上某一设计基准给定的,可以选用 G90 编程;(b) 中的尺寸是选用 G91 编程的,避免了复杂的坐标计算。

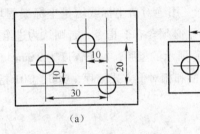

图 3.1 G90/G91

(3) 工件坐标系设定指令 G92。G92 指令是规定工件坐标系原点的指令,工件坐标系原点又称编程零点。当用绝对尺寸编程时,必须先建立一坐标系,用来确定刀具起始点在坐标系中的坐标值。

编程格式:

```
G92  X__  Y__  Z__;
```

坐标值 X、Y、Z 为刀位点在工件坐标系中的初始位置。执行 G92 指令时,机床不动作,即 X、Y、Z 轴均不移动,但 CRT 面板上的坐标值发生了变化。G92 指令可以在程序中指定,也可以在 MDI 操作中设定。

(4) 坐标平面选择指令 G17 ~ G19。平面选择指令 G17 ~ G19 分别用来指定程序段中刀具的圆弧插补平面和刀具半径补偿平面。在笛卡儿直角坐标系中,三个互相垂直的轴 X、Y、Z 分别构成三个平面,如图 3.2 所示。G17 表示选择在 XY 平面内加工,G18 表示选择在 ZX 平面内加工,G19 表示选择在 YZ 平面内加工。立式数控铣床大都在 XY 平面内加工,故 G17 可省略。

2. 快速点定位指令 G00

G00 指令指刀具以点位控制方式,从刀具所在点以最

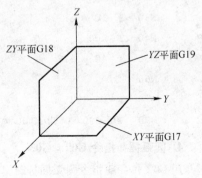

图 3.2 G17 ~ G19

快的速度移动到目标点。

（1）编程格式：

```
G00  X__  Y__  Z__;
```

（2）说明。X、Y、Z 为目标点坐标，当用绝对指令时，X、Y、Z 为目标点在工件坐标系中的坐标；当用增量指令时，X、Y、Z 为目标点相对于起始点的增量坐标，不运动的坐标可以不写。

3. 直线插补 G01

直线插补指令 G01 表示刀具相对于工件以 F 指令的进给速度从当前点向终点进行直线插补，加工出任意斜率的平面或空间直线。

（1）编程格式：

```
G01  X__  Y__  Z__F__;
```

（2）说明。X、Y、Z 为目标点坐标，用绝对值坐标或增量坐标编程均可；F 为刀具移动速度。G01 与 F 都是续效指令，G01 程序中必须含有 F 指令，否则认为进给速度为零。

（3）编程举例。加工如图 3.3（a）所示的型腔，加工深度为 2 mm，刀心轨迹如图 3.3（b）所示，工件零点为 O_p 点，分别用绝对值和相对值方式编程，G00、G01 指令的应用程序如下。

绝对值编程：

```
N10  G00 X30 Y25 Z2 S1000 M03;
N20  G01 Z -2 F120;
N30  X20 Y0;
N40  Y -20;
N50  X -20;
N60  Y0;
N70  X -30 Y25;
N80  G90 G00 X0 Y0 Z100 M02;
```

相对值编程：

```
N10  G00 X30 Y25 Z2 S1000 M03;
N20  G91 G01 Z -4 F120;
N30  X -10 Y -250;
N40  Y -20;
N50  X -40;
N60  Y20;
N70  X -10  Y25;
N80  G90 G00 X0 Y0 Z100 M02;
```

4. 圆弧插补指令 G02、G03

用 G02 和 G03 指令圆弧插补时，G02 表示顺时针插补，G03 表示逆时针插补，如图 3.4 所示。圆弧的顺逆方向判断方法如下：沿圆弧所在平面（如 XY）的另一个坐标的负方向（-Z）

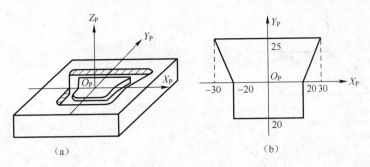

图 3.3　G00/G01

看去，顺时针方向为 G02，逆时针方向为 G03。

（1）编程格式如下。

① 用 I、J、K 表示的圆弧插补。

在 XY 平面上：

G17{G02 或 G03}X ＿ Y ＿ I ＿ J ＿ F ＿;

在 ZX 平面上：

G18{G02, G03}X—Z—{R 或 I ＿ K ＿} F ＿;

在 YZ 平面上：

G19{G02, G03}Y—Z—{R 或 J ＿ K ＿} F ＿;

② 用 R 表示的圆弧插补。

G17{G02, G03}X ＿ Y ＿ R ＿ F ＿;

G18{G02, G03}X ＿ Z ＿ R ＿ F ＿;

G19{G02, G03}Y ＿ Z ＿ R ＿ F ＿;

（2）说明。G17 ～ G19 为圆弧插补平面选择指令，以此来决定加工表面所在的平面，G17 可省略。X、Y、Z 为圆弧终点坐标值（用绝对值坐标或增量坐标即可）。采用相对坐标时，其圆弧终点相对于圆弧起点的增量值。I、J、K 分别表示圆弧圆心相对于圆弧起点在 X、Y、Z 轴上的投影，与前面定义的 G90 或 G91 无关，I、J、K 为零时可省略。F 规定圆弧切向的进给速度。

用圆弧半径 R 编程时，数控系统为满足插补运算需要，规定当所插补圆弧小于 180°时，用正号编制半径程序；而当半径大于 180°时，用负号编制半径程序。如图 3.5 所示，P_0 是圆弧的起点，P_1 是圆弧的终点，对于一个相同数值 R，则有 4 种不同的圆弧通过这两个点，它们的编程格式如下。

圆弧 1：G02 X ＿ Y ＿ R - ＿;

圆弧 2：G02 X ＿ Y ＿ R + ＿;

圆弧 3：G03 X ＿ Y ＿ R + ＿;

圆弧 4：G03 X ＿ Y ＿ R - ＿;

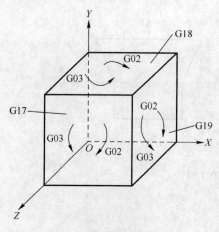

图 3.4　圆弧的判断

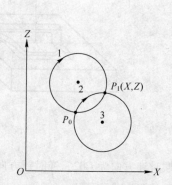

图 3.5　4 种不同的圆弧

若用给定型半径编制完整的圆时，由于存在无限个解，CNC 系统将显示圆弧编程出错报警，所以对整圆插补只能用给定的圆心坐标编程。

（3）编程举例。用 G02、G03 指令对图 3.6 所示圆弧进行编程，设刀具从 A 开始沿 A、B、C 切削。

用绝对尺寸指令编程：

```
G92  X200  Y40  Z0;
G90  G03  X140  Y100  I-60  J0  F100;
G02  X120  Y60  I-50  J0;
```

用增量尺寸指令编程：

```
G91  G03  X-60  Y60  I-60  J0  F100;
G02  X-20 Y-40  I-50  J0;
```

5. 暂停指令 G04

G04 指令可使刀具作暂停的无进给光整加工，一般用于镗平面、锪孔等。

（1）编程格式：

```
G04  X (P)—;
```

（2）说明。地址码 X 或 P 为暂停时间。其中 X 后面可用小数点的数，单位为 s，如 G04 X5，表示前面的程序执行完后，要经过 5 s 的暂停，下面的程序段才执行；地址 P 后面不允许用小数点，单位为 ms，如 G04P1000 表示暂停 1 s。

（3）编程举例。图 3.7 所示为锪孔加工，对孔底有表面粗糙度要求。程序如下：

```
…
N30  G91  G01  Z-7  F60;
N40  G04  X5  ;/刀具孔底停留 5 s
N50  G00  Z7  ;
…
```

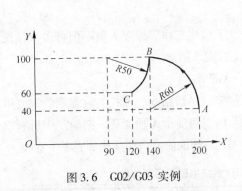

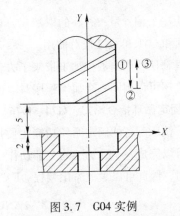

图 3.6 G02/G03 实例

图 3.7 G04 实例

6. 刀具长度补偿指令 G43、G44、G49

当刀具磨损时，可在程序中用刀具长度补偿指令补偿刀具尺寸的变化，而不必重新调整刀具或重新对刀。图 3.8 为钻孔时的刀具长度补偿示例。

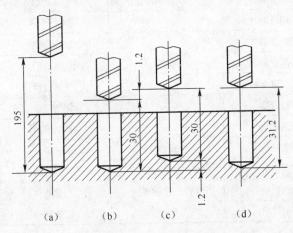

图 3.8 刀具长度补偿

（1）编程格式：

$\quad$ G42 或 G43 Z __ H__

（2）说明。G43 为刀具长度补偿正补偿；G44 为刀具长度补偿负补偿；G49 为撤销刀具长度补偿指令。Z 值为刀具长度补偿值，补偿量存入由 H 代码指定的存储器中。偏置量与偏置号相对应，由 CRT/MDI 操作面板预先设在偏置存储器中。

使用 G43、G44 指令时，无论是用绝对尺寸还是用增量尺寸编程，程序中指定的 Z 轴移动点的终点坐标值，都要与 H 所指定寄存器中的偏移量进行运算。G43 时相加，G44 时相减，然后把运算结果作为终点坐标值进行加工。G43、G44 均为模态代码。

7. 刀具半径补偿指令 G40 ～ G42

G40 ～ G42 为刀具半径补偿指令。G41 为刀具左偏置；G42 为刀具右偏置；G40 为取消刀具半径补偿。刀具半径补偿过程分为刀补的建立：刀具中心从与编程轨迹重合过渡到与编程轨迹偏离一个偏置量的过程；刀补的进行：执行 G41、G42 指令的程序段后，刀具中心始终与编程轨迹相距一个偏置量；刀补的取消：刀具离开工件，刀尖中心轨迹要过渡到与编程重合的过程。G40 必须和 G41 和 G42 成对使用。

刀具补偿功能给数控加工带来了方便，减少了编程工作。编程人员不但可以直接按轮廓编程，而且还可以用同一个加工程序对零件轮廓进行粗、精加工。

8. 固定循环指令 G73、G74、G76、G80 ~ G89

数控铣床配备的固定循环功能主要用于孔加工，包括钻孔、镗孔、攻螺纹等，使用一段程序段就可以完成一个孔加工的全部动作。如果孔加工的动作无须变更，则程序中所有模式数据可以不写，因此可以大大简化编程。FANUC O-MD 系统的固定循环功能如表 3.3 所示。

表 3.3　FANUC O-MD 系统的固定循环功能

代　码	钻孔操作（-Z 方向）	在孔底位置的操作	退刀操作（+Z 方向）	用　途
G73	间隙进给	—	快速进给	高速深孔钻循环
G74	切削进给	暂停—主轴正转	切削进给	反攻螺纹
G76	切削进给	主轴准确停止	快速进给	精镗
G80	切削进给	—		取消固定循环
G81	切削进给		快速进给	钻孔、锪孔
G82	切削进给	暂停	快速进给	钻孔、阶梯镗孔
G83	间隙进给		快速进给	深孔钻循环
G84	切削进给	暂停—主轴反转	切削进给	攻螺纹
G85	切削进给	—	切削进给	镗削
G86	切削进给	主轴停止	快速进给	镗削
G87	切削进给	主轴正转	快速进给	背削
G88	切削进给	暂停—主轴停止	手动	镗削
G89	切削进给	暂停	切削进给	镗削

（1）固定循环的动作。固定循环通常由 6 个动作组成，如图 3.9 所示。

① X 轴和 Y 轴的快速定位。

② 刀具快速从初始点进给到 R 点。

③ 以切削进给的方式执行孔加工的动作。

④ 在孔底相应的动作。

⑤ 返回到 R 点。

⑥ 快速返回到初始点。

（2）定位平面及钻孔轴选择。初始平面是为了安全下刀而规定的一个平面；R 点平面表示刀具下刀时以快进转为工进的高度平面。对于立式数控铣床，孔加工都是在 XY 平面定位并在 Z 轴方向进行的。

固定循环的编程格式：

　　G××X__Y__Z__R__Q__P__F__K__；

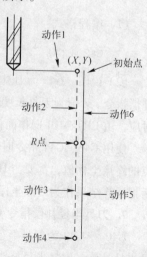

图 3.9　固定循环

指令编程格式中的内容见表 3.4。

表 3.4　固定循环指令表

指 定 内 容	地　　址	说　　明
孔加工方式	G	功能表见上表 3.2
	X、Y	用增量值或绝对值指定孔位置，轨迹及进给速度与 G00 相同
	Z	用增量指定从 R 点到孔底的距离，用绝对值指定孔底位置，进给速度在动作 3 时由 F 指定在动作 5 时根据加工方式变为快速进给或由 F 指定
孔加工数据	R	用增量值指定从初始平面到 R 平面的距离，或用绝对值指定 R 点位置，进给速度在动作 2 和动作 6 时均变为快速进给
	Q	指定 G73、G83 每次的切入量或 G76、G78 中的偏移量
	P	指定孔底的停留时间，其指定数值与 G04 相同
	F	指定切削进给速度
重复次数	K	决定动作的重复次数，未指定时为一次

① 高速啄式深孔钻循环（G73）。

指令格式：G73 X－Y－Z－R－Q－P－F－K－

加工方式：进给孔底暂停，快速退刀。

② 攻左牙循环（G74）。

指令格式：G74 X－Y－Z－R－Q－P－F－K－

加工方式：进给孔底暂停，主轴暂停正转，快速退刀。

③ 精镗孔循环（G76）。

指令格式：G76 X－Y－Z－R－Q－P－F－K－

加工方式：进给孔底暂停，主轴定位停止，快速退刀。

④ 钻空循环，点钻空循环（G81）。

指令格式：G81 X－Y－Z－R－F－K－

加工方式：进给孔底暂停，快速退刀。

⑤ 钻孔循环，反镗孔循环（G82）。

指令格式：G82 X－Y－Z－R－F－K－

加工方式：进给孔底暂停，快速退刀。

⑥ 啄式钻空循环（G83）。

指令格式：G83 X－Y－Z－Q－R－F－

加工方式：中间进给孔底暂停，快速退刀。

⑦ 攻牙循环（G84）。

指令格式：G84 X－Y－Z－R－P－F－K－

加工方式：进给孔底暂停，主轴反转，快速退刀。

⑧ 镗孔循环（G85）。

指令格式：G85 X－Y－Z－R－F－K－

加工方式：中间进给孔底暂停，快速退刀。

⑨ 镗孔循环（G86）。

指令格式：G86 X－Y－Z－R－F－K－；

加工方式：进给孔底暂停，主轴停止，快速退刀。

⑩ 反镗孔循环（G87）。

指令格式：G87 X－Y－Z－R－F－K－；

加工方式：进给孔底暂停，主轴正转，快速退刀。

⑪ 镗孔循环（G88）。

指令格式：G88 X－Y－Z－R－F－K－；

加工方式：进给孔底暂停，主轴停止，快速退刀。

⑫ 镗孔循环（G89）。

指令格式：G89 X－Y－Z－R－F－K－；

加工方式：进给孔底暂停，快速退刀。

⑬ 取消固定循环（G80）

指令格式：G80

（3）应用举例。对图 3.10 所示的孔进行加工，使用刀具长度补偿时固定循环的程序实例如下：

```
N10  G92  X0  Y0  Z0;
N20  G90  G00  Z250.0  T11  M06;
N30  G43  Z0  H11;
N40  M03  S30;
N50  G99  G81  X400.0  Y－350.0  Z－153.0  R－97.0  F120;
N60  Y－550.0;
N70  G98  Y－750.0;
N80  G99  X1200.0;
N90  Y－550.0;
N100 G98 Y－350 .0;
N110 G00 X0 Y0 M05;
N120 G94 Z250 .0T15 M06;
N130 G43 Z0 H15;
N140 S20M03;
N150 G99 G82X550 .0Y－450 .0Z－130R－97 .0P300F70;
N160 G98Y－650 .0;
N170 G99X1050 .0;
N180 G98Y－450 .0
N190 G00X0Y0M05;
N200 G49Z250 .0T31M06;
N210 G43Z0H31;
```

N220 S10M03;

N230 G85G98X800 .0Y-350 .0Z-153 .0R-47 .0F50;

N240 G91Y-200.0L2;

N250 G28X0Y0M05;

N260 G49Z0;

N270 M30;

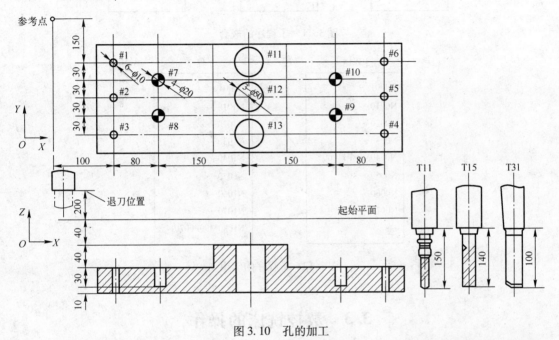

图 3.10   孔的加工

9. 子程序

程序中有固定的顺序和重复的模式时，可将其作为子程序存放，使程序简单化。主程序过程中如果需要某一个子程序，可以通过一定格式的子程序调用指令来调用该子程序，调完后返回到主程序，继续执行后面的程序段。

（1）子程序的编程格式：

O ××××;

…

M99;

在子程序的开头编制子程序号，在子程序的结尾用 M99 指令。

（2）子程序的调用格式：

M98P××× ××××;

P 后面的前三位数为重复调用次数，省略时为调用一次；后四位为子程序号。

（3）子程序的嵌套。为了进一步简化程序，可以让子程序调用另一个子程序，称为子程序的嵌套。编程中使用较多的是二重嵌套，其程序执行情况如图 3.11、图 3.12 所示。

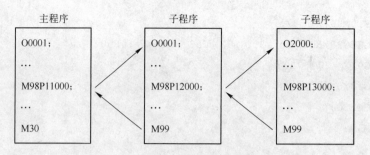

图 3.11　子程序的嵌套

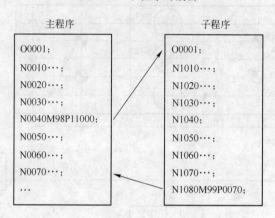

图 3.12　子程序的应用

3.3　数控铣床的操作

3.3.1　方式译码开关

数控铣床的方式译码开关共有 9 种方式，如图 3.13 所示。

（1）编辑：程序编辑方式，编辑一个已存储的程序。

（2）自动：程序自动运行方式，自动运行一个已存储的
程序。

（3）MDI：手动数据输入方式，直接运行手动输入的程序。

（4）手动：手动进给方式，使用点动键或其他手动开关。

（5）手轮：手摇脉冲方式，使用手轮，步进的值由手轮开
关来选择。

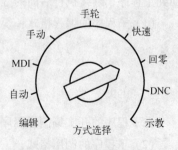

图 3.13　方式译码开关

（6）快速：快速运行。

（7）回零：回零方式，手动返回参考点。

（8）DNC：DNC 工作方式，在该状态下，表示可以在单元控制器与数控机床之间交换信息。

（9）示教：手轮示教方式，在该状态下，表示数控系统的程序可以由手动操作机床把它送
存到系统存储器里作为系统的程序。

说明：机床的一切运行都是围绕着方式译码开关的这 9 种方式进行，也就是说，机床的每一个动作，都必须在某种方式确定的前提下才有实际意义。自动方式和手动方式最本质的区别在于，自动方式下机床的控制是通过程序执行 G 代码和 M、S、T 指令来达到机床控制的要求，而手动方式是通过面板上其他驱动按键和倍率开关的配合来达到控制目的。

1. MDI 方式

MDI 方式是手动数据输入方式，一般情况下，MDI 方式用来进行单段的程序控制。例如，T0200 或 G00　X10，它只是针对一段程序编程，不需要编写程序号和程序序号，并且，程序一旦执行完以后，程序就不再驻留在内存。另外，它是通过 CRT 面板上的 OUTPUT 按键或者用户操作面板上的 ST 绿色程序启动按钮来驱动和执行程序的。

2. 自动方式

自动方式是程序自动运行方式。编辑以后的程序可以在这个方式下执行，同时可以诊断程序格式的正确性。

3. 编辑方式

编辑方式是程序编辑存储方式。程序的存储和编辑都必须在这个方式下执行，有关这个方式下的程序操作步骤，请参阅 FANUC 操作手册。

4. 手动方式

手动方式是增量进给方式。在增量进给方式下，每按一下方向进给键 " + X" " – X" " + Y" " – Y"，机床就移动一个进给当量。

5. 手轮方式

手轮方式是手摇轮方式。在这个方式下，通过摇动手摇脉冲发生器来达到机床移动控制的目的。在手摇方式下，机床移动的快慢是通过选择手轮方式下的 X1、X10、X100 这三个手轮的倍率挡位开关来进行控制的。当选择 X1 挡位时，手轮移动一个脉冲，机床就移动 0.001 mm 的脉冲当量，另外，机床 X 轴、Z 轴的移动是通过操作面板上的轴选择开关来控制的，而每个轴移动的方向对应于手轮上的 " + " " – " 符号方向。

6. 回零方式

机床上电以后，只有回零后，机床才能运行程序，所以用户要有一上电就回零的习惯。另外，在回零方式下，X 轴、Y 轴只能朝正方向即 + X、+ Y 方向回零，在这个时候如果要 X 轴回零，只要轴选择在 X 方向，机床就朝 + X 方向自动回零；如果未回零，机床不能进行自动方式操作，并且 CRT 面板上出现提示信息："X（Z）AXIS　NO – REF"。

3.3.2　CRT/MDI 操作面板

FANUC 0i- MD 型数控系统 CRT/MDI 控制面板如图 3.14 所示，有 6 个功能键。在自动（自动）或手动数据输入（MDI）方式中，启动程序可以按 "START" 键。在程序运行时，不能切换到其他操作方式，要等程序执行完或按 "RESET" 键终止运行后才能切换到其他操作方式。

POS：显示坐标的位置。

PRGRM：显示程序的内容。

MENU/OFSET：显示或输入刀具偏置量和磨耗值。

DGNOS/PQRAM：显示诊断数据或进行参数设置。

OPR ALARM：显示报警和用户提示信息。

AUX GRAPH：显示或输入设定，选择图形模拟方式。

控制面板右部为手动输入键盘，手动输入键盘下面为 PAGE $\boxed{\uparrow}\boxed{\downarrow}$，按该键可以进行 CRT 的翻页。

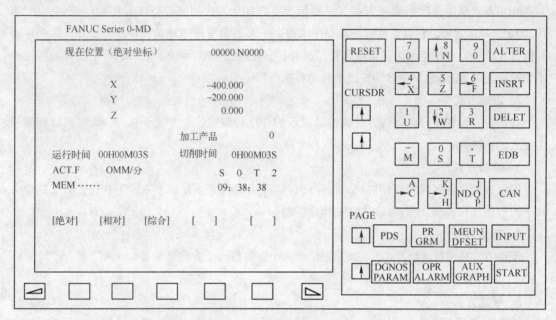

图 3.14　数控系统控制面板

1. 6 个功能键

要进行操作必须按相应的功能键，$\boxed{\text{INPUT}}$ 是数据的输入键，$\boxed{\text{START}}$ 是程序启动键或数据的输出键。

2. 程序功能键"PRGRM"

自动、MDI 或编辑模式下按功能键"PRGRM"后，出现当前执行的程序画面。

光标移动到当前执行程序段上，按对应的软键。

（1）软键"CURRNT"：显示当前执行程序状态，并显示在自动或 MDI 操作方式下的模态指令。

（2）MDI 模式：在 MDI 模式下显示从 MDI 输入的程序段和模态指令，并可进行单段程序的编辑和执行。

（3）编辑模式：在该模式下按相应的软键，可进行程序编辑、修改、文件的查找等操作。

3. 刀具补偿功能键"MENU/OFSET"

按功能键"MENU/OFSET"后可以进行刀具补偿值的设置和显示、工件坐标系平移值设置、宏变量设置、刀具寿命管理设置以及其他数据设置等操作。

刀具补偿值的设置和显示：

在编辑、自动、MDI、手动操作模式下按功能键"MENU/OFSET"。

按功能键"PAGE"后翻页后出现画面。

用光标键"CURSOR"将光标移到要设置或修改的补偿值处。

输入补偿值并按"INPUT"键。

4. 参数设置功能键"DGNOS/PARAM"

功能键"DGNOS/PARAM"用于机床参数的设定和显示及诊断资料的显示等，如机床时间、加工工件的计数、公制和英制、半径编程和直径编程，以及与机床运行性能有关的系统参数的设置和显示。操作者一般不用改变这些参数，但只有非常熟悉各个参数，才能进行参数的设置或修改，否则会发生预想不到的后果。

5. 警告信号显示功能键"OPR/ALARM"

功能键"OPR/ALARM"主要用于数控铣床中出现的警告信息的显示。每一条显示的警告信息都按错误编号进行分类，可以按该编号去查找其具体的错误原因和消除的方法。有的警告信息不在显示画面中出现，但有 ALM 符号在显示画面的下部闪烁，这时可以先按功能键"OPR/ALARM"，再按软键"ALARM"即可显示错误信息及其编号。

3.3.3　机床操作面板

操作面板的功能和按钮的排列与具体的数控铣床的型号的有关，图 3.15 所示为 XK716 型数控铣床的操作面板，下面介绍各主要按钮的作用。

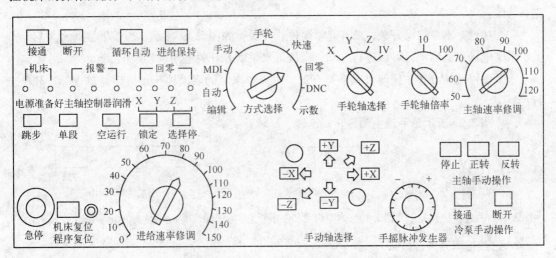

图 3.15　XK716 型数控铣床操作面板

1. 启动和停止开关

（1）循环启动开关，如图 3.16 所示；循环停止开关，如图 3.17 所示。

图 3.16　循环启动开关　　　　　　　　图 3.17　循环停止开关

循环启动开关是用来在自动（MDI）方式下启动程序，在自动方式下，只要按下循环启动开关，程序就开始运行，并且循环启动开关指示灯开始闪烁；当按下循环停止开关时，程序暂停，指示灯亮（不闪烁），这时只得再按下循环启动开关，程序继续执行，循环启动指示灯又开始继续闪烁。在急停或复位情况下，程序复位，指示灯灭。

循环启动开关在下列情况下无效：

① 启动操作已经开始。

② 循环停止开关被按下。

③ 在复位情况下。

④ 在急停情况下。

循环启动在下列情况下停止：

① 循环停止开关断开。

② 复位情况发生。

③ 报警情况发生。

④ 方式开关被切换到手动方式。

⑤ 在单段情况下，单段程序已经执行完毕。

⑥ 在 MDI 方式下，程序已经执行完毕。

（2）程序保护开关是写保护开关。如图 3.18 所示，当把这个开关打开的时候，用户加工程序可以进行编辑，参数可以进行改变；当把这个开关关闭的时候，程序和参数得到保护，不能进行修改。

（3）接通是水泵启动开关，断开是水泵停止开关。如图 3.19 所示，当按下接通水泵启动开关，水泵电动机就启动，可以进行冷却。当按下水泵断开开关电动机就停止。

水泵启停确认方式在任何方式下都有效。另外，水泵的启动停止也可以通过 M08、M09 进行控制。

（4）图 3.20 所示是手动主轴停止、正转、反转开关。

图 3.18 程序保护开关　　图 3.19 水泵启动和停止开关　　图 3.20 手动主轴停止、正转、反转开关

2. 进给倍率开关

如图 3.21 所示，外层数字符号表示手动进给倍率，当在手动方式下，按方向进给键时，伺服电动机就按这些符号标示的进给速度进给。例如，在 150 挡位上时，按下"＋X"方向键，X 轴就以 F150 的进给速度朝 X 轴正方向连续进给。

图 3.21 进给倍率开关

图 3.22 回零操作指示灯

这个开关另外还有一个控制功能，即快速进给倍率控制功能，它在自动方式下控制 G00 的进给倍率，在手动方式下控制快速进给的倍率。由于快速进给倍率分为四挡控制：F0、25%、50%、100%，所以我们在处理这个控制的时候，把程序的进给倍率 0% ～ 150% 分为四挡控制。

（1）0%、10% 对应于快速进给倍率的 F0。

（2）20%、30%、40% 对应于快速进给倍率 25%。

（3）50%、60%、70%、80%、90% 对应于快速进给倍率 50%。

（4）100%、110%、120%、130%、140%、150% 对应于快速进给倍率 100%。

另外，在快速进给控制中，通过参数设置把 X 轴快速进给速度定为 6 mm/min，Z 轴的快速进给速度定为 8 mm/min，所以我们在执行快速进给时，如果把倍率开关置于 60% 的挡位上时，机床实际运行的速度为 X 轴：6 mm/min × 50% = 3 mm/min；Z 轴：8 mm/min × 50% = 4 mm/min。

图 3.22 所示是回零操作指示灯。

3.4　数控铣床的基本操作

3.4.1　数控铣床的准备

加工前的准备工作如下

1. 电源的接通

（1）检查铣床的外表是否正常（如后面电控柜的门是否关上、铣床内部是否有其他异物）。

（2）打开位于铣床后面电控柜上的主电源开关，应听到电控柜风扇和主轴电动机风扇开始工作的声音。

（3）按操作面板上的"POWER ON"键接通电源，几秒钟后 CRT 上显示 X、Y、Z 坐标画面后，才能操作数控系统上的按钮，否则容易损坏机床。

2. 电源的断开

（1）自动加工循环结束，自动循环按钮的指示灯灭。

（2）机床运动部件停止运动。

（3）按操作面板上的"POWER OFF"键，断开数控系统的电源。

（4）切断电控柜上的机床电源开关。

3.4.2　返回参考点操作

在程序运行前，必须先对机床进行参考点返回操作，即将刀架返回机床参考点。有手动参考点返回和自动参考点返回两种方法，通常情况下，在开机时采用手动返回参考点，其操作方法如下：

（1）将机床操作模式开关设置在回零手动方式位置上。

（2）用快速倍率开关选择返回参考点的进给速度。

（3）按机床操作面板上经 X、Y 移动方向键。

连续按选定的坐标轴及方向键慢速移动坐标轴，松开时则移动停止，同时进行 X 轴、Y 轴回零操作。

（4）当坐标轴返回参考点时，刀架返回参考点，确认灯亮后，操作完成。

进行操作时应注意以下事项：

（1）当机床首次工作之前、机床停电后再次接通电源、机床在急停信号和解超程之后，都必须进行返回参考点操作。

（2）一次只能操作一个坐标轴方向。

（3）由于坐标轴在加速移动方式下速度较快，没有必要时尽量少用，以免发生预想不到的危险。

3.4.3　手动操作与自动操作

1. 手动操作

使用机床操作面板上的开关、键或手轮，用手动操作移动刀具，可使刀具沿各坐标轴移动。

（1）手动连续进给。用手动可以连续地移动机床，操作步骤如下：

① 将方式选择开关置于 JOG 的位置上，如图 3.23 所示。

② 选择移动轴，将控制面板上的坐标轴选择键拨至相应的坐标轴，机床将按选择的轴方向移动，如图 3.24 所示。

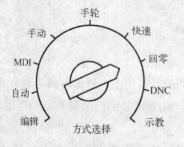

图 3.23　方式选择开关置于 JOG

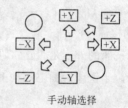

图 3.24　连续移动键

（2）快速进给。方式开关置于快速上，按下方向键，刀具将按选择的方向快速进给。

（3）手脉进给。转动手摇脉冲发生器，可使机床微量进给，步骤如下：

①控制面板方式选择开关置于手轮的位置上，如图 3.25 所示选择轴。

② 选择手脉手动倍率，如图 3.26 所示。

③ 转动手脉，如图 3.27 所示。右转为正方向；左转为负方向。

图 3.25　手动轴选择

图 3.26　手动倍率切换

图 3.27　手摇脉冲发生器

④ 选择移动量。

注意：手摇脉冲发生器请以 5 r/s 的速度转动，如超过了此速度，可能会造成刻度和移动量不符；如果选择了 ×100 的倍率，过快地移动手轮，刀具以接近于快速进给的速度移动，此时机床会产生振动。

2. 自动操作

（1）运转方式。

① 存储器运行步骤如下：

a. 预先将程序存入存储器中。

b. 选择要运行的程序。

c. 将方式选择开关置于自动位置，如图 3.28 所示。

d. 按循环启动开关，即开始自动运转。

② MDI 运转。

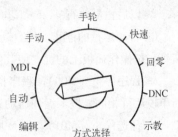

图 3.28　方式选择开关置于自动

从 CRT/MDI 操作面板输入一个程序段的指令并执行该程序段。

例如，执行下列程序：

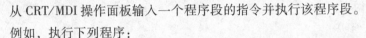
X18.80　　Y90.88

a. 将方式选择开关置于 MDI。

b. 按 "PRGRM" 键。

c. 按 "PAGE" 键，使画面的左上角显示 MDI。

d. 由数据输入键输入 X18.80。

e. 按 "INPUT" 键。

在按 "INPUT" 键之前，如果发现键入的数字是错误的，按 "CAN" 键，可以重新键入 X 及正确的数字。

f. 键入 Y90.88。

g. 按 "INPUT" 键。Y90.88 的数据被输入并显示。

如果输入的数字是错误的，与 X 时同样处理。

h. 按 "START" 键或机床操作面板上的启动开关。

按启动开关之前，如为了把 X18.80　Y90.88；变成 18.80，取消 90.88，其方法如下：

● 按 "CAN" "INPUT" 键。

● 按 "START" 键或操作面板的循环启动开关。

（2）自动运行的启动。

① 存储器运行：

a. 选择自动方式。

b. 选择程序。

c. 按机床操作面板上循环启动开关。

② 执行自动运行。若自动运行已启动，CNC 的运行情况如下：

a. 从被指定的程序，读取一个程序段的指令。

b. 对该段程序译码。

c. 开始执行指令。

d. 读取下一个程序段的指令。

e. 译码下一个程序段的指令，使之变为可执行的代码，该过程称为缓冲。

f. 由于缓冲，程序段执行一结束，立刻开始执行下一个程序段。

g. 以后重复执行 d、e、f 步。

③ 自动运行的停止。使自动运行的停止的方法有：预先在程序中需要停止的地方输入停止指令；按操作面板上的键，使其停止。

a. 程序停止（M00）。程序执行 M00 指令后，自动运行停止。此时各模态信息、寄存状态与单段运行相同。按下循环启动开关，程序从下一个程序段重新自动运行。

b. 任选停止（M01）。与 M00 相同，执行含有 M01 指令的程序段之后，自动运行停止。但 M01 指令的执行要求机床操作面板上必须有"任选停机开关"，且该开关置于接通。

c. 程序结束（M02、M03）。

M02、M03 指令的意义如下：

● 表示主程序结束。

● 自动运行停止，CNC 呈复位状态。

M30 使用权自动运行停止，并使程序返回到程序的开头。

d. 进给暂停。程序运行时，按机床操作面板上的进给暂停开关，可使自动运行暂时停止。若按暂停开关，进给暂停灯亮，而循环启动灯灭。

e. 复位。按 MDI 键盘上的"RESERT"键，或输入外部复位信号，自动运行时移动中的坐标轴减速，然后停止，CNC 系统置于复位状态。

3.4.4 程序的输入

1. 程序存储、编辑操作前的准备

（1）把程序保护开关置于"ON"上，接通数据保护键。

（2）将操作方式置为编辑方式。

（3）按显示机能键"PRGRM"或［程序］软键后，显示程序后方可编辑程序。

2. 把程序存入存储器中

用 MDI 键盘键入的方法如下：

（1）将操作方式选择为编辑方式。

（2）再按"LIB"软键。

（3）用键盘输入地址 O。

（4）如果存储器中没有该程序的话，输入"O0009"，按"INSET"键。

（5）通过这个操作，存入程序号，之后把程序中的每个字用键输入，然后按"INSRT"键便可将输入的程序存储起来。

3.4.5 数控铣床的保护

如果红色指示灯亮，说明机床出错报警，不能进行正常操作。机床报警有主轴报警、控制器报警、润滑报警 3 种类型，如图 3.29 所示。

引起机床报警的因素有以下几点：

（1）在 CRT 上显示错误代码时。若显示错误代码，请按维修查找原因。若错误代码有"PS"二字，则一定是程序或设定数据的错误，请修改程序或修改设定的数据。

（2）在 CRT 上没有显示错误代码时，可能是由于机床执行了一些故障操作，请参照维修手册。

关于 NCALARM 和 SERVO ALARM，请参阅 FANUC 公司提供的操作手册中有关报警信息注释加以解除。关于 PLC ALARM，请根据 CRT 上的报警信息给予解除。

（3）急停开关。如图 3.30 所示，机床在遇到紧急情况时，马上按下急停开关，这时机床紧急停止，主轴也马上紧急刹铣。当清除到故障因素后，急停开关复位，机床操作正常。

（4）机床复位开关。如图 3.31 所示，刀超越了机床限位开关限定的行程范围或者进入由参数指定的禁止区域，CRT 显示"超程"报警，且刀具减速停止。在机床正面有一个机床复位开关。当机床碰到急停限位时，EMG 急停中间继电器失电，机床急停报警，要想解除急停报警，按机床复位开关，用手轮方式移出限位区域，按机床复位开关解除报警即可。

| 图 3.29　机床报警类型 | 图 3.30　急停开关 | 图 3.31　机床复位开关 |

3.5　数控铣削加工综合实例

例 3.1　如图 3.32 所示为曲线型面类零件 1，毛坯为 100 mm × 100 mm 铝材，按图 3.32 所示铣削零件外轮廓，深度为 5 mm。

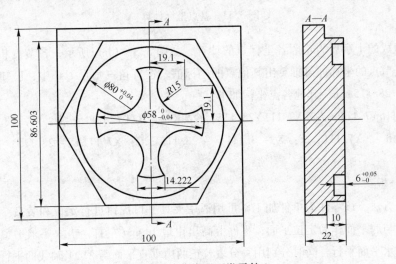

图 3.32　曲线型面类零件 1

1）零件图分析

零件由内接于φ100圆的六边形外轮廓台阶、φ80的内轮廓圆、φ58和R15的圆弧段组成的十字形岛屿组成。φ80和φ58的圆以及槽深尺寸有一定的精度要求。

2）确定工件坐标原点及换刀点

此零件毛坯为正方形，在XY平面内编程，确定原点为零件中心点，Z向原点取在工件的上表面，便于找正及编程计算。

换刀点设在被加工零件外围一定距离的地方，并有一定的安全量，便于工件测量和换刀操作。根据工件大小及刀具的长短此点可设在X100.Y0Z150。

3）坐标点计算

六边形各点坐标的计算，如图3.33（a）所示。六边形内接于φ100的圆，△OAB为等腰三角形，从而可知AB边长为50 mm；通过直角三角函数计算得OH = 43.301，各点坐标如下：

A：X25Y43.301；B：X－25Y43.301；C：X－50Y0；D：X－25Y－43.301；E：X25.Y－43.301；F：X50Y0

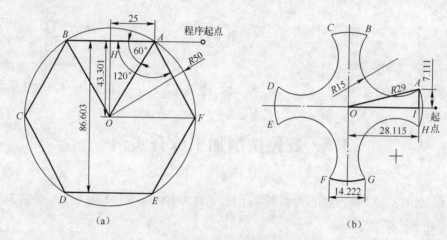

图3.33　基点坐标计算

由圆弧组成的十字岛屿轮廓各坐标点的计算，如图3.33（b）所示，各节点相应对称，只要计算出一处节点的坐标即可推算出其他点的坐标值。在直角三角形OAI中，已知OA和AI边长，那么OI = 28.115 mm，其他各点坐标如下：

A：X28.115Y7.111；B：X7.111Y28.115；C：X－7.111Y28.115；D：X－28.115Y7.111；E：X－28.115－Y7.111；F：X－7.111Y－28.115；G：X7.111Y－28.115；H：X28.115－Y7.111

4）工艺分析

（1）装夹方法。该零件为单件加工，可用通用夹具平口虎钳进行定位和装夹。定位时以平口虎钳的钳口与底平面作为定位平面，零件上高出钳口13 mm左右，垫块要求平整，用百分表校正上平面与水平面平行，同时分别用百分表校正两边垂直平面与X、Y轴线的平行。

零件材料为铝材，工件夹紧时夹紧力要适中，既要防止工件的变形，又要防止工件在加工过程中产生松动。

（2）刀具的选择。外轮廓边宽毛坯余量的宽度，在可以的情况下尽量一次将毛坯铣去，以免留下边角残余料。选用直径为 $\phi30$，主偏角为 90°的端铣刀。

内轮廓的加工受 $\phi80$ 和 $\phi58$ 圆之间槽宽的限制，刀具直径必须小于 11 mm。选择 $\phi10$ mm 的键槽铣刀为宜。

（3）切削用量。粗加工时，主轴转速 $S = 800$ r/mim，进给速度 $F = 150$ mm/min，背吃刀量 $Z = 4.5$ mm；精加工时，主轴转速 $S = 1200$ r/mim，进给速度 $F = 100$ mm/min，背吃刀量 $Z = 5$ mm（余量 0.5 mm）。

5）加工路线及编程

（1）六边形外轮廓加工程序（刀直径 $\phi30$mm）如下：

O0011;	/程序名
N10 G54;	/建立工件坐标系
N20 G00X70.Y50.Z20.M03S800;	/从换刀点快速移动到工件外侧的程序起点
N30 G43H01Z - 10.;	/下刀到加工深度
N40 G01G42X25.Y43.301D01F150;	/建立半径右补偿
N50X - 25.;	/铣削 $A \to B$ 边
N60X - 50.Y0;	/铣削 $B \to C$ 边
N70X - 25.Y - 43.301;	/铣削 $C \to D$ 边
N80X25.;	/铣削 $D \to E$ 边
N90X50.Y0;	/铣削 $E \to F$ 边
N100X25.Y43.301;	/铣削 $F \to A$ 边
N110Y70.;	/退出工件加工平面
N120 G00Z50.;	/Z 向退刀
N130 G40G49X100Y0Z150.;	/取消补偿,快速移动到换刀点
N140 M05;	/主轴停
N150 M30;	/程序结束

（2）内轮廓加工程序（$\phi10$ 键槽铣刀）如下：

O0012;	
N10 G54;	
N20 G40G49G90G17;	
N30 G00X34.5Y0Z20.;	/粗加工 $\phi80$ 与 $\phi58$ 之间的宽 11 mm 槽,中心点编程,各留 0.5 余量
N40Z2.M03S1000;	
N50 G01Z - 6.;	/进给到加工深度
N60 G03I - 34.5;	/整圆编程,粗铣 11 mm 槽
N70 G01X35.;	/精铣 $\phi80$ 内圆起点,刀具中心点编程
N80 G03I - 35.F80;	/整圆编程,精铣 $\phi80$ 内圆
N90 G01G42X28.115Y7.111D02;	/建立刀具右补偿,直线移到内轮廓 A 点
N100 G02X7.111Y28.115R15.;	
N110 G03X - 7.111R40.;	

N120 G02X – 28.115Y7.111R15.;

N130 G03Y – 7.111R40.;

N140 G02X – 7.111Y – 28.115R15.;

N150 G03X7.111R40.;

N160 G02X28.115Y – 7.111R15.;

N170 G03Y7.11R40.;

N180 G01Z5.;

N190 G00G40X100.Y0Z50.;

N200 M05;

N210 M30;

例 3. 2　曲线型面类零件 2 如图 3. 34 所示。

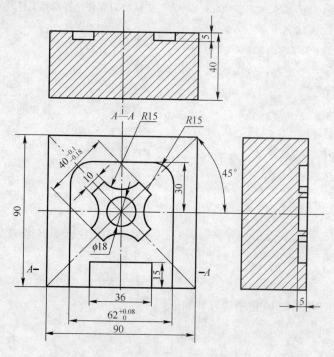

图 3.34　曲线型面类零件 2

1）工艺分析及处理

（1）零件图样的分析。如图 3.34 所示，零件材料为 LYl2（铝合金），毛坯为 90mm×90mm ×40mm 的方料，已完成上下平面及周边侧面的加工。要加工的部位是方形环状槽以及中间的圆槽，凸台作为槽的岛屿，外侧轮廓边界转角处的半径是 15 mm，槽较宽处的宽度是 18 mm，较窄处的宽度是12.32 mm，选用 φ10 mm 的直柄键槽铣刀较为合适。

（2）选用立式三坐标数控铣床加工。

（3）加工工序与工步的划分及走刀路线的确定。由于加工该零件时，仅一次装夹即可完成所有加工内容，因此确定工序为一道，分粗、精铣两个工步。

工步一：

① 粗铣槽外侧周边轮廓。走刀路线如图 3.35 所示，A_1 为下刀点，B_1 为切入点（同时为刀具半径补偿开始点），C_1 为第一次切出轮廓点，D_1 为第二次切入轮廓点，Z_1 为第二次切出轮廓点。

② 铣岛屿轮廓。走刀路线如图 3.36 所示，A 为下刀点，B 为建立刀具半径补偿开始点，F 为切入轮廓点，C 为切出点，具体进给路线如图 3.36 中箭头所指方向（过渡圆弧 $R7$）。

③ 铣中间 $\phi18$ 的圆槽，O 点为下刀点，A_2 为建立刀具半径补偿开始点，B_2 为圆弧切入点，C_2 为圆弧切出点，过渡圆弧半径为 7 mm，具体走刀路线如图 3.37 所示。

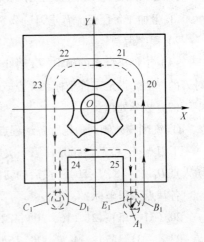

图 3.35　铣槽外侧轮廓走刀路线

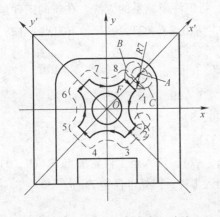

图 3.36　铣岛屿轮廓走刀路线

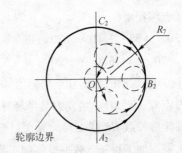

图 3.37　铣 $\phi18$ 圆槽走刀路线

工步二：

精铣，加工内容同工步一。

（4）工件的装夹方式与夹具。以加工过的毛坯底面为主定位面，在平口虎钳上装夹，用两等高垫铁将工件托起，在虎钳上夹紧前后两侧面。

（5）切削用量的确定。查相关手册得到铝合金允许的切削速度精加工 $v = 180$ m/min，粗加工 $v = 180 \times 70\% = 126$（m/min）；查手册得到 $\phi10$HSS 立铣刀粗加工的每齿切削量 $S_z = 0.075/$齿，精加工 $S_z = 0.075$ mm/齿 $\times 0.8 = 0.06$ mm/齿。

计算切削用量：

① 粗加工：

$n = 1\,000v/\pi D = 1\,000 \times 126 \times 0.3/(3.14 \times 10) \approx 1\,200$（r/min）

$F = 2Sz \times n = 2 \times 0.075 \times 1\,200 = 180$（mm/min）

② 精加工：

$n = 1\,000 \times 180 \times 0.3/(3.14 \times 10) \approx 1\,700$（r/min）

$F = 2\,Sz \times n = 2 \times 0.80 \times 0.075 \times 1\,700 = 200$ （mm/min）

③ 粗加工每层最大背吃刀量 2.5 mm。

2）程序编制

（1）工件坐标系的确定。工件坐标系零点设在毛坯上表面中心处，采用寻边器对刀或试切对刀的方法，设定工件坐标系原点。

（2）数学处理：

① 铣削槽外侧周边轮廓各编程点的坐标值如下（见图 3.35）：

下刀点 A_1（23，−60），第一次切入点 B_1（31，−50），切出点 C_1（−31，−50），第二次切入点 D_1（−18，−50），最后的切出点 E_1（18，−50）。

各基点编程坐标：

20（31，15）；21（16，30）；22（−16，30）；

23（−31，15）；24（−18，15）；25（18，15）

② 铣削岛屿轮廓各编程点坐标值如下（见图 3.36）：

铣削岛屿轮廓时，编程采用坐标轴旋转 45° 建立新工件坐标系的方法。在新的工件坐标系 $X'OY'$ 中各编程点坐标数值如下：切入点 F（20，0），切出点 C（27，−7），下刀点 A（28，0），建立刀具半径补偿点 B（27，7）。

各基点编程坐标：

1（20，−5）；2（5，−20）；3（−5，−20）；4（−20，−5）

5（−20，5）；6（−5，20）；7（5，20）；8（20，5）

③ 铣 ϕ18 圆槽的各编程点坐标值如下（见图 3.37）：

下刀点 O（0，0），建立刀具半径补偿点 A_2（2，−7），切入至工件轮廓点 B_2（9，0），切出至工件轮廓外点 C_2（2，7）。采用过渡圆弧方式切入工件，圆弧半径为 7 mm。

（3）编写加工程序。数控铣削加工程序（主程序）：

```
O0516;
N10 G21;
N20 G17 G40 G49 G69 G80 G90:
N30 G54;
N40 T02;
N50 S1200 M03;
N60 G43 GOO Z30 H02;
N70 X23 Y-60;
N80 Z5;
N90 G01 Z0 F100;
N100 M98 P21001;
N110 GOO Z10:
N120 G68 X0 YO R45;
N130 GOO X28 Y0;
N140 G01 Z0 F100;
```

```
N150 M98 P21002;
N160 GOO Z1O;
N170 G69;
N180 GOO X0 YO;
N190 G01 Z0 F100:
N200 M98 P21003;
N210 GOO Z30;
N220 M05;
N230 M30;
```

子程序一：

```
O1001;
N10 G91 G01 Z -2.5 F100;
N20 G90 G41 X31 Y -50 D02 F180;
N30 Y15;
N40 G03 X16 Y30 R15;
N50 G01 X -16;
N60 G03 X -31 Y15 R15;
N70 G01 Y -50;
N80 X -18;
N90 Y15;
N100 X18;
N110 Y -50;
N120 G40 G01 X23 Y -60;
N130 M99;
```

子程序二：

```
O1002;
N10 G91 G01 Z -2.5 F100;
N20 G00 G41 X27 Y7 D02 F180;
N30 G03 X20 Y0 R7;
N40 G01 Y -5;
N50 G03 K5 Y -20 R15;
N60 G01 X -5;
N70 G03 X -20 Y -5 R15;
N80 GO1 Y5;
N90 G03 X -5 Y20 R15;
N100 G01 X5;
N110 G03 X20 Y5 R15:
N120 G01 YO;
```

```
N130 G03 X27 Y -7 R7;
N140 G40 G01 X28 Y0;
N150 M99;
```

子程序三：

```
O1003;
N10 G01 G01 Z -2.5 F100:
N20 G90 G41 X2 Y -7 D02 F180;
N30 G03 X9 Y0 R7;
N40 G03 X9 Y0 I -9 J0;
N50 G03 X2 Y7 R7;
N60 G40 G01 X0 Y0;
N70 M99;
```

例 3.3 复杂类零件 1 数控铣削加工如图 3.38 所示，用 FANUC – Oi 系统编程。

1）加工工艺分析

（1）加工准备：

① 分析零件图，检查毛坯尺寸。

② 编制加工程序，输入程序并选择该程序。

③ 用平口台虎钳装夹工件，工件伸出钳口 8 mm 左右，用百分表找正。

④ 装夹寻边器，确定工件零点为坯料上表面的中心，设定零点偏置。

⑤ 装夹 A2.5 中心钻并对刀，设定刀具参数，选择自动加工方式。

（2）钻 $\phi28$ 孔和工艺孔：

① 钻中心孔。

② 安装 $\phi12$ 钻头并对刀，设定刀具参数，钻通孔和工艺孔。

③ 安装 $\phi28$ 钻头并对刀，设定刀具参数，钻通孔。

（3）铣外轮廓。安装 $\phi20$ 粗立铣刀并对刀，设定刀具参数，选择程序，粗铣外轮廓，留 0.50 mm 单边余量。

（4）铣外圆柱体：

① 选择程序，粗铣 $\phi40$ 外圆柱体，留 0.50 mm 单边余量。

② 安装 $\phi20$ 精立铣刀并对刀，设定刀具参数，半精铣外轮廓和 $\phi140$ 外圆柱体，留 0.1 mm 单边余量。

③ 实测工件尺寸，调整刀具参数，精铣外轮廓和外圆柱体至要求尺寸。

（5）镗 $\phi30$ 孔：

① 安装镗刀并对刀，设定刀具参数，选择程序，粗镗孔，留 0.5 mm 单边余量。

② 调整镗刀，半精镗孔，留 0.1 mm 单边余量。

③ 测量内孔尺寸，调整镗刀，精镗孔至要求尺寸。

（6）铣两腰形槽：

① 安装 $\phi12$ 粗立铣刀并对刀，设定刀具参数，选择程序，粗铣两腰形槽，留 0.5 mm 单

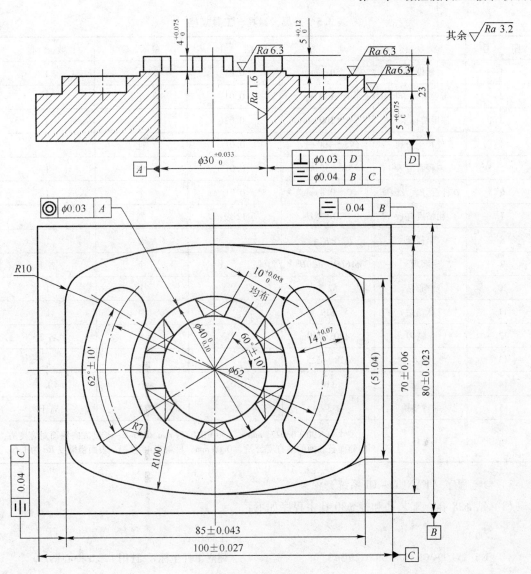

图 3.38　复杂类零件 1

边余量;

② 安装 ϕ12 精立铣刀并对刀,设定刀具参数,半精铣两腰形槽,留 0.10 mm 单边余量。

③ 测量两腰形槽尺寸,调整刀具参数,精铣腰形槽至要求尺寸。

(7) 铣矩形槽:

① 安装 ϕ8 粗立铣刀并对刀,设定刀具参数,选择程序,粗铣各矩形槽,留 0.5 mm 单边余量。

② 安装 ϕ8 精立铣刀并对刀,设定刀具参数,半精铣各矩形槽,留 0.1 mm 单边余量。

③ 测量矩形槽尺寸,调整刀具参数,精铣各矩形槽至要求尺寸。

2) 刀具、工具、量具规格

数控铣削加工刀具、量具、工具规格如表 3.5 所示。

表3.5 刀具、量具、工具规格

序 号	名 称	规 格	精 度	单 位	数 量
1	Z轴设定器	50 mm	0.01	个	1
2	带表游标卡尺	1～150 mm	0.01	把	1
3	深度游标卡尺	0～200 mm	0.02	把	1
4	外径干分尺	75～100 mm	0.01	把	1
5	内径百分表	18～35 mm	0.01	个	1
6	杠杆百分表及表座	0～0.8 mm	0.01	个	1
7	粗糙度样板	NO～N1	12 级	副	1
8	半径规	$R7～R14.5$		套	1
9	塞规	$\phi16H9$、$\phi20H8$		个	各1
10	中心钻	A2.5		个	1
11	麻花钻	$\phi19$		个	1
12	立铣刀	$\phi20$、$\phi10$		个	各2
13	镗刀	$\phi18～\phi25$		把	1
14	寻边器	$\phi10$	0.02	个	1
15	平行垫铁			副	若干
16	毛坯	尺寸为（90±0.027）mm×（90±0.027）mm×22 mm；长度方向侧面对宽度方向侧面及底面的垂直度公差为0.05 mm；材料为45号钢。表面粗糙度 Ra 为1.6			

3）参考程序（FANUC‑Oi 系统）

（1）钻 $\phi28$ 孔、工艺孔和镗 $\phi30$ 孔主程序如下：

```
O0001;                              /主程序名
N5 G54G90G17G21G94G49G40;           /建立工件坐标系,选用A2.5中心钻
N10 G00Z100S1200M03;
N15 G82X31Y0Z-4R5P2000F60;
N20 X0Y0;
N25 X-31Y0;
N30 G00Z100M05;
N35 Y-80
N40 M00;                            /程序暂停,手动换φ12钻头
N45 G00Z5S300M03;
N50 G83X0Y0Z-28R5Q2P1000F30;
N55 G82X31YO2-9.9R5P2000F30;
N60 X-31Y0;
N65 G00Z00M05;
N70 Y-80;
```

N75 M00;　　　　　　　　　　　　　　　　/程序暂停,手动换 φ28 钻头

N80 G00Z30S200M03;

N85 G83X0Y0Z－32R5Q2P1000F30;

N90 G00Z100M05;

N95 Y－80;

N100 M00;　　　　　　　　　　　　　　　　/程序暂停,手动换 φ25～φ38 镗刀

N105 G00Z30S200M03;

N110 G85X0Y0Z－23R5F30;

N115 GOOZ100M05;

N120 Y－80;

N125 M30;　　　　　　　　　　　　　　　　/程序结束

(2) 铣外轮廓和外圆柱体主程序如下:

　O0002;　　　　　　　　　　　　　　　　/主程序名

　N5　G54G90G17G21G94G49G40;　　　　　/建立工件坐标系,选用 φ20 mm 立铣刀

　N10　G00Z50S800M03;

　N15　G00X65Y－45;

　N20　Z1;

　N25 G01Z－5F200;

　N30 G01G42X42.5Y－40D1F80;　　　　　/N30～N70 铣削外轮廓至 5 mm 深度处

　N35 C01Y19.13;

　N40 G03X36.11Y28.46R10;

　N45 G03X－36.11Y28.46R100;

　N50 G03X－42.5Y19.13R10;

　N55 G01Y－19.13;

　N60 G03X－36.11Y－28.46R10;

　N65 G03X36.11Y－28.46R100;

　N70 G03X42.5Y－19.13R10;

　N75 G00Z1;

　N80 G00G40X65Y－45;

　N85 G01Z－10F200;

　N90 G01G42X42.5Y－40D1F80;　　　　　/N90～N130 铣削外轮廓至 10 mm 深度处

　N95 G01Y19.13;

　N100 G03X36.11Y28.46R10;

　N105 G03X－36.11Y28.4SR100;

　N110 G03X－42.5Y19.13R10;

　N115 G01Y－19.13;

　N120 G03X－36.11Y－28.46R10;

　N125 G03X36.11Y－28.46R100;

　N130 G03X42.5Y－19.13R10;

N135 G0021；

N140 G00G40X65Y-45；

N145 G01Z-5F200；

N150 G01G42X32.5Y-40D1F80；   ／N150～N180 铣削外圆柱体至 5 mm 深度处

N155 G01Y30；

N160 X-32.5；

N165 Y-30；

N170 X32.5；

N175 X20Y0；

N180 G03I-20；

N185 G00Z100；

N190 G40G00X50；

N195 M30；   ／程序结束

(3) 铣两腰形槽和矩形槽主程序

O0003；   ／主程序名

N5 G54G90G17G21G94G49G40；   ／建立工件坐标系,选用 ϕ2 立铣刀

N10 G00Z30S800M03；

N15 G0Z5；

N20 M98P0004；   ／N20～N30 铣削两腰形槽至 10 mm 深度处

N25 G68X0Y0R180；

N30 M98P0004；

N35 G69；

N40 G00Z100M05；

N45 Y-80；

N50 M00；   ／程序暂停,手工换 ϕ10 立铣刀

N55 G00Z30S800M03；

N60 G0Z5；

N65 M98P0005；   ／N65～N135 铣削矩形槽至 4 mm 深度处

N70 G68X0Y0R60；

N75 M98P0005；

N80 G69；

N85 G68X0Y0R120；

N90 M98P0005；

N95 G69；

N100 G68X0Y0R180；

N105 M98P0005；

N110 G69；

N115 G68X0Y0R240；

N120 M98P0005；

N125 G69；

N130 G68X0Y0R300；

N135 M98P0005；

N140 G69；

N145 G00Z100M05；

N150 M30；　　　　　　　　　　　　　　/程序结束

（4）铣两腰形槽子程序如下：

O00004；　　　　　　　　　　　　　　/子程序名

N10 G00X31Y0；

N20 G01Z－10F80；

N30 G01C41X20.57Y－12.36D1F60；

N40 G03X20.57Y12,36R24；

N50 G02X32.57Y19.57R7；

N60 G02X32.57Y－19.57R38；

N70 G02X20.57Y－12.36R7；

N80 G00Z1；

N90 G00G40X31Y0；

N100 M99；　　　　　　　　　　　　　/子程序结束

（5）铣矩形槽子程序如下：

O00005；　　　　　　　　　　　　　　/子程序名

N10 G00X0Y0；

N20 G01Z－4F200；

N30 G01G41X13Y－5D1F60；

N40 G01X21；

N50 G01Y5；

N60 G01X13；

N70 G00Z1；

N80 G00G40X0Y0；

N90 M99；　　　　　　　　　　　　　/子程序结束

例 3.4　编制如图 3.39 所示的复杂类零件 2 加工程序，该零件由圆周分布的三个台阶孔、按对称分布的两个圆弧槽以及三个相同外形构成的外轮廓组成。

1）工艺分析

（1）零件毛坯为 ϕ80 的圆柱，外圆和两端面已精加工。采用铣床三爪自定心卡盘装夹，用杠杆百分表校正并找正工件中心，工件原点设在工件中心的上平面。

（2）加工工序及刀具：

① 铣外轮廓，选用 ϕ16 的立铣刀。

② 铣圆弧槽，选用 ϕ8 的槽键铣刀。

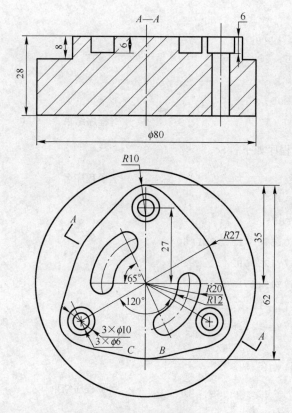

图 3.39 复杂类零件 2

③ 钻圆周孔，选用 $\phi6$ 的钻头和 $\phi10$ 的锪孔铣刀。

2）编程分析

两个弧形槽以工件中心为半径对称分布，既可以采用坐标系旋转 180° 编程，也可以采用镜像变换编程。根据图形中已知的半径和角度的条件，采用极坐标编程最简便。

三个 $\phi6$ 的通孔和 $\phi10$ 的沉孔是在半径为 27 mm 的圆周上按 120° 等分的，采用极坐标编程比较合理。

整个台阶外形由按 120° 旋转分布的三个相同外形尺寸的外轮廓组成，如图 3.40 所示，$A \to E$ 的各点坐标值是 A（23.887，$-$22.236），B（6.017，$-$26.321），C（$-$6.017，$-$26.321），D（$-$23.887，$-$22.236），E（$-$31.211，$-$9.532），可采用坐标系旋转功能编程。

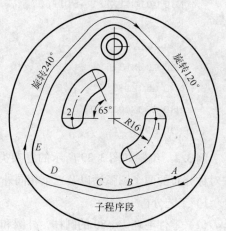

图 3.40 台阶外轮廓

3）加工程序

（1）加工 $3 \times \phi6$ 的通孔，采用极坐标编程（加工 $3 \times \phi10$ 台阶孔时将 G73 指令改为锪孔指令 G82X27. Y90. Z$-$6. R2. P1000F40;）。

参考程序如下：

```
O5121;                              /程序名
N10 G54;                            /工件坐标系
N20 G90G17G40G49G15;                /系统状态指令
N30 G00X0Y0M03S1200;                /快速定位,主轴转
N40 G43H01Z10.M08;                  /调用长度补值,Z轴定位,切削液开
N50 G90G17G16                       /指定用极坐标方式,绝对值方式,极点为工件坐标原点
N60 G73X27.0Y90.Z-30.R1.0Q6.0F30.;      /定位到极半径27 mm,极角90°,用G73 钻孔
N70Y210.;                           /极半径27 mm不变,极角210°的位置,G73 循环钻孔
N80Y330.;                           /极半径27 mm不变,极角330°的位置,G73 循环钻孔
N90 G15;                            /取消极坐标方式
N100 G00X0Y0;                       /移动到直角坐标系的原点
N110 M05;                           /主轴停
N120 M09;                           /切削液关
N130 G91G28Z0;                      /回参考点
N140 M30;                           /程序结束
```

(2) 加工 8 mm 宽的弧形槽，采用极坐标编程。采用 φ8 的槽键铣刀，以刀具中心点按槽中心路线编程。

参考程序如下：

```
O5121;
N10 G54;
N20 G00X0Y0M03S1000;
N30 G43Z50.H02;
N40Z2.;
N50 G17G16G90;
N60 G00X16.Y0;                      /极坐标方式定位右圆弧槽加工起点1
N70 G01Z-6.F30;                     /进给到槽底
N80 G02X16.Y-65.R16.;               /极坐标,G02 铣圆弧槽
N90 G01Z2.;                         /提刀
N100 G00X16.Y180.;                  /极坐标方式定位左圆弧槽加工起点2
N110 G01Z-6.;                       /进给到槽底
N120 G02X16.Y115.R16.;              /极坐标,G02 铣圆弧槽
N130 G01Z2.;                        /提刀
N140 G15;                           /取消极坐标编程
N150 G00Z150.;
N160 M30;
```

(3) 加工外轮廓，采用坐标系旋转功能。

参考程序如下：

```
O5120;                              /外轮廓子程序
```

```
N10 G01X6.017Y-26.321;          /A 至 B
N20 G02X-6.017Y-26.321R27.;     /B 至 C
N30 G01X-23.887Y-22.236;        /C 至 D
N40 G02X-31.211Y-9.532R10.;     /D 至 E
N50 M99;                        /子程序结束,返回主程序
```

```
O5123;                          /外轮廓加工主程序
N10 G40G90G49G15G69;
N20 G54;
N30 G00X50.Y20.M03S600;         /定位到工件外下刀点
N40 G43Z-6.H01;                 /下刀到加工深度
N50 G01G41X35.5Y0D01;           /建立半径补偿,定位到全圆粗铣加工起点
N60 G02I-35.5F100;              /G02 全圆粗铣外轮廓
N70 G01Y-20.S800;               /移到 A 点延长线外的加工起点
N80X23.887Y-22.236F80;          /到 A 点(半径补偿进行中),A 为子程序路线的起点
N90 M98P5120;                   /第一次调用 5120 子程序
N100 G68X0Y0R240.;              /坐标系旋转 240°
N110 M98P5120;                  /第二次调用 5120 子程序加工第二段外形
N120 G68X0Y0R120.;              /坐标系旋转 120°
N130 M98P5120;                  /第三次调用 5120 子程序加工第三段外形
N140 G01Z10.;
N150 G40G49G69;                 /取消坐标系旋转
N160 M05;
N170 M30;
```

习　题　3

3.1　试述电源的接通与断开、机床手动返回参考点的操作步骤?

3.2　选择数控铣刀应注意哪些问题? 铣削平面类零件和铣削曲面类零件在刀具选择上有何不同?

3.3　什么是刀具长度补偿? 在什么情况下应考虑使用刀具长度补偿功能? 如何建立和取消刀具长度补偿?

3.4　固定循环加工指令主要用来完成哪些加工要求? 一个固定循环加工指令通常包括哪些基本的循环动作? 如何确定固定循环加工指令的执行位置?

3.5　数控铣床的操作包括哪些基本内容? 简述操作方法。如何解释显示的刀具轨迹与工件轮廓的不一致性?

3.6　在机床操作中,如何避免"超程"错误? 如果不慎进行了"超程"误操作,应怎样

纠正"超程"错误？

3.7 用 FANUC 0 – MD 系统编制图 3.41 和习题图 3.42 所示的零件。

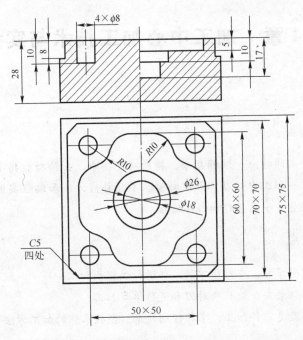

图 3.41

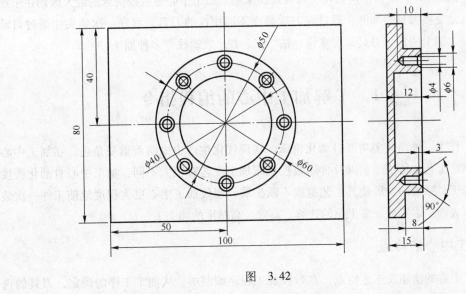

图 3.42

第4章 加工中心加工技术与实训

本章主要内容

主要讲述了加工中心的特点、编程指令、辅助功能指令、主轴功能指令、刀具功能、主程序、子程序和基本操作；加工中心刀具长度补偿、半径补偿方法和编程实例；加工中心机床操作面板的功能、基本操作，手动操作和程序输入。

本章学习重点

(1) 通过编程实例的学习，会对简单的工件进行编程和加工；

(2) 通过刀具和工件装夹，能正确对刀和进行单步加工；

(3) 通过轮廓、型腔类零件加工，掌握镗削轮廓、型腔零件的加工方法。

加工中心简称 MC，最初是从数控铣床发展而来的。加工中心与数控铣床的最大区别在于加工中心具有自动交换刀具的功能，通过在刀库装夹不同用途的刀具，可在一次装夹中通过自动换刀装置改变主轴上的加工刀具，实现铣、钻、扩、铰、攻螺纹等多种加工。

4.1 了解加工中心的编程指令

加工中心作为一种高效多功能自动化机床，在现代化生产中扮演着重要角色。在加工中心上，零件的制造工艺与传统工艺以及普通数控机床加工工艺有很大不同，加工中心自动化程度的不断提高和工具系统的发展使其工艺范围不断扩展，现代加工中心更大程度地使工件一次装夹后，实现多表面、多特征、多工位的连续、高效、高精度的加工。

4.1.1 加工中心的特点

根据加工中心的功能及工艺特点，在数控加工程序编制中，从加工工序的确定，刀具的选择，加工路线的安排，到数控加工程序的编制，都比其他数控机床要复杂一些。加工中心编程应注意以下几点

(1) 进行仔细的工艺分析，选择合理的走刀路线，减少空走刀行程，周密地安排各工序加工的顺序，提高加工精度和生产率。

(2) 自动换刀要留出足够的换刀空间，因为有些刀具直径较大或尺寸较长，换刀时要避免发生碰撞。

（3）为了提高机床利用率，尽量采用刀具机外预调，并将测量尺寸填写在刀具卡片中，以便于操作者在运行操作前及时修改刀具补偿参数。

（4）为便于检查和调试程序，可将各工序内容分别安排到不同的子程序中，而主程序主要完成换刀和子程序调用。

4.1.2　加工中心的编程指令

数控机床加工中的动作在加工程序中用指令的方式事先规定，这些指令有准备功能 G 指令、辅助功能 M 指令、刀具功能 T 指令、主轴功能 S 指令和进给功能 F 指令等，国际上广泛应用 ISO（国际标准组织）制定的 G 代码和 M 代码标准。本章以 FANUC Oi-M 型数控系统为例介绍加工中心的编程指令。

1. G 代码命令

准备功能 G 指令用地址字 G 和两位数值来表示，共有 G00～G99，表4.1 为 G 指令功能表。其中 00 组的 G 指令称为非模态式 G 指令，其只限定在被指定的程序段中有效，其余组的 G 指令属于模态式 G 指令。

表 4.1　G　指　令

G 指令	组别	解释	G 指令	组别	解释
G00		定位（快速移动）	G57		工件坐标系 4 选择
G01	01	直线切削	G58	14	工件坐标系 5 选择
G02		顺时针切圆弧	G59		工件坐标系 6 选择
G03		逆时针切圆弧	G73		高速深孔钻削循环
G04	00	暂停	G74		左螺旋切削循环
G17		XY 面赋值	G76		精镗孔循环
G18	02	XZ 面赋值	*G80		取消固定循环
G19		YZ 面赋值	G81		中心钻循环
G28		机床返回原点	G82		反镗孔循环
G30	00	机床返回第 2 和第 3 原点	G83	09	深孔钻削循环
*G40		取消刀具直径偏移	G84		右螺旋切削循环
G41	07	刀具直径左偏移	G85		镗孔循环
G42		刀具直径右偏移	G86		镗孔循环
*G43		刀具长度 + 方向偏移	G87		反向镗孔循环
*G44	08	刀具长度 − 方向偏移	G88		镗孔循环
G49		取消刀具长度偏移	G89		镗孔循环
*G53		机床坐标系选择	*G90	03	使用绝对值命令
G54		工件坐标系 1 选择	G91		使用增量值命令
G55	14	工件坐标系 2 选择	G92	00	设置工件坐标系
G56		工件坐标系 3 选择	*G98	10	固定循环返回起始点
			*G99		返回固定循环 R 点

1）绝对和增量指令 G90、G91

绝对值尺寸指令 G90 表示程序段中的尺寸字为绝对坐标值，即机床运动位置的坐标值是以工件坐标系坐标原点（程序零点）为基准来计算的。增量指令 G91 表示程序段中的尺寸字为增量坐标值，即机床运动位置的坐标值是以前一位置为基准计算的，也就是相对于前一位置的增量，其正负可根据移动方向来判断，沿坐标轴正方向为正，沿坐标轴负方向移动为负。如图 4.1 所示，刀具由 A 点直线插补到 B 点。

绝对尺寸编程时程序段如下：

G90G01X30.0Y60.0F100;

增量尺寸编程时程序段如下：

G91G01X-40.0Y30.0F100;

2）工件坐标系设定指令 G92

当用绝对尺寸编程时，必须先建立一坐标系，用来确定绝对坐标原点（又称编程原点或程序原点），或者说要确定刀具起始点在坐标系中的坐标值，这个坐标系就是工件坐标系。

程序格式如下：

G92X-Y-Z-;

式中 X、Y、Z 是指起刀点相对于程序原点的位置。执行指令 G92 时，机床不动作，即 X、Y、Z 轴均不移动，但显示器上的坐标值发生了变化。以图 4.2 为例，在加工工件前，用手动或自动的方式，令机床回到机床零点。此时，刀具中心对准机床零点，如图 4.2（a）所示，显示器显示各轴坐标均为 0。当机床执行 G92X—10Y—10 后，就建立了工件坐标系，如图 4.2（b）所示，刀具中心（或机床零点）应在工件坐标系的 X—10Y—10 处，图中虚线代表的坐标系即为工件坐标系。O_1 为工件坐标系的原点，显示器显示的坐标值为 X—10.000Y—10.000，但刀具相对于机床的位置没有改变。在运行后面的程序时，凡是绝对尺寸指令中的坐标值均为点在 X101Y：这个坐标系中的坐标值。

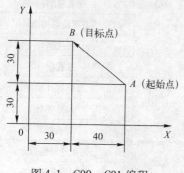

图 4.1　G90、G91 编程

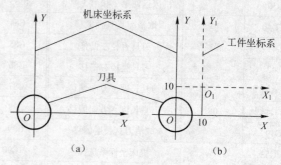

图 4.2　建立工件坐标系

3）坐标平面选择指令 G17 ～ G19

坐标平面选择指令是用来选择圆弧插补平面和刀具补偿平面的。右手直角坐标系的三个互相垂直的轴 X、Y、Z 分别组合后，构成三个平面，即 XY 平面、XZ 平面和 YZ 平面。G17 表示在

XY 平面内加工；G18 表示在 *XZ* 平面内加工；G19 表示在 *YZ* 平面内加工，如图 4.3 所示。

4）快速点定位指令 G00

（1）程序格式如下：

```
G00X __ Y __ Z __;
```

式中的 X、Y、Z 表示目标位置的的坐标值。这个命令把刀具从当前位置移动到命令指定的位置（在绝对坐标方式下），或者移动到某个距离处（在增量坐标方式下）。G00 的具体速度用参数来控制，由机床生产产家来设定，一般不作改变。

（2）工作原理。机床的三个坐标轴是这样执行 G00 指令的：从程序执行开始，加速到指定的速度，然后以此速度快速移动，最后减速到达终点。假定指定三个坐标的方向都有位移量，那么三个坐标的伺服电动机同时按设定的速度驱动工作台移动，当某一个轴的方向完成了位移，该轴方向的电动机停止，余下的两轴继续移动，当有一轴完成后，只剩下最后一个轴向移动，直至达到指令点。这种单向进给方法，能提高定位精度。由此可见，G00 指令的运动轨迹一般不是一条直线，而是三条或两条直线的组合，必须注意这一点，否则容易发生碰撞。

（3）实例：

```
N10G00X100Y100Z65;
```

5）直线插补指令 G01

（1）程序格式如下：

```
G01X __ Y __ Z __ F __;
```

G01 指令是将刀具按指定速度进给的直线运动，可使机床沿 *X*、*Y*、*Z* 方向执行单轴运动，或在坐标平面内执行任意斜率的直线运动，也可使机床三轴联动，沿指定的空间直线运动。移动的速度按 F 代码指定的值移动，对于省略的坐标轴指令，不执行移动操作。

（2）说明：G01 是模态指令，F 在系统中也是模态指令，G01 程序段中须含有 F 指令，如无 F 指令，则认为进给速度为零。

（3）实例：如图 4.4 所示，刀具从 *A* 点移动到 *B* 点，编程如下。

绝对坐标编程：G90G01X90Y80F100;

相对坐标编程：G91G01X60Y40F100;

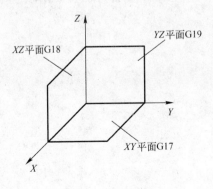

图 4.3 平面设定

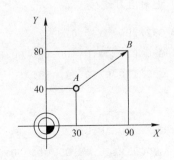

图 4.4 G01 实例

6）圆弧插补指令 G02/G03

G02 表示按指定速度进给的顺时针圆弧插补指令，G03 表示按指定速度进给的逆时针圆弧插补指令。

顺圆、逆圆的判别方法如下：沿着不在圆弧平面内的坐标轴由正方向向负方向看去，顺时针方向为 G02，逆时针方向为 G03，如图 4.5 所示。

程序格式：

在 *XY* 平面内的圆弧插补为

    G17(G02/G03)X__Y__(I__J__/R__)F__;

在 *XZ* 平面内的圆弧插补为

    G18(G02/G03)X__Z__(I__K__/R__)F__;

在 *YZ* 面内的圆弧插补为

    G19(G02/G03)Y__Z__(J__K__/R__)F__;

式中 X、Y、Z 为圆弧终点坐标值，可以用绝对值，也可以用增量值，由 G90 或 G91 决定。在增量方式下，圆弧终点坐标是相对于圆弧起点的增量值。I、J、K 表示圆弧圆心的坐标，它是圆心相对于圆弧起点在 X、Y、Z 轴方向上的增量值，也可以看作圆心相对于圆弧起点为原点的坐标值，R 是圆弧半径，当圆弧所对应的圆心角为 0°～180°时，R 取正值；当圆心角为 180°～360°时，R 取负值。封闭圆（整圆）只能用 I、J、K 来编程。

G02、G023 实例如图 4.6 所示，其轨迹分别用绝对值方式和增量值方式编程。

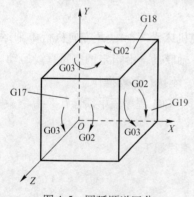

图 4.5　圆弧顺逆区分

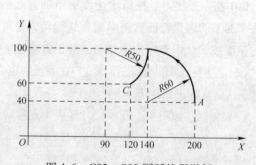

图 4.6　G02、G03 圆弧编程举例

（1）绝对值方式：

    G92X200.0Y40.0Z0;
    G90G03X140.0Y100.0I-60.0F300.0;
    G02X120.0Y60.0I-50.0;

或

    G92X200.0Y40.0Z0;
    G90G03X140.0Y100.0R60.0F300.0;
    G02X120.0Y60.0R50.0;

（2）增量值方式：

```
G91G03X-60.0Y60.0I-60.0F300.0;
G02X-20.0Y-40.0I-50.0;
```

或

```
G91G03X-60.0Y60.0R60.0F300.0;
G02X-20.0Y-40.0R50.0;
```

圆弧插补的进给速度用 F 指定，为刀具沿着圆弧切线方向的速度。

图 4.7 为一封闭圆，现设起刀点在坐标原点 O 点，加工时从 O 快速移动至 A 点，逆时针加工整圆。

绝对值方式：

```
G92X0Y0Z0;
G90G00X30.0Y0;
G03X30.0Y0I-30.0J0F100;
G00X0Y0;
```

增量值方式：

```
G91G00X30.0Y0;
G03X0Y0I-30.0J0F100;
G00X-30.0;
```

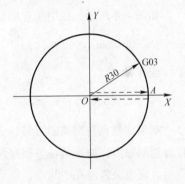

图 4.7 整圆编程

7）暂停指令 G04

利用暂停指令，可以推迟下一个程序段的执行，推迟时间为指令的时间，其格式如下：

```
G04P__;
```

或

```
G04X__;
```

以 s 为单位指令暂停时间，指令范围为 0.001 ～ 99999.999 s，如果省略了 P、X 指令则可看作是准确停。

8）自动原点返回指令（G28、G30）

（1）格式。

第 1 原点返回：

```
G28G90(G91)X__Y__Z__;
```

第 2 ～ 4 原点返回：

```
G30G90(G91)P2(P3、P4)X__Y__Z__;
```

P2、P3、P4 是选择第 2 ～ 4 原点返回（如果被省略，系统自动选择第 2 原点返回），由 X、Y 和 Z 设定的位置叫做中间点。机床先移动到这个点，而后回归原点。省略了中间点的轴不移

动；只有在命令里指定了中间点的轴执行其原点返回命令。在执行原点返回命令时，每一个
轴是独立执行的，这就像快速移动命令（G00）一样；
通常刀具路径不是直线。因此，要求对每一个轴设置
中间点，以免机床在原点返回时与工件碰撞等意外
发生。

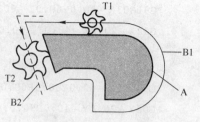

图 4.8　G28、G30 编程
T1—刀具；T2—刀具

（2）实例：如图 4.8 所示，G28、G30 编程如下。

    G28(G30)G90X150.Y200.;

或

    G28(G30)G91X100.Y150.;

如图 4.8 所示，往中间点的移动和快速移动命令 G00 一样。

    G00G90X150.Y200.;

或

    G00G91X100.Y150.;

如果中间点与当前的刀具位置一致（如发出的命令是 G28G91X0Y0Z0;），机床就从其当前
位置返回原点；如果是在单程序段方式下运行，机床就会停在中间点；当中间点与当前位置一
致时，它也会暂停在中间点，即当前位置。

9）刀具半径补偿指令 G40、G41、G42

（1）刀具半径补偿机能。刀具在半径上进行偏移的机能，可以使刀具在偏移的轨迹上运动。
该补偿指令可以用自动运转或 MDI 运转的 G 机能来指定，偏移量（刀具半径值）与 D 代码号相
对应，用手动输入数据事先存入存储器中，其偏移值的个数最多可有 32 个。

用 D 代码指定与偏移量对应的偏移号，D 代码是模态的，与偏移有关的 G 机能如下表 4.2
所示。

如果指定 G41、G42 则称为补偿状态方式，如果指定 G40，则称为取消补偿方式，电源刚接
通后，是取消状态。

如表 4.2 所示，G41、G42 是 07 组的 G 代码，可以与 G00、G01、G02、G03 混合使用，两
者共同规定一种刀具运动方式，程序的最后，必须以取消补偿状态（G40）结束。

（2）补偿量（D 代码）。偏移量最多可以设定 32 个，偏移量事先从 MDI 方式设定，它与程
序上被指定 D 代码后面 2 位数值相对应，偏移号为 00 也就是说对应于 H00 的偏移量为 0，H00
里不能设定偏移量。可以设定的偏移量值的范围如表 4.3 所示。

表 4.2　G 代码组

G 代码	组	机　能
G40	07	取消刀具半径补偿
G41	07	刀具半径左补偿
G42	07	刀具半径右补偿

表 4.3　偏移量值的范围

单位	毫米输入	英寸输入
偏移量	0～±999.999	0～±99.999 9

（3）补偿矢量。如图 4.9 所示，形状为 *A* 的工件，要用半径为 *R* 的刀具切削时，刀具中心轨迹是与 *A* 相距 *R* 的图形 B。像这种刀具偏离工件一定距离的情况，称为偏移，也就是说，B 是把图形 *A* 偏移了 *R* 之后的轨迹。

偏移矢量是大小等于指定的偏移量的二维矢量，存储在数控装置内部，随着刀具前进，它的方向时刻在改变，偏移矢量是为了使刀具的方向进行最合适的偏移，由数控装置内部计算出来的，它用来计算偏离一个刀具半径的偏移轨迹。

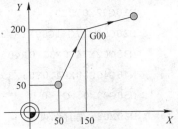

图 4.9　补偿矢量

（4）取消刀具半径补偿（G40）。在 G00、G01 状态，利用指令 G40X ＿ Y ＿，从起点的旧矢量向着终点进行直线运动。在 G00 方式下，各轴向终点进行快速运动，使用此指令，使系统从刀具补偿状态进入到取消刀具补偿状态。如果只是 G40，设指令 *X*、*Y* 时，刀具沿旧矢量的反方向运动到起点。

（5）刀具半径左补偿（G41）。G41 为刀具半径左补偿，是指沿着刀具运动方向向前看（假定工件不动），刀具位于零件左侧的刀具半径补偿，如图 4.10 所示。

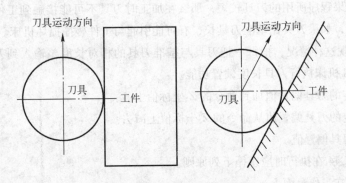

图 4.10　G41 刀具半径左补偿

（6）刀具半径右补偿（G42）。G42 与 G41 刚好相反，沿着刀具前进方向（假定工件不动），刀具在工件的右侧进行偏移，如图 4.11 所示。

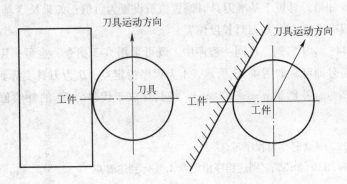

图 4.11　G42 刀具半径右补偿

（7）G41、G42 实例。如图 4.12 所示，AB 为轮廓曲线，若直径为 φ20 的铣刀从 O 点开始移动，加工程序如下：

```
N10G92X0Y0Z0;
N20G90G17G41G00X18.0Y24.0D06;/O→A
N30G02X74.0Y32.0R40.0F180;/A→B
N40G40G00X84.0Y0;/B→C
N50G00X0;/C→0
N60M02;/程序结束
```

10）刀具长度偏置指令 G43、G44、G49

（1）格式如下：

```
G43Z__H__;
G44Z__H__;
G49Z__;
```

首先用一把铣刀作为基准刀，并且利用工件坐标系的 Z 轴，把它定位在工件表面上，其位置设置为 Z0，如果程序所用的刀具较短，那么在加工时刀具不可能接触到工件，即使机床移动到位置 Z0；反之，如果刀具比基准刀具长，有可能引起与工件碰撞损坏机床。

为了防止出现这种情况，把每一把刀具与基准刀具的相对长度差输入到刀具偏置内存，并且在程序里让 NC 机床执行刀具长度偏置功能。

G43：把指定的刀具偏置值加到命令的 Z 坐标值上。

G44：把指定的刀具偏置值从命令的 Z 坐标值上减去。

G49：取消刀具偏置值。

（2）G43 和 G44 在执行时应遵循下列原则。

① 把工件放在工作台面上。

② 调整基准刀具轴线，使它接近工件表面。

③ 更换刀具，把该刀具的前端调整到工件表面上。

④ 此时 Z 轴在相对坐标系的坐标作为刀具偏置值输入内存。

通过该操作，如果刀具短于基准刀具时偏置值被设置为负值；如果长于基准刀具则为正值，因此，在编程时仅有 G43 命令是刀具长度偏置。

（3）G43、G44、G49 实例。在同一程序中，既可采用 G43 指令，也可采用 G44 指令，只需改变补偿量的正负号即可，如图 4.13 所示，A 为程序指定点，B 为刀具实际到达点，O 为刀具起点，采用 G43 指令，补偿量 a = −200 mm，将其存放于代号为 05 的补偿值寄存器中，则程序为：

```
G92X0Y0Z0;/设定 O 为程序零点
G90G00G43Z30.0H05;/到达程序指定点 A,实际到达 B 点
```

这样，实际值（B 点坐标值）为 −170，等于程序指令值（A 点坐标值）30 加上补偿量 −200。

如果采用 G44 指令，则补偿量 a = 200 mm，那么程序如下：

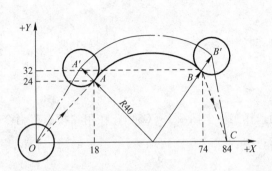

图 4.12　G41、G42 实例

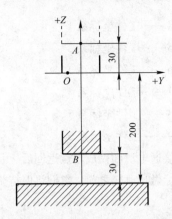

图 4.13　G43、G44、G49 实例

```
G92X0Y0Z0;
G90G00G44Z30.0H05;
```

同样，实际值（B 点坐标值）为 –170，等于程序指令值（A 点坐标值）30 减去补偿量200。如果采用增量值编程，则程序如下：

```
G91G00G43Z30.0H05;/将 –200.0 存入 H05 中
```

或

```
G91G00G44Z30.0H05;/将 200.0 存入 H05 中
```

11）选择机床坐标系（G53）

（1）格式如下：

```
(G90)G53X__Y__Z__;
```

（2）功能。刀具根据 G53 命令执行快速移动到机床坐标系里的 X—Y—Z—位置。由于 G53 是"一般" G 代码命令，仅仅在当前程序段中有 G53 命令的地方有效，此外，它在绝对命令（G90）里有效，在增量命令（G91）里无效，为了把刀具移动到机床固有的位置，如换刀位置，程序应当用 G53 命令在机床坐标系里开发。

（3）注意的问题。

① 刀具直径偏置、刀具长度偏置和刀具位置偏置应当在 G53 指令指定之前提前取消，否则，机床将依照指定的偏置值移动。

② 在执行 G53 指令之前，必须手动或者用 G28 命令使机床返回原点，这是因为机床坐标系必须在 G53 指令执行之前设定。

12）G54 ～ G59 工件坐标系选择（G54 ～ G59）

（1）格式如下：

```
G54X__Y__Z__;
```

（2）功能。如图 4.14 所示，通过使用 G54 ～ G59 命令，将机床坐标系的一个任意点（工件原点偏移值）设置工件坐标系（1 ～ 6），该参数与 G 代码要相对应如下：

G54——工件坐标系 1。

G55——工件坐标系 2。

G56——工件坐标系 3。

G57——工件坐标系 4。

G58——工件坐标系 5。

G59——工件坐标系 6。

在接通电源和完成原点返回后，系统自动选择工件坐标系 1（G54），在用"模态"命令对这些坐标做出改变之前，它们将保持其有效性。

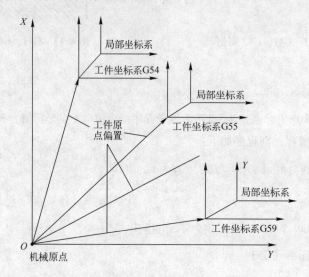

图 4.14　工件坐标系

2. 固定循环指令 G73、G74、G76、G80～G89

固定循环通常是用含有 G 功能的一个程序段，完成用多个程序段指令完成的加工动作，使程序得以简化，固定循环如表 4.4 所示。

表 4.4　固定循环

G 代码	开孔动作（－Z 方向）	孔底动作	退刀动作（＋Z 方向）	用途
G73	间歇进给		快速进给	高速深孔加工循环
G74	切削进给	暂停主轴正转	切削进给	反攻丝循环
G76	切削进给	主轴准停	快速进给	精镗
G80				取消
G81	切削进给		快速进给	钻，点钻
G82	切削进给	暂停	快速进给	钻，镗阶梯孔
G83	间歇进给		快速进给	深孔加工循环
G84	切削进给	暂停主轴反转	切削进给	攻丝
G85	切削进给		切削进给	镗
G86	切削进给	主轴停	快速进给	镗
G87	切削进给	主轴正转	快速进给	反镗
G88	切削进给	暂停主轴停	手动	镗
G89	切削进给	暂停	切削进给	镗

1）固定循环基本动作

一般固定循环如图4.15所示的6个动作顺序组成的。

动作1——X、Y定位。

动作2——快速进给到R点。

动作3——孔加工。

动作4——孔底的动作。

动作5——退回到R点。

动作6——快速进给到初始。

2）固定循环动作方式

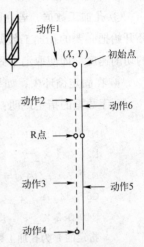

图4.15 固定循环动作图

在XY平面定位，在Z轴方向进行孔加工，不能在其他轴方向进行孔加工，与指定平面的G代码无关，规定一个固定循环动作由如下3种方式决定，它们分别由G代码指定。

（1）数据形式：G90绝对值方式；G91增量值方式。

（2）返回点平面：G98初始点平面；G99R点平面。

（3）孔加工方式：G73、G74、G76、G80～G89。

3）固定循环的程序段

初始点平面是表示从取消固定循环状态到开始固定循环状态的孔加工轴方向的绝对位置。

（1）G90、G91分别对应不同的数据。

（2）在返回动作中，根据G98和G99的不同，可以使刀具返回到初始点平面或R点平面。通常，最初的孔加工用G99，最后的加工用G98。用G99状态加工孔时，初始平面不变化。

（3）G73、G74、G76、G81～G89指定了固定循环的全部数据（孔位置数据、孔加工数据、重复次数），使之构成一个程序段，指定固定循环的数据如表4.5所示。

G××X＿Y＿Z＿R＿Q＿P＿F＿；

表4.5 固定循环的数据

指定内容	地 址	说 明
孔加工方式	G	见表4.4
孔位置数据	X, Y	用绝对值或增量值指定孔的位置，控制与G00定位时相同
	Z	用增量值指定从R点到孔底的距离，或者用绝对值指令孔底的坐标值，进给速度在动作中是用F指定的速度，在动作中根据孔加工方式不同，可以是快速进给或用F代码指令的速度
孔加工数据	R	用增量值指定从初始点平面到R点距离，或者用绝对值指定R点的坐标值，进给速度在动作中都是快速进给
	Q	指定G73、G83中每次切入量或G76、G87中平移量（增量值）
	P	指定在孔底的暂停时间，时间与指定数值关系与G04指定相同
	F	指定切削进给速度

（4）说明：

① 如果指令了孔加工方式，一直到指定取消固定循环的G代码之前一直保持有效，所以连

续进行同样的孔加工时，不需要每个程序都指定。

② 取消固定循环的 G 代码是 G80 代码。

③ 孔加工数据，若在固定循环中被指定，便一直保持到取消固定循环为止，因此在固定循环开始把必要的孔加工数据全部指定出来，在其后的固定循环中只需指定变更的数据。F 指令的切削速度，即使取消了固定循环也将被保持下来。

④ 在固定循环中，如果复位，则孔加工数据、孔位置数据均被消除，具体见下面实例。

顺序数据的指定说明：

N10 G00 X __M3；

N20 G81 X __Y __Z __R __F __；/因为是开始,对 Z、R、F 要指定需要的值.

N30 Y __；/因为与上句中的孔加工方式及孔加工数据相同,可以省略.

G81 Z __R __F __,孔的位置移动 Y,用 G81 加工孔进刀一次.

N40 G82 X __P __；/相对的位置只在 X 轴方向移动,用 G82 加工孔,并用以上已指定的 Z、R、F 和指定的 P 为孔加工数据进行孔加工.

N50 G80 X __Y __M5；/不进行孔加工,取消全部孔加工数据(F 除外).

N60 G85X __Z __R __P __；/可以因为在上句中取消了全部数据,所以 Z、R 需要再次指定,可以省略 F 指令,P 在此程序段中不需要,只是保存起来.

N70 X __Z __；/Z 方向进行孔加工,并且孔位置只在 X 轴方向有移动.

N80 G89X __Y __；/把指定的 Z、R、P 和 F 作为加工数据,进行 G89 方式的孔加工.

N90 G01X __Y __,消除孔加工方式和孔加工数据(F 除外).

4）高速啄式深孔钻循环 G73

高速啄式深孔钻循环 G73，执行过程如图 4.16 所示。

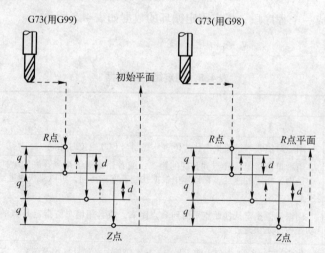

图 4.16　高速啄式深孔钻循环，G73

（1）格式如下：

G73X __Y __Z __R __Q __P __F __K __；

X、Y:孔位数据.

Z __ :从 R 点到孔底的距离.

R __ :从初始位置到 R 点的距离.

Q __ :每次切削进给的背吃刀量.

P __ :暂停时间.

F __ :切削进给速度.

K __ :重复次数.

（2）功能：进给到孔底，快速退刀。

5）攻左牙循环 G74

改左牙循环 G74 执行过程如图 4.17 所示。

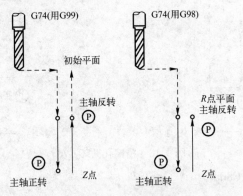

图 4.17　攻左牙循环 G74

（1）格式如下：

G74X __ Y __ Z __ R __ Q __ P __ F __ K __ ;

X __ Y:孔位数据.

Z __ :从 R 点到孔底的距离.

R __ :从初始位置到 R 点的距离.

Q __ :每次切削进给的背吃刀量.

P __ :暂停时间.

F __ :切削进给速度.

K __ :重复次数.

（2）功能：进给孔底主轴暂停正转，快速退刀。

6）精镗孔循环 G76

精镗孔循环 G76，执行过程如图 4.18 所示。

（1）格式如下：

G76X __ Y __ Z __ R __ Q __ P __ F __ K __ ;

X __ Y:孔位数据.

Z __ :从 R 点到孔底的距离.

R __ :从初始位置到 R 点的距离.

Q __ :每次切削进给的背吃刀量.

P __ :暂停时间.

　F　__：切削进给速度.

　K　__：重复次数.

（2）功能：进给孔底主轴定位停止，快速退刀。

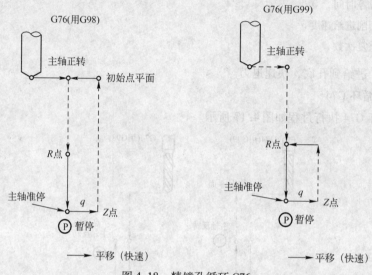

图4.18　精镗孔循环 G76

7）取消固定循环进程 G80

（1）格式如下：

　G80；

（2）功能：取消固定循环方式，机床回到执行正常操作状态。孔的加工数据，包括 R 点，Z 点等，都被取消，但是移动速率命令会继续有效。

要取消固定循环方式，用户除了发出 G80 命令之外，还可以用 G 代码 01 组（G00、G01、G02、G03）中的任意一个命令。

8）定点钻孔循环 G81

定点钻孔循环 G81，执行过程如图 4.19 所示。

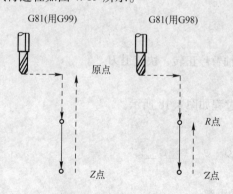

图4.19　定点钻孔循环 G81

（1）格式如下：

　G81X　__Y　__Z　__R　__F　__K　__；

X __ Y:孔位数据.

Z __ :从 R 点到孔底的距离.

R __ :从初始位置到 R 点的距离.

F __ :切削进给速度.

K __ :重复次数.

（2）功能：可用于一般的孔加工。

9）钻孔循环 G82

钻孔循环 G82，执行过程如图 4.20 所示。

（1）格式如下：

G82X __ Y __ Z __ R __ P __ F __ K __ ;

（2）说明：

X __ Y:孔位数据.

Z:从 R 点到孔底的距离.

R:从初始位置到 R 点的距离.

P:在孔底的暂停时间.

F __ :切削进给速度.

K __ :重复次数.

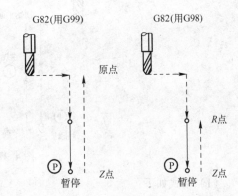

图 4.20　钻孔循环 G82

10）排屑钻空循环 G83

排屑钻空循环 G83 执行过程如图 4.21 所示。

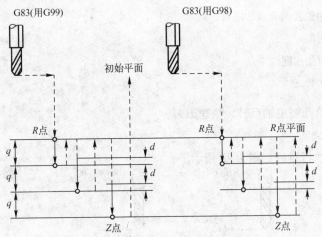

图 4.21　排屑钻空循环 G83

（1）格式如下：

G83X __ Y __ Z __ R __ Q __ F __ K __ ;

X __ Y:孔位数据.

Z __ :从 R 点到孔底的距离.

R __ :从初始位置到 R 点的距离.

Q＿：每次切削进给的背吃刀量．

F＿：切削进给速度．

K＿：重复次数．

（2）功能：中间进给孔底，快速退刀。

11）攻牙循环 G84

攻牙循环 G84 执行过程如图 4.22 所示。

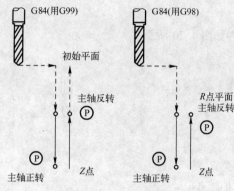

图 4.22　攻牙循环 G84

（1）格式如下：

G84X＿Y＿Z＿R＿P＿F＿K＿；

X＿Y:孔位数据．

Z＿:从 R 点到孔底的距离．

R＿:从初始位置到 R 点的距离．

P＿:暂停时间

F＿:切削进给速度．

K＿:重复次数．

（2）功能：进给孔底主轴反转，快速退刀。

12）镗孔循环 G85

镗孔循环 G85 执行过程如图 4.23 所示。

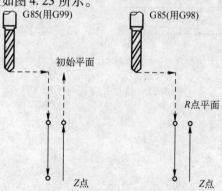

图 4.23　镗孔循环 G85

（1）格式如下：

G85X __ Y __ Z __ R __ F __ K __ ;

X __ Y:孔位数据.

Z __ :从 R 点到孔底的距离.

R __ :从初始位置到 R 点的距离.

F __ :切削进给速度.

K __ :重复次数.

（2）功能：中间进给孔底，快速退刀。

13）定点钻孔循环 G86

定点钻孔循环 G86 执行过程如图 4.24 所示。

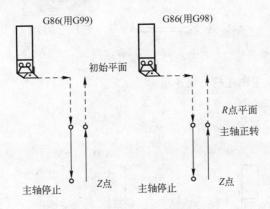

图 4.24 定点钻孔循环 G86

（1）格式如下：

G86X __ Y __ Z __ R __ F __ L __ ;

X、Y:孔位数据.

Z __ :从 R 点到孔底的距离.

R __ :从初始位置到 R 点的距离.

F __ :切削进给速度.

K __ :重复次数.

（2）功能：进给孔底主轴停止，快速退刀。

14）反镗孔循环 G87

反镗孔循环执行过程如图 4.25 所示。

（1）格式如下：

G87X __ Y __ Z __ R __ Q __ P __ F __ L __ ;

X __ 、Y __ :孔位数据.

Z __ 从 R 点到孔底的距离.

R __ :从初始位置到 R 点的距离.

Q __ :刀具偏移量.

P __ :暂停时间.

F __ :切削进给速度.

K __ :重复次数.

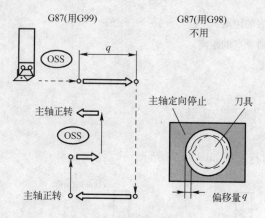

图 4.25　反镗孔循环 G87

（2）功能：进给孔底主轴正转，快速退刀。

15）定点钻孔循环 G88

定点钻孔循环 G88 执行过程如图 4.26 所示。

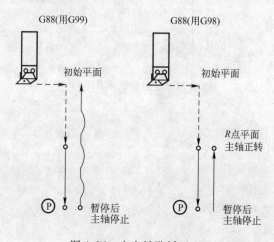

图 4.26　定点钻孔循环 G88

（1）格式如下：

G88X __ Y __ Z __ R __ P __ F __ L __ ;

X __ Y:孔位数据.

Z __ :从 R 点到孔底的距离.

R __ :从初始位置到 R 点的距离.

P __ :孔底的暂停时间.

F __ :切削进给速度.

K __ :重复次数.

（2）功能：进给孔底暂停，主轴停止，快速退刀。

16）镗孔循环 G89

镗孔循环 G89 执行过程如图 4.27 所示。

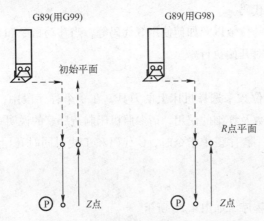

图 4.27　镗孔循环 G89

（1）格式如下：

```
G89X __ Y __ Z __ R __ P __ F __ L __ ;
```

X __ 、Y __ :孔位数据.

Z __ :从 R 点到孔底的距离.

R __ :从初始位置到 R 点的距离.

P __ :孔底的停刀时间.

F __ :切削进给速度.

K __ :重复次数.

（2）功能：进给孔底暂停，快速退刀。

3. 辅助功能

辅助功能（M 功能）包括各种支持机床操作的功能，像主轴的启停、程序停止和切削液节门开关等。如果在地址 M 后面指令了两位数值，那么系统就把对应的信号送给机床，用来控制机床的开和关，M 代码在一个程序段中只允许一个有效，具体的 M 代码功能如表 4.6 所示。

表 4.6　M 代码功能

M 代码	说　明	M 代码	说　明
M00	程序停	M28	刀座返回原点
M01	选择停止	M30	程序结束（复位）并回到开始位置
M02	程序结束（复位）	M48	主轴过载取消不起作用
M03	主轴正转（CW）	M49	主轴过载取消起作用
M04	主轴反转（CCW）	M60	APC 循环开始
M05	主轴停	M80	分度台正转（CW）
M06	换刀	M81	分度台反转（CCW）
M08	切削液开	M98	子程序调用
M09	切削液关	M99	子程序结束
M16	刀具入刀座		

4. 主轴功能

通过地址 S 和其后面的数值，把代码信号译码后送给机床，用于机床的主轴控制。在一个程序段中可以指令一个 S 代码。

关于可以指令 S 代码的位数以及如何使用 S 代码等，当移动指令和 S 代码在同一程序段时，移动指令和 S 功能指令同时开始执行。

5. 刀具功能

用地址 T 及其后面两位数来选择机床上的刀具，在一个程序段中，可以指令一个 T 代码。关于机床所能选择的刀柄数及详细的使用，请参照机床制造厂家的说明书。

G 代码和 T 代码在同一程序段中指令时，G 代码和 T 代码同时开始执行，系统可提供的刀具数由系统参数来修改。

6. 主程序和子程序

程序分为主程序和子程序，如图 4.28 所示。

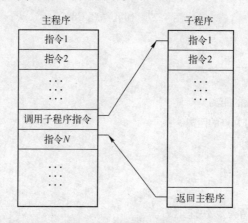

图 4.28　主程序和子程序

1）主程序

通常 CNC 是按主程序的指示执行的，如果主程序上遇到调用子程序的指令，则 CNC 按子程序执行，在子程序中遇到返回主程序的指令时，CNC 便返回主程序继续执行。

在 CNC 存储器内，主程序和子程序合计可存储 63 个程序（标准机能），选择其中一个主程序后，便可按其指示控制 CNC 机床工作。

2）子程序

在程序中存在某一固定顺序且重复出现时，便可把它们作为子程序事先存到存储器中，这样可以使程序变得非常易读，子程序可以在自动方式下调出，如图 4.29 所示，并且被调出的子程序还可以调用另外的子程序，从主程序中被调出的子程序称为一重子程序，共可调用二重子程序。

但当具有宏程序选择功能时，可以调用 4 重子程序，可以用一条调用子程序指令连续重复调用同一子程序，最多可重复调用 999 次。

（1）编写子程序：按图 4.30 所示的格式编写一个子程序。

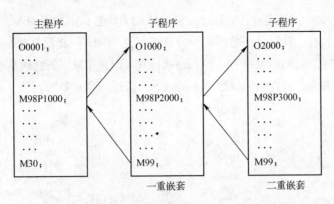

图 4.29　子程序的嵌套

在子程序的开头，在地址 O 后写上子程序号，在子程序最后是 M99 指令。

（2）子程序的执行：子程序由主程序或子程序调用指令调出执行。调用子程序的指令格式如图 4.31 所示。

图 4.30　子程序的格式

图 4.31　子程序的执行

如果省略了重复次数，则认为重复次数为 1 次。

```
M98 P51002;
```

表示号码为 1002 的子程序连续调用 5 次。

（3）从主程序调用子程序执行的顺序：在子程序中调用子程序与在主程序中调用子程序的情况一样，当检索不到用地址 P 指定的子程序号时，会产生报警，如图 4.32 所示。

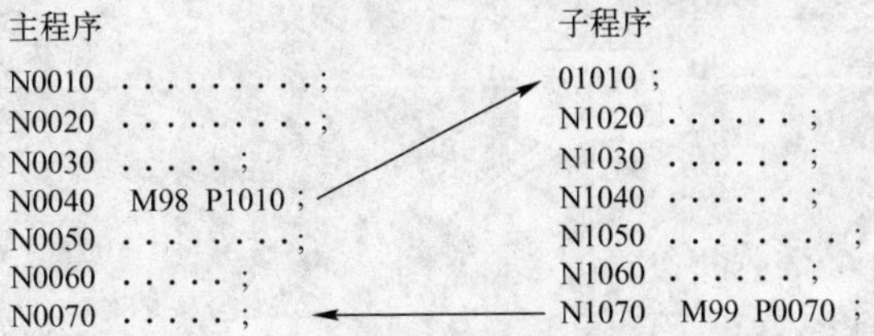

图 4.32　调用子程序的顺序

（4）特殊使用方法：

① 如果用 P 指定顺序号，当子程序结束时，不返回到调用此子程序的程序段的下一个程序段，而是返回到用 P 指定的顺序号的程序段，但是主程序在非存储器运转方式工作时，P 不起作用，这种方法返回到主程序与一般方法相比要用较多的时间，如图 4.33 所示。

② 在主程序中，如果执行 M99，则返回到主程序的开头继续重复执行。如图 4.34 所示，在

主程序中有程序段/M99，若跳过任选程序段开关是 OFF 状态，则执行 M99，返回到主程序的开头，并从开头重复执行。在跳过任选程序段为 OFF 状态期间，一直反复执行；当跳过任选程序段开关为 ON 状态时，则跳过/M99 程序段，而执行其下一个程序段。若此时是/M99 Pn 程序段时，则不返回到程序的开头，而返回到顺序号 n 的地方，但返回到 n 处时间较长。

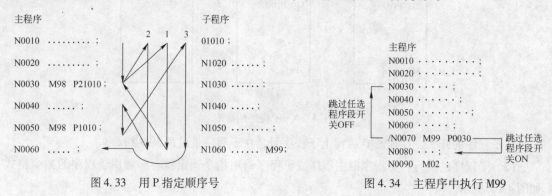

图 4.33　用 P 指定顺序号　　　　　　　　　　　　　图 4.34　主程序中执行 M99

4.2　加工中心的基本操作

加工中心的控制面板如图 4.35 所示，工件的加工程序编制完成之后，就可操作机床对工件进行加工，下面介绍加工中心的一些操作方法。

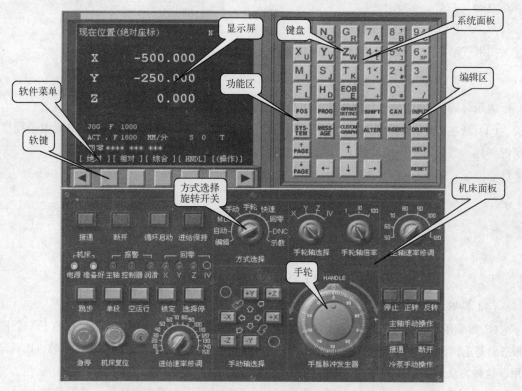

图 4.35　加工中心控制面板

4.2.1　加工中心的基本操作

1. 电源的接通与断开

1）电源的接通

（1）在机床电源接通之前，检查电源的柜内空气开关是否全部接通，将电源柜门关好后，方能打开机床主电源开关。

（2）在操作面板上按"POWER ON"键，接通数控系统的电源。

（3）当 CRT 屏幕上显示 X、Y、Z 的坐标位置时，即可开始工作。

2）电源的断开

（1）自动工作循环结束，自动循环开关的指示灯熄灭。

（2）机床运动部件停止运动。

（3）在操作面板上按"POWER OFF"键，断开数控系统的电源。

（4）最后切断电源柜上的机床电源开关。

2. 工作方式选择

通过方式选择旋转开关或按键，可使机床处于某种工作状态，如编辑、MDI、手轮、单步手动等工作状态，在操作机床时必须选择与之对应的工作方式，否则机床不能工作。

3. 机床的手动操作

（1）手动返回机床参考点：当机床出现开始工作之前机床电源接通，机床停电后再次接通数控系统的电源，机床在急停信号或超程报警信号解除之后恢复工作的三种情况之一时，操作者必须进行返回机床参考点的操作，该操作以手动方式完成，每次只能操纵一个坐标轴，返回参考点时，坐标轴的进给速度为快移速度，返回参考点的操作步骤如下。

① 选择返回参考点（回零）方式。

② 用坐标轴选择开关，选择所需移动的坐标轴。

③ 用快速倍率开关设定返回参考点进给速度。

④ 当坐标位置远离参考点位置时，压下坐标轴，按正向运动按钮后放开，坐标运动部件压下减速开关时，会自动减速移动。在上面的操作中，如果误操作，按下了坐标轴负向运动按钮，则坐标轴向负方向运动约 40 mm 后会自动停止，此时应改按正向运动按钮，方能使坐标轴返回机床参考点。

当机床的坐标位置处于参考点位置而参考点指示灯不亮时（机床刚通电或工作中按了"急停"按钮），应按负向运动按钮，使坐标位置先离开参考点，然后再按正向运动按钮则坐标轴返回参考点；如果操作时一开始误按正方向运动按钮，该坐标超程，"ALARM"报警灯亮而不闪，解除这一误操作的方法如下：按住"一"按钮，用手摇轮将坐标向负向移动离开超程位置，再返回参考点。

在进行手动返回参考点操作时，操作者要注意观察对应坐标轴的参考点指示灯：当手动返回参考点时，指示灯亮；当机床电源刚刚接通时，坐标位置恰好在参考点位置，但是指示灯并不亮，这时需按前面讲过的操作方法，手动返回机床参考点；当参考点指示灯亮时，如果坐标移动离开了参考点或按了"RESET"键，则指示灯灭。

（2）手动连续进给及快速移动：用手动操作方式使 X、Y、Z 任一坐标轴连续进给或快速移动，操作步骤如下：

① 选择手动连续进给方式。

② 用坐标轴选择开关选择准备操作的坐标轴（X、Y、X 三个坐标轴之一）。

③ 用手动进给速度开关选择合适的进给速度。

④ 根据坐标轴运动的方向，按正方向或负方向键，运动部件便在相应的坐标方向上连续运动，当放开按钮时，坐标轴运动停止。

（3）手轮进给：转动手轮，可以使 X、Y、Z 任一坐标轴运动，操作时可按下述步骤进行。

① 选择手轮方式，其进给单位有 3 挡：0.001 mm、0.01 mm、0.1 mm，可选取其中一挡。

② 将手轮—增量（又称单步）（HANDLE—STEP）开关置于手轮位置。

③ 用轴选择开关选择所需的坐标轴。

④ 转动手轮，顺时针转为坐标轴正向，逆时针转为坐标轴负向。

（4）增量进给：增量进给又称单步进给，每按一次正向或负向键时，相应的坐标轴沿正方向或负方向移动一步，操作步骤如下：

① 选择单步进给方式（STEP）。

② 选择增量进给的移动量。

③ 将手轮一增量变换开关置于增量位置。

④ 转动手动进给速度开关选择增量进给的速度。

⑤ 按正向或负向键，每按一次坐标在相应的方向上按照所选定的移动量移动一步。

4. MDI 工作方式的操作

在 MDI 工作方式下，可以用键盘输入一个程序段，并运行这个程序段，操作步骤如下：

（1）选择 MDI 方式。

（2）键入程序段，每输入一个字必须按一次"INPUT"键。

（3）一个程序段输入完毕，按"START"键或按循环启动开关，该段程序即被执行。在键入字后或按"INPUT"键前发现错误，可按 CAN 键清除输入值，然后重新输入，但模态 G 指令和 F、D、H 不能用 CAN 键来清除，可以用新设定的值来取代。

5. 机床的急停

机床在手动或自动运行中，一旦发现异常情况，必须立即停止机床的运动，按下急停按钮可使机床停止，如果机床在运行时按下急停按钮，排除故障后要恢复机床的工作，必须进行手动返回机床参考点的操作；如果在刀库转动中按下了急停按钮，也必须进行手动返回刀库参考点的操作；如果在换刀动作中按下了急停按钮，则必须用 MDI 工作方式把换刀机构调整好。

如果机床在运行时按下 FEED HOLD 键后，机床处于保持状态。待急停解除之后，无需进行返回参考点的操作，按下循环启动开关，即恢复运行状态。

4.2.2 机床的自动运行操作

机床的自动运行有 6 种操作方式，分别如下：

EDIT：编辑一个程序。

MEM：调用一个程序。

MDI：手动输入的程序，直接运行。

HANDLEJOG：使用点动键或手轮。

ZERORET：选择机床回零方式。

LISTPROG：列出、发送或接收程序。

图形模拟方式通过"SETNGGRAPH"键来选择。

在自动（MEM）或手动（MDI）数据输入方式中，启动程序按"CYCLE START"键。在程序运行时，不能切换到其他方式，要等程序执行完或按"RESET"键终止程序的运行后才能切换到其他操作方式。

在 MDI 方式下，再按一下 MDI 键将转到 DNC 方式。

在以上 6 种操作方式中，都可以通过以下 8 个显示键来选择显示方式，分别如下：

PROGRAM：显示程序内容。

POSIT：显示坐标位置。

OFSET：显示或输入偏置量。

CURNTCOMDS：显示当前指令和时间。

ALARM/MESGS：显示报警和用户提示信息。

PARAM/DGNOS：显示参数或诊断数据。

SETNG/GRAPH：显示或输入设定，或选择图形模拟方式。

HELP/CALC：显示帮助和计算器。

1. 操作

打开电源开关，确定各轴是否有足够的回零距离（回零距离应大于 200 mm），如果回零距离不够，将模式选择开关指向手轮（HANDLE）模式，移动响应的轴至足够的距离，再将模式选择开关指向 ZERO，按各轴快速移动键朝正方向回零，机床回零后方可执行手动快速移动机床以及自动运行程序加工零件。

2. 准备加工程序

将模式开关指向 EDIT，按"PROGRAM"键，进入程序编辑模式，用数据输入键和程序编辑键写入程序内容，如果编辑修改一个已存在的程序，按扩展功能键"LIST"，进入程序号列出页面，键入要编辑的程序号 O××××，按光标移动键，打开程序内容编辑修改。外部计算机向 CNC 系统传输程序时，按"LIST"键，输入一个程序号，注意这个程序号不能与屏幕上显示的程序号重复，按"INPUT"键，这时 CNC 系统处于程序接收状态。在 PC 上，启动 DNC 传输软件，进入程序传输模式，键入要输入到 CNC 系统的程序名称，按"Enter"键，此程序将输出并保存到 CNC 系统的内存中。

在 AUTO 自动行模式下，按"PROGRAM"键，按扩展功能翻页键找到 EDIT 位置，按下对应的键，可进入后台编辑模式进行编辑操作。编辑程序时，不影响 CNC 自动运行加工程序，机床在加工零件的同时，可编辑下一个加工程序。

3. 加工参数设置

（1）工件坐标系的设定选择手轮模式。按"POS"键，进入坐标显示页面，用装在主轴上的测量头，移动相应的轴，找正工件坐标系，使主轴中心与工件原点重合，计录 X、Y 的当前坐标值，按"OFSET"键，按扩展功能键"WORK"，进入工件坐标系设定页面。按"PAGE"上下翻页键，共可显示 6 个坐标系设置页面（G54 ～ G59），用光标移动键指定要输入值的位置，键入对应的 X、Y 坐标的记录值以及 Z 坐标设定值。按"INPUT"键，依次输入完成工件坐标系的设定。

（2）刀具补偿值的设定选择手轮模式。按"POS"键，进入坐标值显示页面，按扩展功能键相对键，显示相对坐标值，将要设定长度补偿值的刀具装入主轴，移动 Z 轴至工件坐标系原点，键入 Z，按"CAN"键，当前 Z 轴的增量坐标值设置为零，移动 Z 轴，使刀具下端部与工件编程 Z 方向基准重合，按"OFSET"键，显示加工参数设置页面，按扩展功能键"OFSET"，移动光标至输入值的位置，写入当前 Z 轴相对坐标值。按 INPUT 键输入，完成刀具长度补偿值的设定，按"PAGE"上下翻页键进入刀具补偿值设定页面，移动光标至输入值的位置，根据编程指定的刀具，键入刀具半径补偿值。按"INPUT"键，完成刀具半径补偿值的设定。

4. 运行程序

选择 EDIT 模式，按"PROGRAM"键，进入程序显示页面。按扩展功能键"LIST"，键入要运行的程序号，按光标移动键，进入程序内容显示页面，按光标移动键，选择开始执行的程序段位置。选择 AUTO 模式，按下循环启动开关，开始自动运行程序。当功能面板开关 SINGLE-BLOCK 指向 ON 时，将执行单段操作，这时每按一次循环启动开关，程序运行一个程序段，OP-TIONAL 开关指向 ON 时，不执行程序开头带有"／"符号的程序段，跳过此段执行下一个程序段。自动运行程序时，可以通过主轴速度倍率开关和进给速度倍率开关改变程序指定的主轴转速和进给加工速度。

按下循环停止开关时，程序停止运行，但保持模式指令，再次按下循环停止开关时，程序按当前模态指令，继续运行程序。在自动运行程序加工过程中，如果出现危险情况时，应迅速按下急停开关或按"RESET"键，终止运行程序。

FANUC 0i - M 系统如有操作不当，将出现相应的报警号码，这时按"ALARM"键，查阅报警错误信息，进行故障诊断和维修。

4.2.3　主轴转速的设定、自动换刀和 MDI 方式下工作台转动的操作

1. 主轴转速的设定

自动运行时主轴的转速、转向、定向等均可在程序中用 S 功能和 M 功能指定。手动操作时，要使主轴启动，必须用 MDI 方式设定主轴转速，操作步骤如下：

（1）选择 MDI 方式。

（2）输入地址 S 和转速数值（单位为 r/min）。

（3）按"INPUT"键。

（4）按"START"键或循环启动开关，主轴转动。

主轴的转速设定好后，在没有新的设定值取代原设定值之前，始终被保留。当机床出现故障急停、清除全部程序及切断电源时，该设定值被消除，需要重新设定主轴转速。

2. 自动换刀装置的操作

机床在自动运行中，自动换刀装置（ATC）的换刀操作是靠执行换刀程序自动完成的；在手动操作机床时，ATC 的换刀是由手动操作或用 MDI 工作方式来完成的。

（1）刀库返回参考点：在以下 3 种情况下，需要进行刀库返回参考点的操作。

① 在向刀号存储器输入刀号之前，应使刀库返回参考点。

② 在调整刀库时，如果刀套不在定位位置上，应使刀库返回参考点。

③ 在机床通电之后，或是在机床和刀库调整结束至自动运行之前，应使刀库返回参考点。

刀库返回参考点即刀库上的 1 号刀套定位在换刀位置上，具体操作步骤参考手动返回参考点的操作。

（2）MDI 方式下的 ATC 操作：将工作方式选择开关置于 MDI 方式，可进行以下的操作。

① 此时 Z 轴已返回参考点，输入 M06 指令，使得刀具的交换动作连续，M06 指令中包含了主轴定向的动作。

② 输入 T××，使刀库转动，并将插有 T×× 的刀套定位在换刀位置上。

③ 输入 T×× M06，在 Z 轴已返回参考点的前提下，首先将现在位于换刀位置上的刀具和主轴上的刀具进行交换，然后刀库转动，将 T×× 刀具转到换刀位置上，机械手又把 T×× 刀具抓在手中，为下次换刀做好准备。

如果在 MDI 方式使用 ATC 分解动作 M 指令，机床在执行了 Z 轴返回参考点和主轴定向以后，便可以得到 ATC 的分解动作，使用该换刀方法时，刀号存储器不能自动跟踪。

（3）刀库装刀的操作：在刀库一侧有刀库启动按钮和拨码开关，通过它们进行手动刀库转动的操作，由于刀库转动的定位不是靠定位开关，因此，如果刀库因某种原因而不在定位点上，那么用此按钮始终不能使刀库的任何刀套进入位置，遇到这种情况，必须进行刀库返回参考点的操作，然后才能装刀，装刀的操作步骤如下。

① 使用刀库启动按钮和拨码开关，将所需刀套转到装刀位置。

② 按住主轴刀具松开与夹紧按钮，该刀套松开，指示灯亮；将刀具插入刀套，并再按住该按钮，刀具锁紧指示灯亮。

（4）主轴上刀具的装取：立柱上有一个主轴刀具的松开与夹紧开关，在手动方式（JOG、HANDLE 和 STEP）和 MDI 方式时用来装夹刀具。

正常情况下，主轴上刀具处于被夹紧状态，按下此开关，刀具被松开，开关上方的指示灯亮，可以装夹刀具；再按此开关并放开后，刀具被夹，信号灯灭，信号灯表示刀具处于被松开状态。操作者应注意，在按下开关、松开主轴之前，要用手握住刀柄，以免刀具松开下落时损坏工作台和刀具。

3. MDI 方式下工作台转动操作

（1）选择 MDI 方式。

（2）输入 H×××（3 位数≤355，最小分度为 5°）。

（3）按"INPUT"键。

（4）按"START"键，工作台即抬起，按照要求转动在 H××× 的位置，然后落下。

4.3 典型零件加工实例

例 4.1 凸轮槽加工实例。

1）零件分析

如图 4.36 所示为某凸轮槽，槽宽为 12 mm，槽深为 15 mm。如果使用普通机床加工，不仅效率低，而且很难保证其加工精度。使用加工中心进行加工可以快速地完成此凸轮的加工。

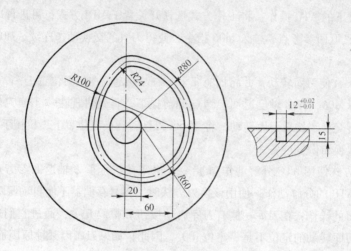

图 4.36 凸轮槽

2）工艺步骤

该凸轮加工使用 $\phi12$ 的立铣刀进行加工，在铣削加工前先用 $\phi10.5$ 的钻头钻铣刀引入孔，引入孔位置在（X80，Y0），再用 $\phi11.5$ 平顶钻锪孔，孔底留余量为 0.5 mm。立铣刀为 1 号铣刀，设置主轴转速为 600 r/min，进给速度为 120 mm/min；钻头为 2 号刀，设置主轴转速为 500 r/min，进给速度为 80 mm/min；平顶钻为 3 号刀，设置主轴转速为 300 r/min，进给速度为 50 mm/min。

3）坐标系设置

坐标系设置如下：

X：凸轮的圆心。

Y：凸轮的圆心。

Z：凸轮的上平面。

工件坐标系用 G54 设定。

4）程序编制

程序的编制如下：

```
O0096；
T02 M06；
```

```
T03;

G54 G90 G00 X0 Y0;

S500 M03;

G43 H02 Z50.0;

G81 X80.0 Y0 Z-15.0 R5.0 F80;

G00 G40 Z0 M05;

G28 Z0 M06;

T01;

S300 M03;

G43 H03 Z50.0;

G82 X80.0 Y0 Z-14.7 R5.0 F50 P2000;

G00 G40 Z0 M05;

G28 Z0 M06;

T02;

S600 M03;

G43 H01 Z50.0;

G00 X80.0 Y0;

Z2.0;

G01 Z-15.0 F60;

G02 X-40.0 R60.0 F120;

X-8.42 Y64.928 R100.0;

X11.428 Y79.18 R24.0;

X80.0 Y0 R80.0;

G00 Z100.0;

G00 G40 Z0 M05;

M30;
```

例 4.2　箱体螺纹孔加工实例。

1）零件分析

如图 4.37 所示为某箱体零件，小批量生产。在箱体的平面上有 6 个螺纹孔，有一定的位置精度要求，平面已经加工平整。

2）工艺步骤

对于螺纹孔的加工，采用钻导引孔→钻孔→倒角→攻螺纹的工序进行加工。先用中心钻在孔的中心位置钻出中心孔，中心钻刀具号为 T12；再用 ϕ8 钻头钻盲孔，钻头刀具号为 T13；再进行倒角，倒角刀刀具号为 T14；最后用丝锥对孔位进行攻螺纹，丝锥刀具号为 T15。加工前设定好各把刀具的长度补偿值。

3）坐标系设置

坐标系设置如下：

X：箱体的中心。

　　Y：箱体的中心。

　　Z：箱体上平面。

　　工件坐标系用 G54 设定。

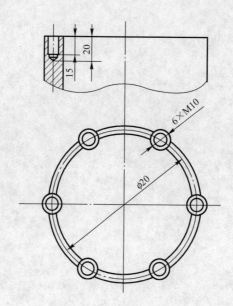

图 4.37　箱体零件

4）程序编制

（1）主程序：

```
O0097
T12 M06;
G54 G90 G00 X0 Y0;
S1800 M03 M08;
G43 Z50.0 H12;
M98 P0197;
G28 Z0;
T13 M06;
S800 M03 M08;
G43 Z50.0 H13;
M98 P0297;
G28 Z0;
T14 M06;
S500 M03 M08;
G43 Z50.0 H14;
M98 P0397;
G28 Z0 T15 M06;
S200 M03 M08;
```

G43 Z50.0 H15；

M98 P0497；

M05；

M30；

（2）点中心子程序：

O0197；

G81 X60.0 Y0R1.0 Z－3.0 F60；

M98 P1197；

G40 M99；

（3）钻孔子程序：

O0297；

G83 X60.0 Y0 R1.0 Z－20.0 Q5.0 F50；

M98 P1197；

G40 M99；

（4）倒角子程序：

O0397；

G81 X60.0 Y0 R1.0 Z－6.0 F60；

M98 P1197；

G40 M99；

（5）攻螺纹子程序：

O0497；

G84 X60.0 Y0 R1.0 Z－15.0 F10；

M98 P1197；

G40 M99；

（6）孔位的子程序：

O1197

X30.0 Y51.962；

X－30.0 Y51.962；

X－60.0 Y0；

X－30.0 Y－51.962；

X30.0 Y－51.962；

M99；

习 题 4

4.1 零件如图 4.38 所示，完成零件轮廓、孔的编程与加工。

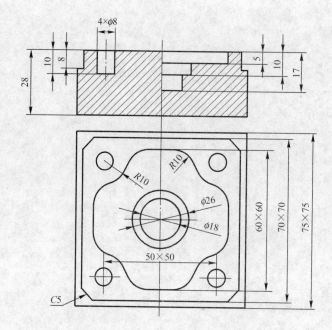

图 4.38　零件轮廓、孔的编程与加工

4.2　零件如图 4.39 所示，完成零件排孔的编程与加工。

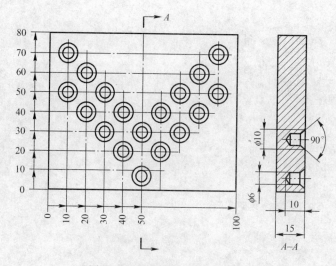

图 4.39　零件排孔的编程与加工

4.3　零件如图 4.40 所示，完成零件孔系的编程与加工。

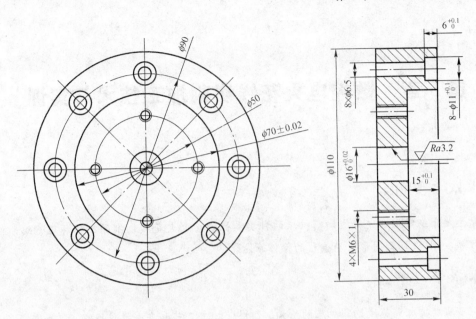

图 4.41　零件孔系的编程与加工

第5章 数控电火花线切割加工技术与实训

本章主要内容

本章主要介绍常用电火花线切割机床的种类和性能、电火花线切割的工作原理、编制线切割加工程序、HF 线切割图形自动编程的操作等内容。

本章学习重点

(1) 了解数控电火花线切割机床的结构、组成、加工工艺和安全操作规程。

(2) 掌握 HF 线切割数控自动编程系统的基本操作，会对常用的几何曲线进行编程。

(3) 熟练掌握 HF 电火花线切割加工操作的方法与步骤，会对一般零件进行加工。

随着科学技术的发展，高端的科学技术产品正向着高精度、高速度、高温、高压、大功率、小型化等方向发展，所用的材料越来越难加工，零件形状越来越复杂，精度要求也越来越高。依靠传统的切削加工很难实现，甚至根本无法实现。

电火花加工是在一定的加工介质中，利用工具电极和工件间产生脉冲性火花放电时的电腐蚀效应来蚀除材料，以达到对零件的尺寸、形状及表面质量预定的加工要求的一种加工方法。在现代的数控加工技术中，电火花加工技术得到了广泛应用。

5.1 常用电火花线切割机床的种类和性能

在电火花加工技术中，由于可以简单地将工具电极的形状复制到工件上，同时，电极一般采用铜、石墨等较容易加工的材料，因此，电火花加工常用于方孔、小孔、窄缝、复杂型腔的模具加工等，数控电火花线切割加工可以使用简单形状的工具电极加工出形状比较复杂的零件。

5.1.1 常用电火花线切割机床的种类

电火花线切割机床的分类如下。

1. 按走丝速度分

(1) 高速走丝线切割机床，走丝速度为 8 ～ 10 m/s，国产线切割机床绝大部分是快走丝线切割机床，它的价格和运行费用大大低于慢走丝线切割机床，但切割速度及加工精度较低。

(2) 低速走丝线切割机床，走丝速度为 10 ～ 15 m/min，国外生产的线切割机床属于慢走丝线切割机床，它的价格和运行费用较高，但切割速度和加工精度较高。

2. 按控制轴的数量分

（1）X、Y 两轴控制，该机床只能切割垂直的二维工件。

（2）X、Y、U、V 四轴控制，该机床能切割带锥度的工件。

3. 按机床的控制系统分

（1）只有控制功能，如使用单板机或单片机的控制机。

（2）编程控制一体化，它既有微机编程功能，又能用程序来控制线切割机床的逆行切割加工。

4. 按步进电动机到工作台丝杠的驱动方式分

（1）经减速齿轮驱动丝杠，减速齿轮的传动误差会降低工作台的移动精度，从而使脉冲当量的准确度降低。

（2）由步进电动机直接驱动丝杠，采用"五相十拍"的确步进电动机直接驱动丝杠，可避免用减速齿轮所带来的传动误差，提高脉冲当量的精度，而且进给平稳，噪声低。

5. 按丝架结构形式分

（1）固定丝架，切割工件的厚度一般不大，而且最大切割厚度不能调整。

（2）可调丝架，切割工件的厚度可以在最大允许范围内进行调整。

5.1.2　常用电火花线切割机床的性能

1. 电火花线切割机床的主要性能

DK 系列的高精度、多功能锥度线切割机床，它适用于国防、轻工、电子仪器、仪表、通信、交通、航空航天、机电等行业，可加工超硬、超厚、超窄、复杂图形的精密和模具的加工。

DK 系列线切割机床的控制系统，采用简单、可靠、稳定的单片机为主导，容量大，分时控制，可执行各种间隙补偿、对孔中心功能、倒切加工、短路回退、异形锥度加工，具有停电记忆、加工完后能自动停机、断丝保护和急停丝筒等功能，采用自动编程系统直接输入单片机和微机的控制方式，而且能显示加工轨迹。

2. 机床部分的主要技术参数

（1）DK 系列线切割机床的规格如表 5.1 所示。

表 5.1　DK 系列线切割机床规格

型号	工作台尺寸（mm×mm）	工作台行程（mm×mm）	最大切割 mm	加工锥度	主机质量 kg	外形尺寸（mm×mm×mm）
DK7720	270×390	200×250	200		1 000	1 250×1 000×1 200
DK7732A	360×610	320×400	400		1 400	1 240×1 170×1 400
DK7732B	360×610	320×400	400	±6°/80mm	1 400	1 240×1 170×1 400
DK7740A	460×690	400×500	400		1 600	1 600×1 240×1 400
DK7740B	460×690	400×500	400	±6°/80mm	1 600	1 600×1 240×1 400
DK7750A	540×890	500×630	400		2 300	1 720×1 680×1 700
DK7750B	540×890	500×630	400	±6°/80mm	2 300	1 720×1 680×1 700

（2）DK7750B 型精密电火花线切割机床的主要技术参数如下：

① X、Y 工作台的最大行程（mm），500×630（$X \times Y$）。

② 工件的最大质量（kg），500。

③ 最大切割厚度（mm），400 可调。

④ 电极丝直径（mm），$0.1 \sim 0.24$。

⑤ 加工精度（mm），± 0.01。

⑥ 最佳加工表面粗糙度（μm），$Ra \leqslant 2.5$。

⑦ 最大切割速度（mm²/min），$\geqslant 80$。

⑧ 最大切割锥度，$\pm 6°/80$ mm。

（3）编程控制系统的主要技术参数：

① PC 工控机控制、HF 绘图式线切割自动编程系统。

② 正、逆向切割功能。

③ 屏幕绘图与加工图形自动跟踪、三维造型。

④ 大锥度切割，上、下异形变锥加工。

⑤ 停电记忆数据，短路自动回退。

⑥ 双 CPU 结构，编程和加工可以同时进行。

5.1.3 电火花线切割机床的工作液和润滑系统

1. 电火花线切割机床的工作液系统

在电火花线切割加工过程中，需要稳定地供给具有一定绝缘性能的工作介质——工作液，用来冷却电极丝、工件和排除电蚀产物等，这样才能保证电火花放电能持续进行，电火花线切割机床的工作液系统包括工作液箱、小型离心泵、调节旋阀、供水管、喷嘴、回液管和过滤器等，如图 5.1 所示。

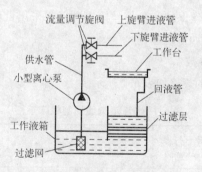

图 5.1　线切割机床的工作液系统

目前高速走丝线切割机床通常采用特制的、类似磨床上使用的皂化液作为工作介质，由于在放电过程中工作液与蚀除产物凝聚成胶状物质，要过滤干净难度较大，而现有的线切割机床一般只能用简单的泡沫塑料及铜网等进行粗过滤，所以使用一段时间（1 ~ 2 周）就要更换工作液，但因皂化液价格便宜，对机床具有防锈作用，所以被广为采用。对于低速走丝线切割机床，则要采用去离子水作为工作液，去离子水工作液系统较复杂，有特殊的要求。

2. 电火花线切割机床的润滑系统

为了保证线切割机床的各部件运动灵活轻便，减少零件磨损，机床上凡有相对运动的表面之间都必须用润滑剂进行润滑，润滑剂分润滑油和润滑脂两类；对于运动速度较高、配合间隙较小的部位用润滑油润滑；反之，运动速度较低、配合间隙较大的部位用润滑脂润滑。但线切割机床的导轮轴承转速极高，为了维持足够的润滑和防止异物进入，要采用高速润滑脂润滑。

机床润滑有自动润滑和人工润滑两种，线切割机床结构简单，运动速度较低，一般不专门设置自动润滑系统，只标出需润滑的部位，定期进行人工润滑。线切割机床需要润滑的部位有储丝机构的轴承、导轨、丝杠、螺母、齿轮箱、坐标工作台的导轨、过杠螺母、齿轮、轴承和线架上的导轮轴承等。

5.1.4　工作液的作用、规格和型号

1. 工作液的作用

在电火花线切割加工中，工作液是脉冲放电的介质，它对加工工艺指标的影响很大，它对切割速度、表面粗糙度、加工精度都有影响。高速走丝电火花线切割机床使用的工作液是专用的乳化液，目前供应的乳化液有多种，各有特点，有的适于精加工，有的适于大厚度切割，也有的在原工作液中添加某些化学成分来提高其切割速度和增加防锈能力等。

2. 具有绝缘性能

电火花放电必须在具有一定绝缘性能的液体介质中进行，普通自来水的绝缘性能较差，其电阻率仅为 $103 \sim 10 \times 10^3 \Omega \cdot cm$，加上电压后，容易产生电解作用而不能火花放电，加入矿物油、皂化钾等制成的乳化液，其电阻率为 $10 \times 10^3 \sim 100 \times 10^3 \Omega \cdot cm$，适合于电火花线切割加工。煤油的绝缘性能较好，其电阻率大于 $1\,000 \times 10^3 \Omega \cdot cm$，在相同电压下较难击穿放电，放电间隙偏小，生产率低，只有在精加工时才采用。

工作液的绝缘性能可压缩击穿后的放电通道，以使系统局限在较小的通道半径内火花放电，形成瞬时局部高温熔化、汽化金属，放电结束后又迅速恢复放电间隙成为绝缘状态。

3. 具有较好的洗涤性能

所谓洗涤性能，是指液体有较小的表面张力，对工件有较大的附着力，能渗到透窄缝中去，此外还有一定的去除油污的能力。洗涤性能好的工作液，切割时排屑效果好，切割速度高时，切割后表面光亮清洁，割缝中没有油污粘糊；洗涤性能不好的则相反，有时切割下来的料心被油污粘住，不易取下来，切割表面也不易清洗干净。

4. 有较好的冷却性能

在放电过程中，放电点局部瞬时温度极高，尤其是大电流加工时，为了防止电极丝烧断和工件表面局部退火，必须充分冷却，为此，工作液应有较好的吸热、传热和散热性能。

5. 具有环保功能

在加工中，不应产生有害气体，不应对操作人员的皮肤、呼吸道产生刺激，不应锈蚀工件、夹具和机床。此外，工作液要配制方便、使用寿命长、乳化充分，冲制后不能油水分离，储存时间较长，更不能有沉淀或变质现象。

6. 工作液的规格型号

（1）DX–1 型皂化液。

（2）502 型皂化液。

（3）植物油基乳化液。

（4）线切割专用乳化液。

近年来研制成功的不含油类的水基工作液，具有较好的综合性能。

5.2　电火花线切割的工作原理

电火花线切割加工是在电火花加工基础上发展起来的一种新的工艺形式，是用线状电极（铜丝或钼丝）靠火花放电对工件进行切割，故称为电火花线切割，有时简称线切割。

5.2.1　电火花线切割的基本原理

电火花线切割加工的基本原理是利用移动的细金属丝（铜丝或钼丝）作为工具电极（接高频脉冲电源的负极），对工件（接高频脉冲电源的正极）进行脉冲火花放电、切割成形。

根据电极丝的运行速度，电火花线切割机床通常分为两大类：一类是高速走丝电火花线切割机床，这类机床的电极丝做高速往复运动，一般走丝速度为 8 ～ 10 m/s，这是我国生产和使用的主要机种，也是我国独创的电火花线切割加工模式；另一类是低速走丝电火花线切割机床，这类机床的电极丝做低速单向运动，一般走丝速度为 0.2 m/s，这是国外生产和使用的主要机种。

图 5.2 为高速走丝电火花线切割工艺和装置，利用细钼丝 4 作工具电极进行切割，储丝筒 7 使钼丝作正反向交替移动，加工能量由脉冲电源 3 供给，在电极丝和工件之间浇注工作液，工作台在水平面的两个坐标方向按预定的控制程序，根据火花间隙状态作伺服进给移动，从而合成各种曲线轨迹，把工件切割成形。

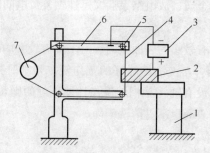

图 5.2　高速走丝电火花线切割工艺和装置

1—绝缘底板；2—工件；3—脉冲电源；4—钼丝；5—导向轮；6—支架；7—储丝筒

5.2.2　电火花线切割的特点

电火花线切割具有电火花加工的共性，金属材料的硬度和韧性并不影响加工速度，常用来加工淬火钢和硬质合金；对于非金属材料的加工，也正在开展研究，当前绝大多数的线切割机；都采用数字程序控制，其工艺特点如下。

（1）不像电火花成形加工那样制造特定形状的工具电极，而是采用直径不等的细金属丝（铜丝或钼丝等）作工具电极，因此线切割的刀具简单，大大减少了生产准备工时。

（2）利用计算机辅助绘图的自动编程软件，可方便地加工复杂形状的直纹表面。

（3）电极丝直径较细（$\phi 0.025 \sim \phi 0.3$），切缝很窄，这样不仅有利于材料的利用，而且适合加工细小零件。

（4）电极丝在加工中是移动的，不断更新（低速走丝）或往复使用（高速走丝），可以完全或短时间不考虑电极丝损耗对加工精度的影响。

（5）依靠计算机对电极丝轨迹的控制和偏移轨迹的计算，可方便地调整凹凸模具的配合间隙，依靠锥度切割功能，有可能实现凹凸模一次加工成形。

（6）对于粗、中、精加工，只需调整电参数即可，操作方便、自动化程度高。

（7）加工对象主要是平面形状，台阶盲孔型零件还无法进行加工，但是当机床上加上能使电极丝做相应倾斜运动的功能后，可实现锥面加工。

（8）当零件无法从周边切入时，工件上需钻穿丝孔。

5.2.3　电火花线切割机床的基本结构

电火花线切割机床本体由床身、坐标工作台、走丝机构、线架、工作液箱、附件和夹具等部分组成。

1. 床身

床身一般为铸件，是坐标工作台、走丝机构及线架的支撑和固定基础。通常采用箱式结构，应有足够的强度和刚度。床身内部安置电源和工作液箱，考虑电源的发热和工作液泵的振动，有些机床将电源和工作液箱移出床身另行安放。

2. 坐标工作台

电火花线切割机床最终都是通过坐标工作台与电极丝的相对运动来完成对零件的加工的。为保证机床精度，对导轨的精度、刚度和耐磨性有较高的要求。一般都采用十字滑板、滚动导轨和丝杠传动副将电动机的旋转运动变为工作台的直线运动，通过两个坐标方向各自的进给运动，可合成获得各种平面图形曲线轨迹。为保证工作台的定位精度和灵敏度。传动丝杆和螺母之间必须消除间隙。

3. 走丝机构

走丝机构使电极丝以一定的速度运动并保持一定的张力。在高速走丝机床上，一定长度的电极丝平整地卷绕在储丝筒上，丝张力与排绕时的拉紧力有关，储丝筒通过联轴节与驱动电动机相连。电动机带动储丝筒由专门的换向装置控制做正反向交替运转，同时沿轴向移动，走丝速度等于储丝筒周边的线速度，通常为 $8 \sim 12$ m/s。在运动过程中，电极丝由线架支撑，并依靠导轮保持电极丝与工作台垂直或倾斜一定的几何角度（锥度切割时）。

4. 脉冲电源

受加工表面粗糙度和电极丝允许承载电流的限制，线切割加工脉冲电源的脉宽较窄（$2 \sim 60$ μm），单个脉冲能量、平均电流一般较小，所以线切割加工总是采用正极性加工。脉冲电源的形式很多，如晶体管短形波脉冲电源、高频分组脉冲电源、并联电容型脉冲电源和低损耗电源等。

5. 数控装置

控制系统的主要作用是在电火花线切割加工过程中，按加工要求启动控制电极丝相对工件的运动轨迹和进给速度，来实现对工件的形状和尺寸加工，即当控制系统使电极丝相对工件按一定轨迹运动时，同时还应该实现进给速度的自动控制，以维持正常的稳定切割加工。

5.2.4 电火花线切割机床的控制系统

电火花线切割机床控制系统的具体功能包括轨迹控制和加工控制两种。

1. 轨迹控制

轨迹控制就是精确控制电极丝相对工件的运动轨迹，以获得所需的形状和尺寸，电火花线切割机床现在普遍采用微机数控。目前，高速走丝电火花线切割机床的数控系统大多采用较简单的步进电动机开环系统，而低速走丝线切割机床的数控系统则大多是伺服电动机加码盘的半闭环系统，仅在一些少量的超精密线切割机床上采用伺服电动机加磁尺或光栅的全闭环数控系统。

2. 加工控制

加工控制是指在加工过程中对伺服进给、短路回退、间隙补偿、自适应控制、自动找中心、电源装置、走丝机构、工作液系统等的控制。

进给控制是根据加工间隙的平均电压或放电状态的变化，通过取样、变频电路，不定期地向计算机发出中断申请，自动调整伺服进给速度，保持某一平均放电间隙，使加工稳定，提高切割速度和加工精度。

短路回退功能用来记忆电极丝经过的路线。发生短路时，改变加工条件并沿原来的轨迹快速后退，消除短路，防止断丝。

线切割加工数控系统所控制的是电极丝中心移动的轨迹。因此，加工有配合间隙冲模的凸模时，电极丝中心轨迹应向原图形之外偏移进行"间隙补偿"，以补偿放电间隙和电极丝的半径；加工凹模时，电极丝中心轨迹应向图形之内"间隙补偿"。"间隙补偿"也叫"偏移补偿"。

自适应控制在工件厚度变化的场合，改变规准之后，能自动改变预置进给速度或电参数（包括加工电流、脉冲宽度、间隔），不用人工调节就能自动进行高效率、高精度的加工。自动找中心功能使孔中的电极丝自动找正后停止在孔中心处。

5.3 编制线切割加工程序

线切割机床的控制系统或控制器是按照人的"命令"去控制机床加工的，因此，必须事先把切割的图形，用机器所能接受的"语言"编排好"命令"，告诉控制器，这项工作叫做数控线切割编程，简称编程。

手动编程是数控线切割编程的基础，下面讲述手动编程的基本方法。

5.3.1 3B 程序格式

为了便于机器接受"命令"，必须按照一定的格式来编制线切割机床用的数控程序。程序格式有 3B、4B、5B 及 ISO 和 EIA 等，目前国内使用最多的是 3B 格式，ISO 和 EIA 是国际通用的格式。

3B 程序格式如表 5.2 所示。表中的 B 叫分隔符号，它在程序单上起到了把 X、Y 和 J 数值分隔开的作用。而当程序输入控制器读入第一个 B 后使控制器做好接受 X 坐标值的准备，读入第二个 B 后做好接受 Y 坐标值的准备，读入第三个 B 后做好接受 J 值的准备。

表 5.2 3B 程序格式

B	X	B	Y	B	J	G	Z
	X 坐标值		Y 坐标值		计数长度	计数方向	加工指令

加工圆弧时，程序中的 X、Y 必须是圆弧起点对其圆心的坐标值。加工斜线时，程序中的 X、Y 必须是该斜线段终点对其起点的坐标值。斜线程序中的 X、Y 值允许把它们同时缩小相同的倍数，只要其比值（斜线的斜率）保持不变即可。对于与坐标轴重合的线段，在其程序中的 X 或 Y 值，均可不必写出 00。

1. 计数方向 G 和计数长度 J

（1）计数方向 G 及其选择。为保证所要加工的圆弧或线段能按要求的长度加工出来，一般线切割机床是通过控制从起点到终点某个拖板进给的总长度来达到的。因此在计算机中设立一个 J 计数器来进行计数，即把加工该线段拖板进给总长度 J 的数值，预先置入 J 计数器中。加工时，当被确定为计数长度这个坐标的拖板每进给一步，J 计数器就减 1。这样，当 J 计数器减到零时，则表示该圆弧或直线段已加工到终点。在 X 和 Y 两个坐标中用哪个坐标作计数长度 J 呢？这个计数方向的选择依图形的特点而定。

加工斜线段时，必须用进给距离比较长的一个方向作进给长度控制。若线段的终点为 $A(X_e，Y_e)$，当 $|Y_e| > |X_e|$ 时，计数方向取 G_Y，如图 5.3 所示；当 $|Y_e| < |X_e|$ 时，计数方向取 G_X，如图 5.4 所示。当确定计数方向时，可以 45°为分界线，如图 5.5 所示，斜线在阴影区内时，取 G_Y，反之取 G_X。若斜线正好在 45°线上，从理论上讲，应该是在插补运算加工过程中，最后一步走的是哪个坐标，则取该坐标为计数方向，从这个观点来考虑，只有 Ⅰ、Ⅲ象限取 G_Y，Ⅱ、Ⅳ象限取 G_X，才能保证加工到终点。

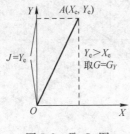

图 5.3 取 G_Y 图

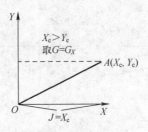

图 5.4 取 G_X 图

圆弧计数方向的选取应视圆弧终点的情况而定，从理论上来分析，也应该是当加工圆弧达到终点时，走最后一步的是哪个坐标，就应选该坐标作计数方向。也可以45°线为界，如图5.6所示，若圆弧终点坐标为 B（X_e，Y_e），当 $|X_e| < |Y_e|$ 时，即终点在阴影区内，计数方向取 G_X；当 $|X_e| > |Y_e|$ 时，取 G_Y。当终点在45°线上时，不易准确分析，按习惯任取。

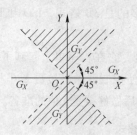 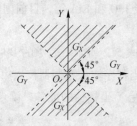

图5.5　斜线段计数方向的选取　　图5.6　圆弧计数方向的选取

（2）计数长度 J 的确定。当计数方向确定后，计数长度 J 应取在计数方向上从起点到终点拖板移动的总距离，也就是圆弧或直线段在计数方向坐标轴上投影长度的总和。

对于斜线，如图5.3所示，取 $J = Y_e$；如图5.4所示，取 $J = X_e$ 即可。

对于圆弧，它可能跨越几个象限，如图5.7和图5.8所示的圆弧都是从 A 加工到 B。图5.7为 G_X，$J = J_{X1} + J_{X2}$；图5.8为 G_Y，$J = J_{Y1} + J_{Y2} + J_{Y3}$。

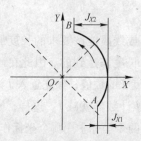 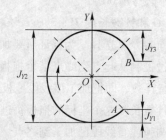

图5.7　跨越两个象限　　　　图5.8　跨越四个象限

2. 加工指令 Z

Z 是加工指令的总括符号，它共分12种，如图5.9所示，圆弧加工指令有8种，SR 表示顺圆，NR 表示逆圆，字母后面的数字表示该圆弧走第一步进入的象限，如 SR_1 表示顺圆弧，其走第一步进入第 I 象限。对于直线段的加工指令用 L 表示，乙后面的数字表示该线段所在象限。对于与坐标轴重合的直线段，正 X 轴为 L_1，正 Y 轴为 L_2，负 X 轴为 L_3，负 Y 轴为 L_4。

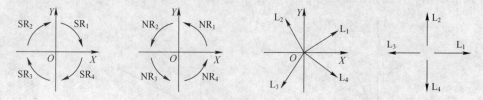

图5.9　加工指令

3. 编程实例

在程序中 X、Y 和 J 的值用微米表示，J 不够6位时应用数字0在高位补足6位，目前生产的大多数线切割机床，J 可不必补足 6 位，如下例题是 J 也可以不补足 6 位。

例 5.1　加工如图 5.10 所示的斜线段，终点 A 的坐标为 $X = 17\,\text{mm}$，$Y = 5\,\text{mm}$，其程序为：

```
B17000B5000B17000GxL1;
```

在斜线段的程序中，X 和 Y 值可按比例缩小同样倍数，故该程序可简化为：

```
B17B5B17000GxL1;
```

例 5.2　加工如图 5.11 所示与正向 Y 轴重合的直线段，长为 22.4 mm，其程序为：

```
BBB22400CYIQ;
```

在与坐标轴重合的程序中，X 或 Y 的数值即使不为零也不必写出。

例 5.3　加工如图 5.12 所示的圆弧，A 为此逆圆弧的起点，B 为其终点。A 点坐标 $X_A = -2\,\text{mm}$，$Y_A = 9\,\text{mm}$，因终点 B 靠近 X 轴，故取 G_Y，计数长度应取圆弧在各象限中的各部分在计数方向 Y 轴上投影之总和。AC 弧在 Y 轴上的投影为 $J_{Y1} = 9\,\text{mm}$，CD 弧的投影为 $J_{Y2} =$ 半径 $= 9.22\,\text{mm}$，DB 弧的投影为 $J_{Y3} =$ 半径 $- 2 = 5.22\,\text{mm}$，故其计数长度 $J = J_{Y1} + J_{Y2} + J_{Y3} = 9 + 9.22 + 5.22 = 25.44\,\text{mm}$，因此圆弧的起点在第 Ⅱ 象限，加工指令取 NR2，其程序为：

```
B2000B9000B25440GYNR2;
```

实际编程时，通常不是编制工件轮廓线的程序，而是编制加工切割时电极丝中心所走的轨迹的程序，即要考虑电极丝的半径和电极丝至工件间的放电间隙，但对有间隙补偿功能的线切割机床，可直接按图样编程，其间隙补偿量可在加工时输入。

图 5.10　加工斜线

图 5.11　加工与 Y 轴重合的直线

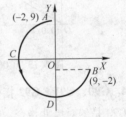

图 5.12　加工跨越 3 个象限的圆弧

5.3.2　ISO 程序格式

近年来，由于计算机技术的高速发展，使得线切割自动编程技术的发展有了更好的条件。YH、HF 编程是一种绘图式编程，编程人员只要在屏幕上按 YH、HF 提供的方法绘出工件的图形，就能编写出 3B 或 ISO 格式的程序，直接进行加工。

ISO 标准是国际标准化组织确认和颁布的国际标准，是国际上通用的数控语言，ISO 代码的 G 指令如下。

1. 快速定位指令 G00

在线切割机床不放电的情况下，使指定的某轴以最快速度移动到指定位置，其程序段格式为

```
G00 X __ Y __;
```

例如：

```
G00   X1000   Y2000;
```

2. 直线插补指令 G01

G01 为加工一条直线指令，其程序段格式为：

```
G01 X __ Y __ U __ V __;
```

例如，如图 5.13 所示，钼丝从（0，0）点加工到（2 000，1 000）点，程序段为：

```
G01   X2000   Y1000;
```

3. 圆弧插补指令 G02、G03

G02 为顺时针圆弧插补，G03 为逆时针插补，其程序格式分别为：

```
G02 X __ Y __ I __ J __;
G03 X __ Y __ I __ J __;
```

X、Y 为圆弧的终点坐标，I 为圆弧的起点到圆心在 X 轴方向带正负号的距离，J 为圆弧的起点到圆心在 Y 轴方向正负号的距离，如图 5.14 所示，I、J 坐标向量为 0 时可以省略该项。

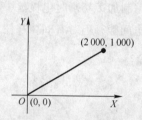

图 5.13　G00 实例

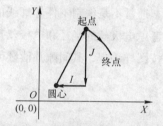

图 5.14　圆弧插补中 I、J 值的计算

4. G90、G91、G92 指令

G90 是绝对尺寸指令，该指令表示程序段中的编程尺寸是按绝对尺寸给定的。

G91 是增量尺寸指令，该指令表示程序段中的编程尺寸是按增量尺寸给定的。

G92 是坐标系设定指令。

例如，G92 X0 Y0，G92 指定的加工工件坐标系起始点为（0，0）。

例如，在图 5.15 中的圆弧起点为（10，20），终点为（30，20），圆心为（20，20），顺时针加工时，其加工程序为：

```
G92   X10   Y20;
G02 X30 Y20 I10;
```

5. G05～G12 指令（镜像及交换指令）

对于加工一些对称性好的工件，可以利用原来的程序来产生，如图 5.16 所示。

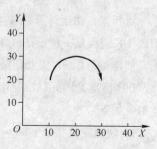

图 5.15　顺时针加工实例

（1）G05（Y 轴镜像），函数关系式：$X = -X$。

（2）G06（X 轴镜像），函数关系式：$Y = -Y$。

（3）G07（X、Y 轴交换），函数关系式：$X = Y$；$Y = X$。

圆弧 AB 对 X、Y 轴镜像后如图 5.17 所示。

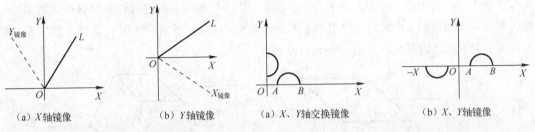

图 5.16　X、Y 轴镜像　　　　　　图 5.17　X、Y 轴交换镜像

（4）G08（X 轴镜像、Y 轴镜像），函数关系式 $X = -X$；$Y = -Y$，即 G08 = G05 + G06，如图 5.18 所示。

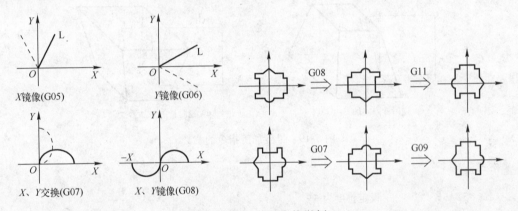

图 5.18　镜像和交换举例

（5）G09（X 轴镜像，X、Y 轴镜像交换），即 G09 = G05 + G07，如图 5.18 所示。

（6）G10（Y 镜像、X、Y 交换），即 G10 = G06 + G07，如图 5.18 所示。

（7）G11（X 镜像、Y 镜像，X、Y 交换），即 G11 = G05 + G06 + G07，如图 5.18 所示。

（8）G12（取消镜像）每个程序镜像结束后都要加上该指令。

6. 钼丝半径补偿指令 G40～G42

钼丝半径补偿指令的意义与数控铣削加工中的刀具半径补偿指令的意义完全相同，但指令格式不同，钼丝半径补偿的格式如下。

```
G92X0Y0;
G41D100;           /钼丝半径左补偿,D100 为补偿值,表示100 μm,此程序段须放在进刀线之
                    前
G01X5000Y0;        /进刀线,建立钼丝半径补偿
G40;               /G40 须放在退刀线之前
G01X0Y0;           /退刀线,退出丝半径补偿
```

7. 锥度加工指令 G50～G52

线切割加工带锥度的零件一般采用锥度加工指令，G51 为锥度左偏加工指令，G52 为锥度右偏加工指令，G50 为取消锥度加工指令。这是一组模态加工指令，缺省状态为 G50。按顺时针方向进行线切割加工时，采用 G51 指令加工出来的工件为上大下小，如图 5.19（a）所示；采用 G52 指令加工出来的工件为上小下大，如图 5.19（b）所示。按逆时针方向进行线切割加工时，采用 G52 指令加工出来的工件上小下大，如图 5.19（c）所示；采用 G52 指令加工出来的工件为上大下小，如图 5.19（d）所示。

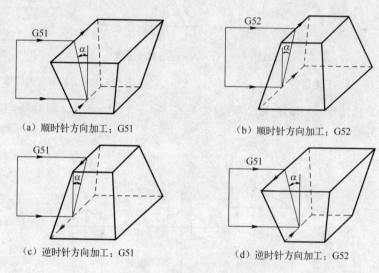

（a）顺时针方向加工：G51　　　　　　（b）顺时针方向加工：G52

（c）逆时针方向加工：G51　　　　　　（d）逆时针方向加工：G52

图 5.19　锥度加工指令的意义

格式：

　　G52A6；　　　　　　/设定锥度为 6°

　　G50；　　　　　　　/取消锥度加工

锥度加工与上导轮中心到工作台面的距离 S、工件厚度 H、工作台面到下导轮中心的距离 W 有关。进行锥度加工编程之前，要求给出 W、H、S 值，如图 5.20 所示。

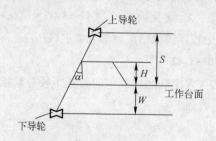

图 5.20　锥度线切割加工中的参数定义

格式：

　　G92X0Y0；

　　W60000；　　　　　　　　　　　　　/工作台面到下导轮中心的距离 $W = 60$ mm

```
H40000;                    /工件厚度 H = 40 mm
S100000;                   /上导轮中心到工作台面的距离 S = 100 mm
G52A3;                     /在进刀线之前,设定锥度为 3°
……
G50;                       /G50 须放在退刀线之前
M02;
```

8. 工件坐标系指令 G54～G59

可建立 6 个工作坐标系。在采用 G92 设定起始点坐标之前,可以用 G54～G59 选择坐标系,如图 5.21 所示。

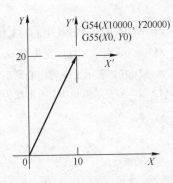

图 5.21　工件坐标系

下面的程序如果不选择工作坐标系,则当前坐标系被自动设定为本程序的工作坐标系。

```
G92X0Y0;                   /设定电极丝当前位置在所选坐标系中的位置为(0,0)
G54;                       /建立 G54 坐标系,原点为电极丝当前所在位置
G00X10000Y20000;           /在 G54 坐标系中将电极丝快速移动到(10,20)的位置
G55;                       /建立 G55 坐标系
G92X0Y0;                   /设定原点为电极丝当前位置,即 G54 坐标系中(10,20)位置
```

9. 程序暂停指令 M00

执行 M00 以后,程序停止,机床信息将被保存,按"Enter"键继续执行下面的程序。

10. 程序结束指令 M02

主程序结束,加工完毕返回菜单。

11. 子程序调用指令 M96

调用子程序,格式:M96SUB1.　　/调用子程序 SUB1,后面要求加圆点

12. 子程序结束指令 M97

主程序调用子程序结束。

5.3.3　ISO 手动编程实例

例 5.4　线切割加工带锥度的正方形棱锥体工件,如图 5.22 所示。

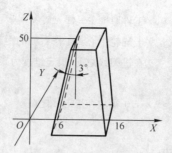

图 5.22　正方形棱锥体

编制的程序如下：

```
N10 G92X0Y0;

N20 W80000;          /W80000 表示下导线中心与工作台面之间的距离为 80 mm

N30 H50000;          /H50000 表示工件厚度为 50 mm

N40 S120000;         /S120000 表示上导轮中心到工作台面之间的距离为 120 mm

N50 G52A3;           /G52 A3 表示锥角为 3°，形状为上小下大 (顺时针方向切割)

N60 G01X6000Y0;

N70 G01X6000Y6000;

N80 G01X16000Y6000;

N90 G01X16000Y - 6000;

N100 G01X6000Y - 6000;

N110 G01X6000Y0;

N120 G50;            /取消锥角加工

N130 G01X0Y0;

N140 M02;
```

5.4　HF 线切割图形自动编程的操作

　　HF 线切割数控自动编程软件系统，是一个高智能化的图形交互式软件系统，通过简单、直观的绘图工具，将所要进行切割的零件形状描绘出来，按照工艺的要求，将描绘出来的图形进行编排等处理，再通过系统处理成一定格式的加工程序，现简述如下。

5.4.1　全绘图方式编程

　　全绘图方式编程是为了生成加工所需的轨迹线，形成轨迹线的方式有两种：辅助线法和轨迹线法。

　　下面介绍 HF 线切割数控自动编程和操作，一是基本图形（直线段、圆弧段所构成图形）的自动编程方法；二是 DK7750 线切割机床的操作。

1. 辅助线

　　辅助线包括辅助点、辅助直线和辅助圆，用于求解和产生轨迹线（也称切割线）几何元素。在软件中将点用红色表示，直线用白色表示，圆用高亮度白色表示。

通过作辅助线而形成轨迹线，其方法是先作点、作直线或作圆，再取交点最后用"取轨迹"将两节点间的辅助线变成轨迹线，只有轨迹线才能进行编程和加工。

2. 轨迹线

轨迹线是具有起点和终点的曲线段，HF 线切割数控自动编程中将轨迹线中是直线段的用淡蓝色表示，是圆弧段的用绿色表示。

直接用绘直线、绘圆弧和绘常用曲线等模块画出的线段叫轨迹线，轨迹线包括轨迹圆和轨迹圆弧。形成轨迹线后，需加引线（引入线和引出线），若图形做了修改，必须对图形进行排序，才能进行编程和加工。

3. 切割线方向

切割线方向是切割线的起点到终点的方向。

4. 引入线和引出线

引入线和引出线是一种特殊的切割线，用黄色表示，它们应该是成对出现的。

5. 规则

（1）在全绘图方式编程中，用鼠标确定了一个点或一条线后，可使用鼠标或键盘再输入一个点的参数或一条线的参数；但使用键盘输入一个点的参数或一条线的参数后，就不能用鼠标来确定下一个点或下一条线。

（2）为了在绘图中能精确的指定一个点、一条线、一个圆或某一个确定的值，可在软件中对这些点、线、圆、数值作上标记，规定如下。

Pn(point)表示点,并默认 P0 为坐标系的原点.

Ln(line)表示线,并默认 L1、L2 分别为坐标系的 X 轴、Y 轴.

Cn(cycle)表示圆.

Vn(value)表示某一确定的值.软件中用 PI 表示圆周率(π = 3.1415926……);

V2 = π/180, V3 = 180/π

5.4.2　界面及功能模块的介绍

1. 界面

在主菜单下，单击"全绘编程"按钮就显示编程界面，如图 5.23 所示。

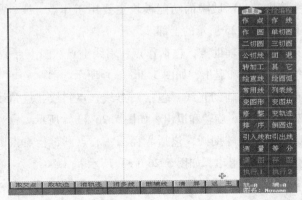

图 5.23　全绘编程界面

"图形显示框"是所画图形显示的区域，在整个"全绘编程"过程中这个区域始终存在。

"功能选择框"是功能选择区域，有两个，在整个"全绘编程"过程中这两个区域随着功能的选择而变化，其中"功能选择框1"变成了该功能的说明框，"功能选择框2"变成了对话提示框和热键提示框，如图5.24所示

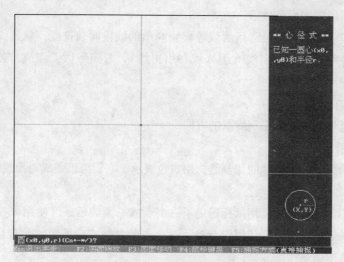

图5.24　功能选择框

图5.24所示是选择了"作圆"功能中"心径圆"子功能后出现的界面，此界面中"图形显示框"与图5.23一样；"功能说明框"将功能的说明和图例显示出来，供操作参考；"对话提示框"提示输入"圆心和半径"，当根据要求输入后，按"Enter"键，按照要求的圆就显示在"图形显示框"内；"热键提示框"提示了该子功能中可以使用的热键内容。

图5.23和图5.24这两个界面为"全绘编程"中经常使用的界面，作为图5.24所示的界面，随着子功能的不同，显示的内容也不同。

2. 菜单功能

"全绘编程"功能框可划分为4个部分，由绘辅助线功能模块、绘轨迹线功能模块、加工功能模块和功能选择对话框4个部分组成。

（1）绘辅助线功能模块：此区域中的功能模块主要用于作点、线、圆、单切圆、二切圆、三切圆、公切线和回退，如图5.25所示的上部。

① 作点：2级子菜单是定义辅助点，包括作点、求线上点、圆上点x/y、圆上点（w）、直线的中点、轴对称、位移、旋转和退出，如图5.26（a）所示。

② 作线：2级子菜单是定义辅助直线，包括两点线、点斜线、点角线、定角线、垂分线、平行线、复制线、轴对称、位移、旋转和退出，如图5.26（b）所示。

③ 作圆：2级子菜单是定义辅助圆，包括心径圆、心点圆、径点点圆、三点圆、同心圆、复制圆、轴对称、位移、旋转和退出，如图5.26（c）所示。

④ 单切圆：也叫心切圆，包括捕捉被切的线、圆点；捕捉相切圆圆心所在的线、圆点；求相切圆，如图5.27（a）所示。

图 5.25　全绘编程

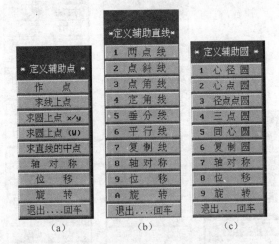

图 5.26　定义点、线和圆

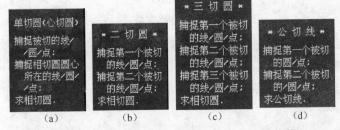

图 5.27　定义单切圆、二切圆、三切圆和公切线

⑤ 二切圆：包括捕捉第捕捉第一个被切的线、圆、点；捕捉第二个被切的线、圆、点；求相切圆如图 5.27（b）所示。

⑥ 三切圆：包括捕捉第一个被切的线、圆、点；捕捉第二个被切的线、圆、点；捕捉第二个被切的线、圆、点；捕捉第三个被切的线、圆点；求相切圆，如图 5.27（c）所示。

⑦ 公切线：捕捉第一个被切的圆和点；捕捉第二个被切的圆和点；求公切线，如图 5.27（d）所示。

（2）绘轨迹线功能模块：此区域中的功能模块用于直接产生轨迹线，以及对轨迹线的编辑、修改和引入线、引出线的定义，如图 5.25 所示的中部。

① 绘直线：包括取轨迹新起点、直线（终点）、直线长（斜角）、直线长（切线段）、直角长方形、圆角长方形、多边形、多角形和退出，如图 5.28（a）所示。

② 绘圆弧：包括取轨迹新起点、顺圆、逆圆、整圆、三点弧、弧等，如图 5.28（b）所示。

③ 常用线：包括椭圆、抛物线和正弦线等，如图 5.28（c）所示。

④ 列表线：包括输入列表点、调列表点文件、二次样条保形、二次 B 样条法等，如图 5.28（d）所示。

⑤ 变图形：包括指定连续图形、复制连续图形、图形的缩放、轴对称、平移等，如

图 5.28（e）所示。

绘直线（a）
取轨迹新起点 / 直线：终点 / 直线长+斜角 / 直线长+切前段 / 直角长方形 / 圆角长方形 / 多边形 / 多角形 / 退出....回车

绘圆弧（b）
取轨迹新起点 / 顺圆：终点+圆心 / 顺圆：终点+半径 / 顺圆：圆心+弦长 / 逆圆：终点+圆心 / 逆圆：终点+半径 / 逆圆：圆心+弦长 / 整圆 / 三点弧 / 弧：终点+夹角 / 弧：终点+弧长 / 弧：圆心+夹角 / 弧：圆心+弧长 / 弧：终点+起始角 / 弧：终点+切前段 / 弧：弧长+起始角 / 弧：弧长+切前段 / 退出....回车

常用曲线（c）
对数螺 椭圆 / 抛物线 摆线 / 正弦线 渐开线 / 阿基米德螺线1 / 阿基米德螺线2 / 标准渐开线齿轮 / 变位渐开线齿轮 / 渐开线花键齿轮 / 滚子链链轮齿 / 摆线齿轮 / 摆杆滚子凸轮 / 分度凸轮 / 三角花键或齿条 / 非圆节曲线凸轮 / 公式曲线（单行） / 公式曲线（多行） / 取曲线逼近精度 / 退......出

绘列表点曲线（d）
A）输入列表点 / B）调列表点文件 / C）存列表点文件 / D）给逼近精度 / 1）二次样条保形 / 2）圆弧样条逼近 / 3）通用逼近法 / 4）先插值后光顺 / 5）先光顺后插值 / 6）二次B样条法 / 7）二次参数样条 / 8）三次参数样条 / 9）直线连接 / 退........出

轨迹线的连续图形（e）
指定连续图形 / 复制连续图形 / 图形的缩放 / 轴对称 / 平移 / 旋转 / 一般等距 / 渐变等距 / 变锥等距 / 变距等距 / 表达式变换 / 消除连续图形 / 退......出

图 5.28 轨迹线菜单（一）

⑥ 修整：包括截断（轨迹线）、两段合并成直线、两段合并成圆弧、圆弧变成直线、拉伸（轨迹线）等，如图 5.29（a）所示。

⑦ 变图块：包括取图块、消图块、鼠标移动图块、复制、缩放、轴对称、位移、旋转等，如图 5.29（b）所示。

修整轨迹线（a）
截断：轨迹线 / 两段合并成直线 / 两段合并成圆弧 / 圆弧变成直线 / 拉伸：轨迹线 / 退出

图块处理（b）
取图块（方块） / 取图块（捕捉） / 取图块（多边） / 消图块 / 鼠标移动图块 / 鼠标缩放图块 / 鼠标旋转图块 / 复制 / 缩放 / 轴对称 / 位移 / 旋转 / 图块垂直侧斜 / 图块满格 / 表达式变换 / 退出

变换一根轨迹线（c）
（1）复制 / （2）轴对称 / （3）位移 / （4）旋转 / （5）等距 / （6）规定左偏 / （7）规定右偏 / （8）规定不偏 / （9）取消规定 / （0）退....出

排序及消复（d）
引导排序法 / 自动排序法 / 取消重复线 / 方形图块排序 / 多边图块排序 / 反向轨迹线 / 合并轨迹线 / 回车..退出

倒圆或倒边（e）
（1）如果倒圆或倒边，则在尖点处点一下
（2）如果消除倒圆或倒边，则在圆线处点一下

引入线引出线（f）
作引线（端点法） / 作引线（长度法） / 作引线（夹角法） / 将直线变成引线 / 自动消引线 / 修改补偿方向 / 修改补偿系数 / 退......出

图 5.29 轨迹线菜单（二）

⑧ 变轨迹：包括复制、轴对称、位移、旋转、等距、规定左偏、规定右偏等，如图 5.29（c）所示。

⑨ 排序：包括引导排序法、自动排序法、取消重复线、方形图块排序、多边图块排序、反

向轨迹线和合并轨迹线等，如图 5.29（d）所示。

⑩ 倒圆边：包括倒圆或倒边在尖点处点一下，消除倒圆或倒边在圆弧处点一下，如图 5.29（e）所示。

⑪ 引入线和引出线：包括作一般引线、将直线变成引线和自动消引线，点选后有对话框提示，按对话框选择起点和终点，如图 5.29（f）。

（3）加工功能模块：此区域的功能模块是用于产生加工单前的准备，存图和调图，以及产生加工单，如图 5.25 所示的下面两行键。

① 测量：包括测长度、夹角、点值、圆值、圆弧、直线、平行距和点线距等，如图 5.30（a）所示。

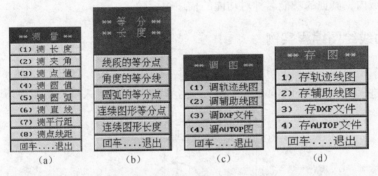

图 5.30　轨迹线菜单（三）

② 等分：包括线段的等分点、角度的等分线、圆弧的等分点、连续图形长度等，如图 5.30（b）所示。

③ 调图：包括调轨迹线图、辅助线图、DXF 文件、AUTOP 图等，如图 5.30（c）所示，

④ 存图：包括存轨迹线图、辅助线图、DXF 文件、AUTOP 文件等，如图 5.30（d）所示。

（4）功能选择对话框：此对话框是单一功能的选择对话框，位于屏幕的下部，如图 5.31 所示。

取交点	取轨迹	消轨迹	消多线	删辅线	清 屏	返 主
显轨迹	全 显	显 向	移 图	满 屏	缩 放	显 图

图 5.31　功能选择对话框

① 取交点：在图形显示区内，定义两条线的相交点。

② 取轨迹：在某一曲线上两个点之间选取该曲线的这一部分作为切割的路径，取轨迹时这两个点必须同时出现在绘图区域内。

③ 消轨迹：上一步的反操作，也就是删除轨迹线。

④ 消多线：对首尾相接的多条轨迹线的删除。

⑤ 删辅线：删除辅助的点、线、圆功能。

⑥ 清屏：对图形显示区域的所有几何元素的清除。

⑦ 返主：返回主菜单的操作。

⑧ 显轨迹：在图形显示区域内只显示轨迹线，将辅助自动线隐藏起来。

⑨ 全显：显示全部几何元素（辅助线、轨迹线）。

⑩ 显向：预览轨迹线的方向。

⑪ 移图：移动图形显示区域内的图形。

⑫ 满屏：将图形自动充满整个屏幕。

⑬ 缩放：将图形的某一部分进行放大或缩小。

⑭ 显图：此功能模块是由一些子功能所组成的，其中包含了以上的一些功能，见"显图"功能框，此功能框中"显轨迹线""全显""图形移动"与上面介绍的"显轨迹""全显""移图"是相同的功能；"全消辅线"和"全删辅线"有所不同，"全消辅线"功能是将辅助线完全删去，删去后不能通过恢复功能恢复，而"全删辅线"是可通过恢复功能将删去的辅助线恢复到图形显示区域内，其他的功能名称对功能的描述很清楚。

5.4.3 辅助线绘图编程实例

下面通过绘图编程实例来说明该 HF 线切割自动编程的应用，对图 5.32 所示的零件进行绘图编程，首先进入软件系统的主菜单，单击"全绘编程"按钮进入全绘图编程环境。

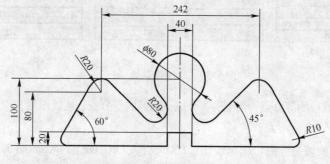

图 5.32 零件图

1. 定义辅助直线

单击"功能选择框"中的"作线"按钮，再在"定义辅助直线"对话框中单击"平行线"按钮，将定义一系列平行线；平行于 X 轴，距离分别为 20、80、100 的 3 条平行线，以及平行于 Y 轴，距离分别 20、121 的两条平行线；"对话提示框"中显示"已知直线（x3，y3，x4，,y4）{Ln + − */}?"此时可用鼠标直接选取 X 轴或 Y 轴；也可在此框中输入 L1 或 L2 来选取 X 轴或 Y 轴；选取后如图 5.33 所示。

绘图时"对话提示框"中显示"平移距 L = {Vn + − */}"，此时输入平行线间的距离值（如 20）后按 Enter 键；"对话提示框"中显示"取平行线所处的一侧"，此时用鼠标单击平行线所处的一侧，这样第一条平行线就形成了，此时画面回到继续定义平行线的画面，可以再定义其他平行线；当以上几条线都定义完后，按"Esc"键退出平行线的定义，画面回到"定义辅助直线"；单击"退出……回车"按钮可退出定义直线功能模块，此时可能有一条直线在"图形显示区"中看不到，可通过"热键提示框"中的"满屏"子功能将它们显示出来，也可通过"显图"功能中的"图形渐缩"子功能来完成。

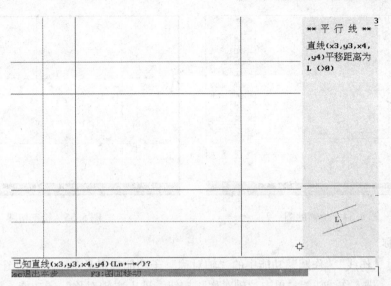

图 5.33　绘平行线

2. 定义辅助圆

画两个圆 ϕ80、ϕ40 和两条斜线 45°、−60°，从图 5.32 中可知这两个圆的参数，可以直接输入这些参数来定义这两个圆，而此处将用另外一种方式来确定这两个圆。

首先，确定这两个圆的圆心，单击"取交点"按钮，此时画面变成了取交点的画面；将鼠标指针移到平行于 X 轴的第 3 条线与 Y 轴相交处单击，这就是 ϕ80 的圆心，用同样的方法来确定另一圆的圆心，此时两个圆心处均有 1 个红点；按 Esc 键退出。

其次，单击"作圆"按钮，进入"定义辅助圆"功能，再单击"心径圆"按钮，进入"心径式"子功能；按照提示选取一圆心点，此时可拖动鼠标来确定一个圆，也可在对话提示框中输入一确定的半径值来确定一个准确的圆。

图 5.32 中 ϕ80、ϕ40 两个圆，用取交点的方法来确定圆心的另一个目的是为作 45°、−60° 两条直线做准备。退回到"全绘式编界面"。

单击"作线"按钮，进入"定义辅助直线"功能，单击"点角线"按钮，进入"点角式"子功能。若此时在对话提示框中显示"已知直线（x3，y3，x4，y4）｛Ln + − ∗∕｝?"可用鼠标去选择一条水平线，也可在此提示框中输入 L1 表示已知直线为 X 轴所在直线。若对话提示框中显示的是"过点(x1,y1)｛Pn + − ∗∕｝?"可输入点的坐标，也可用鼠标去选取图 5.32 中右边的圆心点。下一个对话提示框中显示的是"角（度）w =｛Vn + − ∗∕｝"此时输入一个角度值如 45°后按 Enter 键；屏幕中就产生一条过小圆的圆心且与水平线成45°的直线；用同样的方法去定义与 X 轴成 −60°的直线，退出"点角式"，再进入定义"平行线"子功能，去定义分别与这两条线平行且距离为20 的另外两条线；退出"作线"功能；用"取交点"功能来定义这两条线与圆的相切点并退出此功能界面，如图 5.34 所示。

下面将通过三切圆功能来定义图标注为 R 的圆；单击"三切圆"按钮后进入三切圆功能；按图中 3 个椭圆的位置分别选取 3 个几何元素，此时"图形显示框"中就有满足与这 3 个几何元素相切的，并且不断闪动的虚线圆出现，也可以通过鼠标来确定一个圆，如图 5.35 所示。

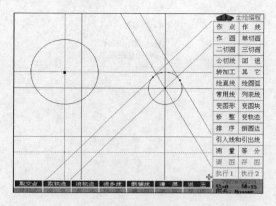 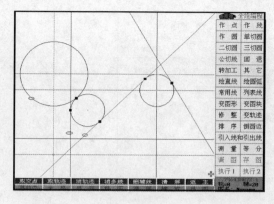

图 5.34　绘辅助圆　　　　　　　图 5.35　绘三切圆

3. 轴对称

可以通过"作线""作圆"功能中的"轴对称"子功能来定义 Y 轴左边的图形部分，单击"作线"按钮，进入作线功能；单击"轴对称"按钮，进入"轴对称"子功能；按照"对话提示框"中所提示内容进行操作，将所要对称的直线定义到 Y 轴左边，退回"全绘编程"界面。

单击"作圆"按钮，进入作圆功能；单出"轴对称"按钮，进入"轴对称"子功能；按照"对话提示框"中所提示内容进行操作，将所要对称的圆定义到 Y 轴左边，退回"全绘编程"界面。

再用取交点的功能来定义下一步取轨迹所需要的点，如图 5.36 所示，此时图中仍有两个 $R10$ 的圆还没有定义，这两个圆将采用倒圆边功能来解决，倒圆边只对轨迹线起作用。

4. 取轨迹

按照图形的轮廓形状，在图 5.36 中每两个交点间的连线上进行取轨迹操作，得到轨迹线。退出取轨迹功能，单击"倒圆边"按钮，进入倒圆或倒边功能，用鼠标点取需要倒圆或倒边的尖点，按提示输入半径或边长的值，就完成了倒圆和倒边的操作，如图 5.37 所示，退回到"全绘编程"界面，至此这例子的绘图过程完成。当然绘图方法并不是只有一种，在掌握了各种功能后，可以灵活应用这些功能来绘图，也可以达到同样的效果。

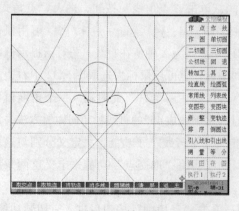 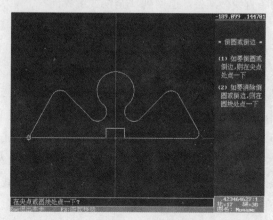

图 5.36　轴对称　　　　　　　图 5.37　取轨迹

5. 合并轨迹线

在进行操作之前，必须对图 5.37 所示图形做一个合并轨迹线操作，以便了解合并轨迹线的应用，图 5.37 中的圆弧是由两段圆弧轨迹线所组成的，此两段圆弧是同心、同半径的，可通过排序中"合并轨迹线"功能将它们合并为一条轨迹线。

单击"排序"按钮，进入排序功能，再单击"合并轨迹线"按钮，进入合并轨迹线子功能，此时对话提示框中显示"要合并吗？（y）／（n）"，当按 Y 键并 Enter 键后，系统自己进行合并处理；单击"回车…退出"按钮，回到"全绘编程"界面；再单击"显向"按钮，这时可看到那两条轨迹线已合并为一条轨迹线，如图 5.38 所示。

6. 作引入线和引出线

至此，零件的理论轮廓线的切割轨迹线就已形成，在实际加工中，还需要考虑钼丝的补偿值以及从哪一点切入加工，关于这些问题，系统应用引入线和引出线功能来实现，系统所提供的引入线引出线和功能是相当齐全的，如图 5.39 所示。

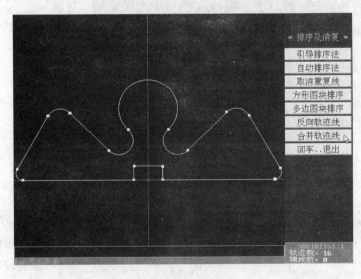

图 5.38　引入线、引出线功能　　　　　图 5.39　合并轨迹线

（1）作一般引线（1）——用端点来确定引线的位置、方向。

（2）作一般引线（2）—— 用长度加上系统的判断来确定引线的位置、方向。

（3）作一般引线（3）—— 用长度加上与 X 轴的夹角来确定引线的位置、方向。

（4）将直线变成引线——选择某直线轨迹线作为引线。

（5）自动消一般引线——自动将所设定的一般引线删除。

（6）修改补偿方向——任意修改引线方向。

在"全绘编程"界面中，单击"引入线引出线"按钮，进入引入线引出线功能；再单击"作一般引线（1）"按钮，进入此功能；对话提示框中显示"引入线的起点（Ax，Ay）？"，此时可直接输入一点的坐标或用鼠标拾取一点，如在"显向画面"图中小椭圆处单击；对话提示框中显示"引入线的终点（Bx，By）？"，此时可直接输入点的坐标（0，20）或用鼠标去拾取这一点；对话提示框中显示"引线括号内自动进行尖角修圆的半径 sr = ？（不修圆回车）"，这一功能对于一个图形中没有尖角且有很多相同半径的圆角时非常有用；此时输入 5 作为修圆半径，按 Enter 键后，对话提示框中显示"指定补偿方向：确定该方向（鼠右键）/另换方向（鼠左键）"，如图 5.40 所示，图 5.41 中的箭头是希望的方向，右去完成引线的操作（在作引入线时会自动排序），单击"退……回"按钮，回到"全绘编程"界面。

单击"显向"按钮出现图 5.40 中的一白色移动的图示，表明钼丝的行走方向和钼丝偏离理论轨迹线的方向。

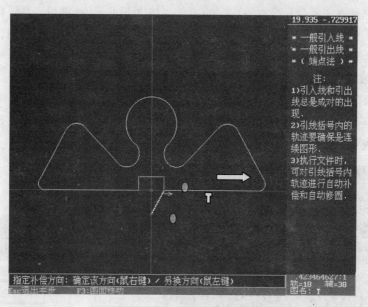

图 5.40   作引入线和引出线

7. 存图操作

完成引入线和引出线操作后，对图形进行保存，以方便调用；HF 系统的存图功能包括"存轨迹线图"、"存辅助线图"、"存 DXF 文件"和"存 AUTOP 文件"子功能，按照这些子功能的提示进行存图操作即可。

8. 执行和后置处理

HF 系统的执行部分有两个，即执行 1 和执行 2；这两个执行的区别是，执行 1 是对绘制的所有轨迹线进行执行和后置处理；而执行 2 只对含有引入线和引出线的轨迹线进行执行和后置处理，对于本例来说采用任何一种执行处理都可，现单击执行 1，屏幕显示为

（执行全部轨迹）

（Esc：退出本步）

文件名：Noname

间隙补偿值 $f = $（$\phi/2$，可为正，可为负）

现输入 f 值，按"Enter"键确认后，出现图 5.41 所示的界面。

9. 检测界面

图 5.42 所示的界面为产生加工程序前的检测界面，在这个界面中可以对零件图形作最后的确认操作；确认图形完全正确后，通过单击"后置"按钮进入后置处理。进入后置处理功能后，界面如图 5.43 所示。

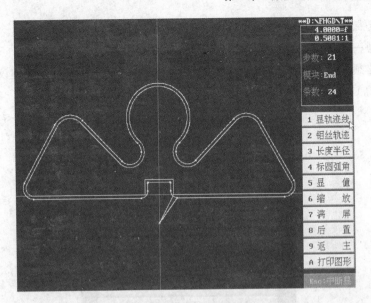

图 5.41　后置处理图

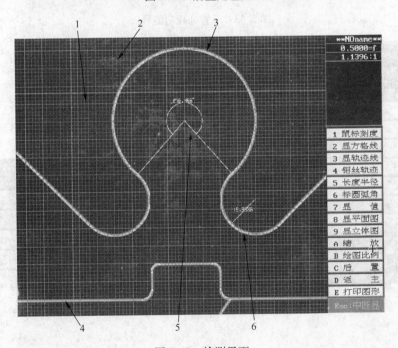

图 5.42　检测界面

1—鼠标刻度；2—方格；3—轨迹线；4—钼丝轨迹；5—标圆弧角；6—长度半径

如图 5.44 所示的界面中有 7 个按钮。

(1) 0 返回主菜单——退回到最开始的界面，则可转到加工界面。

(2) 1 显示 G 代码加工单——在屏幕上显示 G 代码加工程序单。

(3) 2 打印 G 代码加工单——将加 G 代码加工程序单用打印机打印出来。

(4) 3G 代码加工单存盘——将加工程序单以 G 代码格式存到软盘或硬盘上。

(5) 4 生成 HGT 图形文件——可以存补偿后的图形文件。

（6）5 生成锥度加工单——生成锥体的加工程序单，如图 5.44 所示。

（7）6 其他——如图 5.45 所示。

加工前，必须 G 代码加工单存盘（3B 加工单存盘），为加工做好准备（建议用 G 代码，因为 G 代码精度高），至此本例子编程结束。

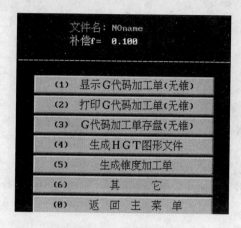

图 5.43　后置处理功能界面

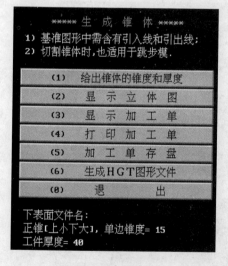

图 5.44　生成锥体

图 5.45　其他选择

习　题　5

5.1　数控电火花线切割的工作原理是什么？电火花线切割加工的特点有哪些？

5.2　简述线切割加工的工作原理。

5.3　电火花线切割机床的使用规则及维护保养方法有哪些？

5.4　何为高速走丝和低速走丝线切割机床，说说它们之间的特点有何不同？

5.5　高速走丝的循环走丝机构的工作原理是什么是？为何要换向机构？如何实现换向动

作？画出储丝筒传动原理图。

5.6　如何保证电极丝与工作台面的垂直度？

5.7　电火花线切割加工的步骤及要求有哪些？如何确定冲模间隙和过渡圆半径？

5.8　HF 线切割全绘图方式编程界面及各功能模块的作用有哪些？

5.9　如何用 HF 自动编程系统对轨迹线绘图编程？如何用常用曲线绘图编程？

5.10　简述 HF 电火花线切割加工操作的步骤和方法。

5.11　如何利用 HF 辅助线绘图编程？怎样合并轨迹线和作引入线、引出线？

5.12　高速、低速走丝时为何要给丝加上张力？如何施加张力？

5.13　简述高速走丝线切割机的数控程序的输入过程大致。有哪些输入方法？

5.14　线切割机床找端面和找孔中心是如何进行的？这对零件加工有何意义？

5.15　HF 线切割加工用程序有哪些格式？

5.16　采用 HF 自动编程系统编写高速走丝切割如图 5.46（a）～图 5.46（c）所示零件的 3B 格式程序。

5.17　采用 HF 自动编程系统编写高速走丝切割如图 5.46（d）和图 5.46（e）所示零件的 ISO 格式程序。

5.18　采用 HF 自动编程系统对图 5.46（b）和图 5.46（d）所示零件进行锥度切割的程序。

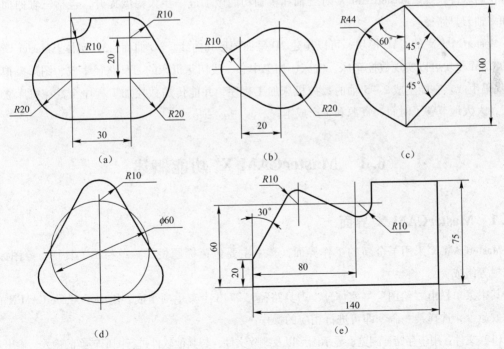

图 5.46　零件图

第 6 章　MastetrCAM X^2 数控加工技术与实训

本章主要内容

本章主要介绍 MasterCAM X^2 功能、MastetrCAM X^2 二维加工技术、MastetrCAM X^2 三维加工技术等内容。

本章学习重点

（1）了解 MasterCAM X^2 主要功能，熟练掌握 MasterCAM X^2 二维实体构建和加工技术。

（2）通过典型实例学习，熟练掌握 MasterCAM X^2 三维实体构建和加工技术。

MasterCAM X^2 软件是美国 CNC SoftWare. INC. 所研制开发的 CAD/CAM 系统，是经济有效的全方位的软件系统。MasterCAM X^2 对三轴和多轴功能做了进一步大幅度提升，包括三轴曲面加工和多轴刀具路径。

MasterCAM X^2 的 CAD 模块，可以构建 2D 平面图形和曲线、3D 曲面、3D 实体。Master CAM X^2 的 CAM 模块可以实现数控车床、铣床、加工中心、线切割机床的刀具路径生成、图形模拟和 NC 代码生成。它能生成 2~5 轴的数控机床加工程序，并能传送数控加工程序至数控机床立即加工，大大地节省了时间、资源和生产成本。

6.1　MasterCAM X^2 功能概述

6.1.1　MasterCAM X^2 界面

MasterCAM X^2 采用了全新的工作界面，其中主要包括标题栏、菜单栏、工具栏、绘图区、状态栏等组成。

其中菜单栏由"绘图""实体""刀具路径"等 13 个菜单项组成，集中了 MasterCAM X^2 的大多数命令，选择某一命令即可进行相应的操作。

（1）文件：用于存储、浏览、显示图形以及删除文件，与其他软件进行图形转换的输入、输出。

（2）编辑：与 Windows 的"编辑"菜单一样，也是用于对所选图形进行编辑，如复制、剪切、粘贴、修剪和断开等。

（3）视图：包含切换操作管理器、窗口设置、平移、视窗放大/缩小、标准视图等命令。

（4）分析：对所选图形元素的位置、尺寸和图素属性进行分析，所分析的资料是相对于构图平面的工作坐标系而言的。

(5) 绘图：用来产生各种平面图形、曲面、线架、实体图形，以及标注尺寸等。

(6) 实体：可以将二维图形转换为三维实体图形，也可以绘制圆柱体、长方体、球体等基本实体，还可以对实体进行各种编辑。

(7) 转换：包含图形的平移、镜像、旋转、偏置、阵列、投影、自动排版等命令。

(8) 机床类型：用于选择 MasterCAM X² 的功能模块和相应的机床类型。

(9) 刀具路径：包括 2 轴、3 轴、4 轴和 5 轴刀具路径的生成、编辑和加工操作管理等功能。

(10) 屏幕：包括图形的隐藏与消隐、着色、栅格设置和属性设置等功能。

(11) 浮雕：包括浏览著作设计图案、描绘图像、新建浮雕矩形根基曲面、创建素材、编辑和转换等功能，浮雕是属于三维铣削加工中的雕刻加工，其主要操作方法有准备文件、创建矩形、创建浮雕底面、创建刀具路径和模拟加工等。

(12) 设置：用来改变屏幕上的图形显示方式、工具栏和菜单栏，可设置工作环境和一些必要的参数。

(13) 帮助：提供系统帮助，是 MasterCAM X² 最全面的用户手册。

6.1.2 MasterCAM X² 二维加工

MasterCAM X² 二维加工用来生成二维刀具路径，主要包括外形铣削、挖槽、钻孔、面铣削、全圆铣削、点铣削、雕刻等加工。

二维加工必须使构建的几何外形适合所要加工的铣削形式。进入铣削模式前，需设置合适的构图面，以配合构建的几何外形及铣削形式，同时也要了解外形的定义与连接方法。

定义好加工外形后，必须单击"刀具路径"菜单项，在弹出的下拉菜单中选取一种铣削形式，才能完成所要的铣削路径及加工的 NC 程序。

在 MasterCAM X² 中，二维加工包括外形铣削、挖槽、钻孔、面铣削等多种加工类型，其中外形铣削和挖槽这两种加工功能在二维加工中运用最为广泛，而钻孔、面铣削等在许多参数设置上与外形铣削和挖槽的参数设置相似。

6.1.3 MasterCAM X² 三维加工

在 MasterCAM X² 三维加工过程中，曲面刀具路径比二维路径要复杂得多，大多数曲面加工都需要粗加工和精加工。通过选择"刀具路径"→"曲面粗加工"命令，即可弹出"曲面粗加工"子菜单，再选择"刀具路径"→"曲面精加工"命令，则可弹出"曲面精加工"子菜单。

1. 曲面粗加工类型

在"曲面粗加工"子菜单中，MasterCAM X² 提供了 8 种曲面粗加工类型。

(1) 粗加工平行铣削加工：沿着特定的方向产生一系列平行的刀具路径，通常用于加工单一的凸体或者凹体。

(2) 粗加工放射状加工：生成放射状的粗加工路径，常用于加工类似圆形的零件，其主要特点是中心对称。

(3) 粗加工投影加工：将已有的刀具路径或者几何图形投影到选择的曲面上生成刀具路径。

（4）粗加工流线加工：沿着流线方向生成刀具路径。

（5）粗加工等高外形加工：沿着曲面的外形轮廓生成刀具路径，类似于二维轮廓加工。

（6）粗加工残料加工：主要用于将由于刀具选择过大或者加工方式不合理而残留在零件表面的材料去除。

（7）粗加工挖槽加工：主要用于切除封闭外形所包含的材料。

（8）粗加工钻削式加工：切削所有位于曲面与凹槽的边界处的材料，可以迅速地去除粗加工余量。

2. 曲面精加工类型

在"曲面精加工"子菜单中，MasterCAM X^2提供了 11 种曲面精加工类型。

（1）精加工平行铣削加工：和粗加工平行铣削类似，只是生成的是精加工的刀具路径。

（2）精加工平行陡斜面加工：用于清除曲面斜坡上的残留材料。

（3）精加工放射状加工：生成放射状的粗加工路径，常用于加工类似圆形的零件，其主要特点是中心对称。

（4）精加工投影加工：和粗加工投影类似，只是生成的是精加工刀具路径。

（5）精加工流线加工：和粗加工流线类似，只是生成的是精加工刀具路径。

（6）精加工等高外形加工：和粗加工等高外形类似，只是生成的是精加工刀具路径。

（7）精加工浅平面加工：用于清除曲面上浅平面部分的残留材料。

（8）精加工交线清角加工：用于清除曲面间的交角部分残留材料。

（9）精加工残料加工：和粗加工中的残料加工类似，只是生成的是精加工刀具路径。

（10）精加工环绕等距加工：生成一个等距环绕工件曲面的精加工刀具路径。

（11）精加工熔接加工：MasterCAM X^2新增的加工类型，用于生成一组横向或纵向的精加工刀具路径。

6.2 MastetrCAM X^2 二维加工技术

例 6.1 零件如图 6.1 所示，首先进行实体构建，然后进行二维加工。

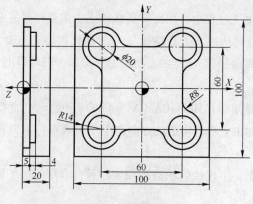

图 6.1 零件图

1）实体构建

（1）绘制矩形。选择"绘图"→"矩形形状设置"命令，系统弹出"矩形形状选项"对话框，在对话框中设置矩形长为"100"，高为"100"，锚点设在左下角点，系统提示"选取基准点的位置"，在 X、Y、Z 的文本框中输入（0，0，0），单击"确定"按钮，如图 6.2 所示。

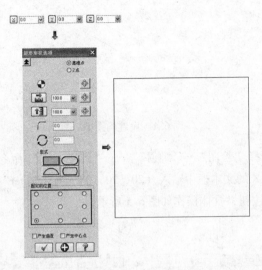

图 6.2　绘制矩形

（2）拉伸实体。选择"实体"→"拉伸"命令，系统弹出"转换参数"对话框，在该对话框中选择"串连方式"，选取图素，单击"确定"按钮，系统弹出"实体拉伸的设置"对话框，在该对话框中进行设置，注意要使实体向下拉伸，拉伸距离为"20"，单击"确定"按钮，具体操作如图 6.3 所示。

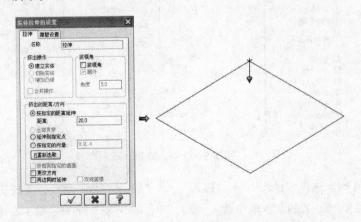

图 6.3　拉伸实体

（3）设置构图面。在状态栏中左击"构图面"，在弹出的菜单栏中选择"按实面设置平面"，系统提示"请选择一实体面"，在图素中选择"顶面"，也就是 0 - 0 面，系统弹出"选择视角"对话框，单击"确定"按钮，系统又弹出"新建视角"对话框，设置视角的原点在顶面的左下角，单击"确定"按钮，再在工具栏中选择"俯视图"视角，具体操作如图 6.4 所示。

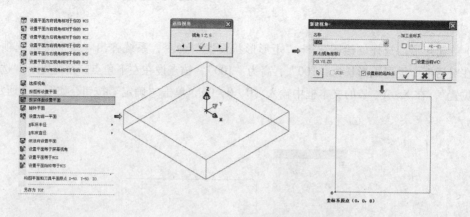

图 6.4　设置构图面

（4）绘制 $\phi20$ 圆。选择"绘图"→"圆弧"→"圆心＋点"命令，系统提示"请选择圆心点的位置"，在 X、Y、Z 的文本框中输入（20，20，0），按"Enter"键，在半径文本框中输入"10"，单击"确定"按钮，具体操作如图 6.5 所示。

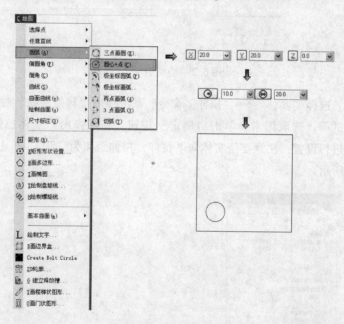

图 6.5　绘制 $\phi20$ 圆

（5）绘制 $R14$ 圆。选择"绘图"→"圆弧"→"圆心＋点"命令，系统提示"请选择圆心点的位置"，在 X、Y、Z 的文本框中输入（20，20，0），按"Enter"键，在半径文本框中输入"14"，单击"确定"按钮，具体操作如图 6.6 所示。

（6）镜像图形。选择"转换"→"镜像"命令，系统提示"选取图素去镜像"，选择 $R14$、$\phi20$ 的圆，按【Enter】键，弹出"镜像"对话框，选择"选择二点"方式来镜像圆，分别选择矩形的中点，单击"确定"按钮，具体操作如图 6.7 所示。

（7）镜像图形。选择"转换"→"镜像"命令，系统提示"选取图素去镜像"，选择两组圆，按【Enter】键，系统出现"镜像"对话框，选择"选择二点"方式来镜像圆，分别选择矩形的中点，单击"确定"按钮，具体操作如图 6.8 所示。

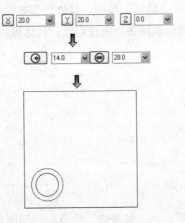

图 6.6　绘制 *R*14 圆

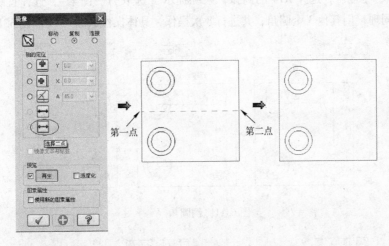

图 6.7　镜像图形（一）

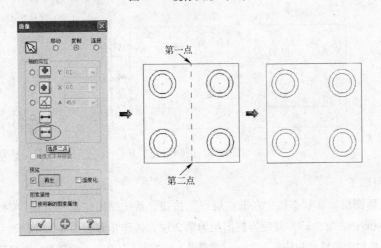

图 6.8　镜像图形（二）

（8）绘制横向连心线。选择"绘图"→"绘制直线"→"绘任意直线"命令，系统提示

"指定第一个端点",选择一组圆心,系统提示"指定第二个端点",选择另一组圆心;重复上述步骤再绘制另一组直线,单击"确定"按钮,具体操作如图6.9所示。

(9)采取(8)中的方法再绘制两条竖向连心线,具体操作如图6.10所示。

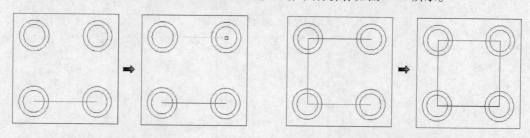

图6.9　绘制横向连心线　　　　　　　图6.10　绘制竖向连心线

(10)倒圆角。选择"绘图"→"倒圆角"命令,在倒圆角工具栏中输入半径为"8",系统提示"选取一图素",选择 R14 的圆弧,系统提示"选取另一图素",选择直线,单击"确定"按钮,同理,倒其他3个圆角,共进行8次操作,具体操作如图6.11和图6.12所示。

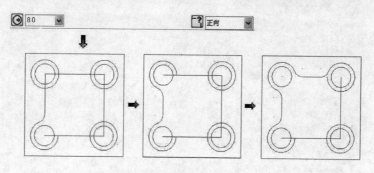

图6.11　倒圆角(一)

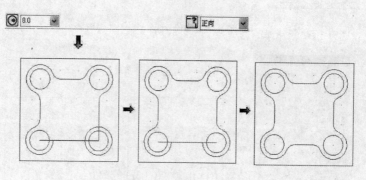

图6.12　倒圆角(二)

2)挖槽粗加工

(1)建立新图层。在状态栏中左击"层别"按钮,系统弹出"层别管理"对话框,在"层别编号"文本框中输入"2",并使当前图层为第2层,操作步骤如图6.13所示。

(2)在菜单栏中选择"机床类型"→"铣削"→"默认"命令,设置机床类型及加工群组。

(3)选取挖槽边界。在菜单栏中选择"刀具路径"→"挖槽"命令,系统弹出"输入新NC名称"对话框,输入"综合实例10-1",单击"确定"按钮,系统弹出"转换参数"对话框，提示选取挖槽边界，按如图 6.14 所示操作步骤进行。

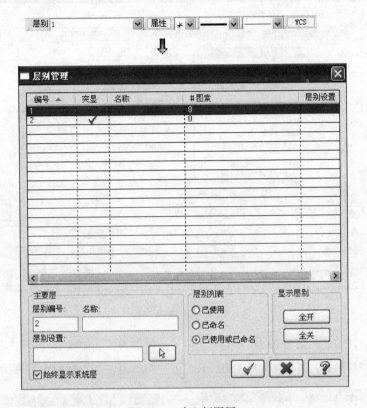

图 6.13　建立新图层

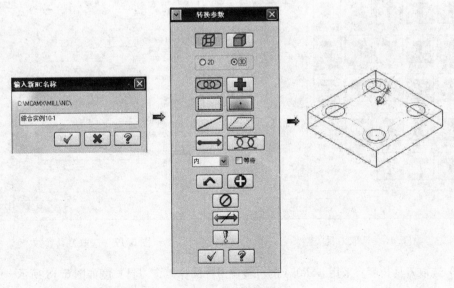

图 6.14　选取挖槽边界

　　（4）创建刀具。在"转换参数"对话框中的"确定"按钮，系统弹出"挖槽（标准）"对话框，在空白处右击，在弹出快捷菜单中选择"创新建刀具"命令，如图 6.15 所示。

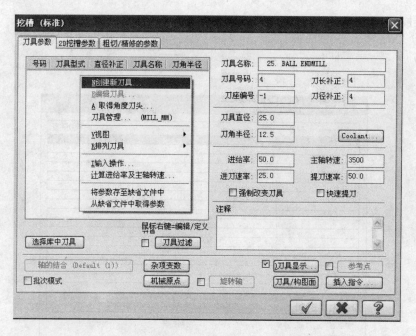

图 6.15 创建刀具

（5）选取刀具型式。采用 $\phi 6R0.4$ 的可转位刀片圆鼻刀，如图 6.16 所示。

（6）选取刀具参数。采用 $\phi 6R0.4$ 的可转位刀片圆鼻刀，参数如图 6.17 所示。

图 6.16 选取刀具类型

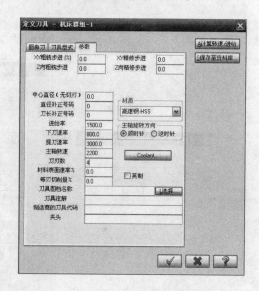

图 6.17 选取刀具参数

（7）选取刀具长度。采用 $\phi 6R0.4$ 的可转位刀片圆鼻刀，刀具长度如图 6.18 所示。

（8）设置 2D 挖槽参数。参考高度为"50"，进给下刀位置为"10"，工件表面为"0"，深度为"-5"，XY 方向预留量为"0.2"，Z 方向预留量为"0.1"，如图 6.19 所示。

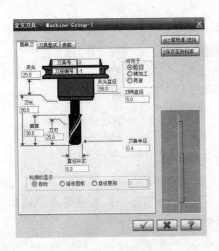

图 6.18　选取刀具长度

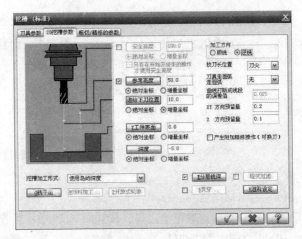

图 6.19　2D 挖槽参数

（9）设置分层切削参数。在图 6.19 所示对话框中单击"分层铣深"按钮，弹出图 6.20 所示对话框，可以设置分层切削参数，具体切削参数如图 6.20 所示。

（10）确定粗加工方式。选择"双向"，如图 6.21 所示。

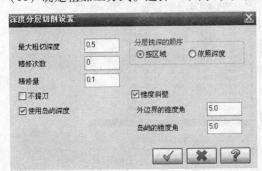

图 6.20　分层切削

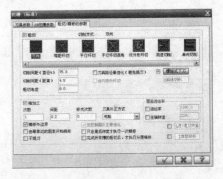

图 6.21　确定粗加工方式

（11）设置螺旋式下刀参数。在图 6.21 所示对话框中单击"螺旋式下刀"按钮，则弹出图 6.22 所示对话框，可以设置螺旋式下刀参数，具体下刀参数如图 6.22 所示。

（12）确定挖槽刀路。在"挖槽（标准）"对话框中单击"确定"按钮，系统开始进行挖槽加工刀路计算，如图 6.23 所示。

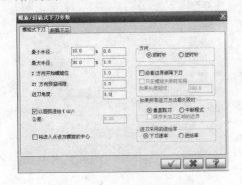

图 6.22　设置螺旋式下刀参数

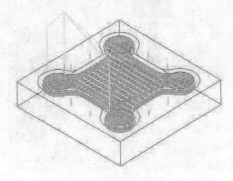

图 6.23　挖槽刀路

（13）模拟刀具路径。单击"刀具路径"按钮，系统弹出"刀路模拟"对话框，如图 6.24 所示。

图 6.24　挖槽刀路

3）挖槽精加工

（1）选取挖槽边界。在菜单栏中选择"刀具路径"→"挖槽"命令，系统弹出"转换参数"对话框，提示选取挖槽边界，按如图 6.25 所示操作步骤进行。

（2）从刀库中选取刀具。单击"转换参数"对话框中的"确定"按钮，系统弹出"挖槽（标准）"对话框，单击"从刀库中选取刀具"按钮，系统弹出"刀库刀具"对话框，选择"$\phi 8R1$ 刀具"，操作步骤如图 6.26 所示。

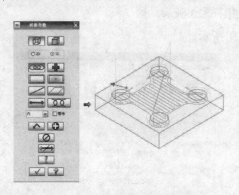

图 6.25　选取挖槽边界

图 6.26　从刀库中选取刀具

（3）选取刀具型式。采用 $\phi 8R1$ 的可转位刀片圆鼻刀，如图 6.27 所示。

（4）选取刀具参数。采用 $\phi 8R1$ 的可转位刀片圆鼻刀，输入参数如图 6.28 所示。

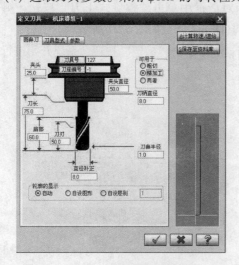

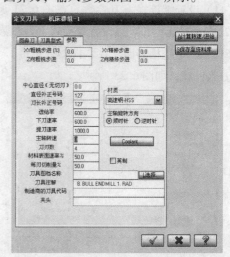

图 6.27　选取刀具类型

图 6.28　选取刀具参数

（5）选取刀具长度。采用 φ8R1 的可转位刀片圆鼻刀，长度如图 6.29 所示。

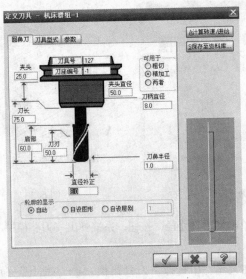

图 6.29 选取刀具长度

（6）设置 2D 挖槽参数。参考高度为"50"，下刀位置为"10"，工件表面为"0"，深度为"-5"，如图 6.30 所示。

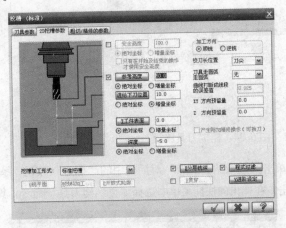

图 6.30 设置 2D 挖槽参数

（7）设置分层切削参数。在图 6.30 所示对话框中单击"分层铣深"按钮，弹出图 6.31 所示对话框，可以设置分层切削参数，具体切削参数如图 6.31 所示。

（8）确定粗加工方式。选择"双向"，如图 6.32 所示。

（9）确定挖槽刀路。在"挖槽（标准）"对话框中单击"确定"按钮，系统开始进行挖槽加工刀路计算，如图 6.33 所示。

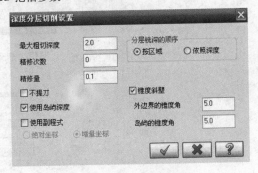

图 6.31 设置分层切削

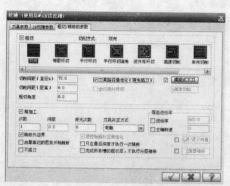

图 6.32　确定粗加工方式 　　　　　　　图 6.33　确定挖槽刀路

（10）模拟刀具路径。单击"刀具路径"按钮，系统弹出"刀路模拟"对话框，如图 6.34 所示。

4）钻孔

（1）选取钻孔的点。在菜单栏中选择"刀具路径"→"钻孔"命令，系统弹出"选取钻孔的点"对话框，在对话框中单击"选取图素"按钮，分别选择四个 $\phi20$ 的圆，如图 6.35 所示。

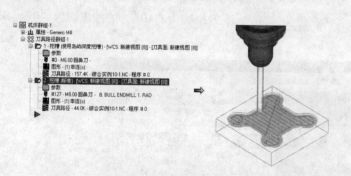

图 6.34　模拟刀具路径 　　　　　　图6.35　选取钻孔的点

（2）创新建刀具。单击"选取钻孔的点"对话框中的"确定"按钮，系统弹出"钻孔"参数设置对话框，在空白处右击，在弹出的快捷菜单中选择"创新建刀具"命令，具体操作如图 6.36 所示。

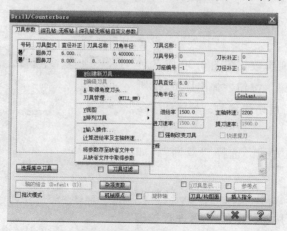

图 6.36　创新建刀具

（3）选取刀具型式。采用 φ20 的钻头，如图 6.37 所示。

（4）选取刀具参数。采用 φ20 的钻头，参数如图 6.38 所示。

图 6.37　选取刀具类型

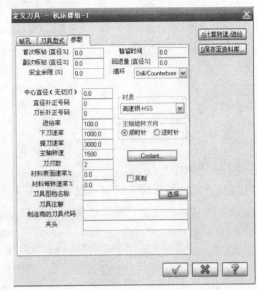

图 6.38　选取刀具参数

（5）选取刀具长度。采用 φ20 的钻头，长度如图 6.39 所示。

（6）设置钻孔参数。参考高度为"50"，工件表面为"0"，深度为"-9"，如图 6.40 所示。

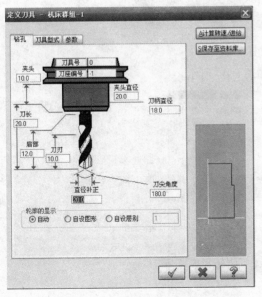

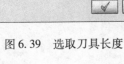

图 6.39　选取刀具长度

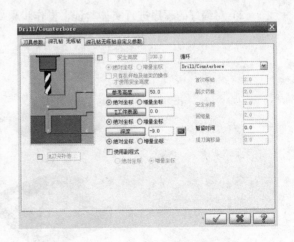

图 6.40　设置钻孔参数

（7）确定钻孔刀路。在"钻孔"对话框中单击"确定"按钮，系统开始进行钻孔加工刀路计算，如图 6.41 所示。

（8）模拟刀具路径。单击"刀具路径"按钮，系统弹出"刀路模拟"对话框，如图 6.42 所示。

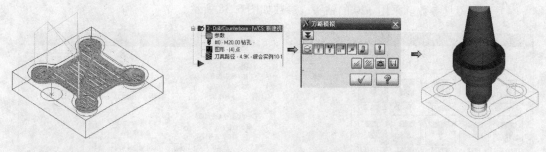

图 6.41　确定钻孔刀路　　　　　　　　　　　图 6.42　钻孔刀路

5）实体验证

完成产品的编程后，可以通过实体验证功能去校验编程是否正确。

（1）进行材料设置，操作步骤如图 6.43 所示。

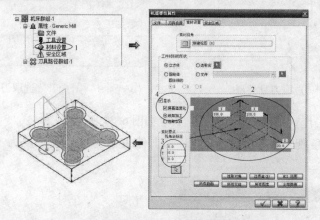

图 6.43　材料设置

（2）对编好的程序进行实体验证，操作步骤如图 6.44 所示。

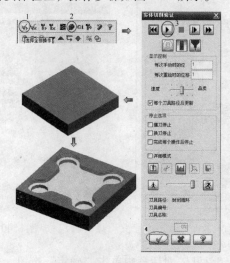

图 6.44　实体验证

6.3　MastetrCAM X² 三维加工技术

例 6.2　吹风机零件如图 6.45 所示，构建吹风机模型，并进行三维曲面加工。

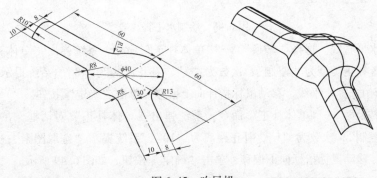

图 6.45　吹风机

1）曲面造型

（1）设置构图面。在工具栏中单击"俯视图"图标，再单击工具条中构图面的下拉按钮，在下拉菜单中选择"设置平面为俯视角相对于你的 WCS"命令，如图 6.46 所示。

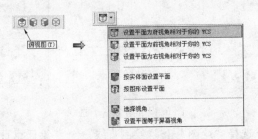

图 6.46　设置构图面

（2）绘制圆。选择"绘图"→"圆弧"→"圆心＋点"命令，系统提示"输入圆心位置"，在 X、Y、Z 的文本框中输入（0，0，0），再在工具栏的半径文本框中输入半径为"20"，单击"确定"按钮，如图 6.47 所示。

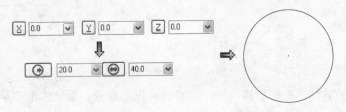

图 6.47　绘制圆

（3）绘制水平直线。选择"绘图"→"绘制直线"→"绘任意直线"命令，系统提示"指定第一个端点"，在 X、Y、Z 的文本框中输入（-70，0，0），按"Enter 键"，系统提示"指定第二个端点"，在 X、Y、Z 的文本框中输入（70，0，0），按"Enter 键"，单击工具栏的"确定"按钮，具体操作如图 6.48 所示。

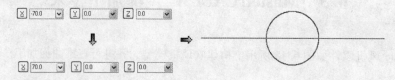

图 6.48　绘制水平直线

（4）偏移水平直线。选择"转换"→"单体补正"命令，系统弹出"单体补正"对话框，在对话框中设置补正类型为"复制"，次数为"1"，补正距离为"8"，系统提示"选取图素去补正"，在图形中选择水平线，移动鼠标指针向上偏移，单击"确定"按钮。

再选择"转换"→"单体补正"命令，系统弹出"单体补正"对话框，在对话框中设置补正类型为"复制"，次数为"1"，补正距离为"10"，系统提示"选取图素去补正"，在图形中选择水平线，移动鼠标指标向下偏移，单击"确定"按钮，如图 6.49 所示。

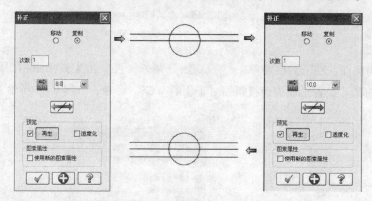

图 6.49　偏移水平直线

（5）绘制水平直线。选择"绘图"→"绘制直线"→"绘任意直线"命令，系统提示"指定第一个端点"，在 X、Y、Z 的文本框中输入（0，30，0），按"Enter 键"，系统提示"指定第二个端点"，在 X、Y、Z 的文本框中输入（0，-30，0），按"Enter 键"，单击工具栏的"确定"按钮，具体操作如图 6.50 所示。

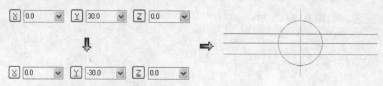

图 6.50　绘制水平直线

（6）偏移垂直直线。选择"转换"→"单体补正"命令，系统弹出"单体补正"对话框，在对话框中设置补正类型为"复制"，次数为"1"，补正距离为"60"，系统提示"选取图素去补正"，在图形中选择水平线，移动鼠标指针向上偏移，单击"确定"按钮。

再选择"转换"→"单体补正"命令，系统弹出"单体补正"对话框，在对话框中设置补正类型为"复制"，次数为"1"，补正距离为"60"，系统提示"选取图素去补正"，在图形中选择水平线，移动鼠标指针向下偏移，单击"确定"按钮，如图 6.51 所示。

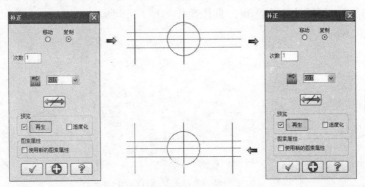

图 6.51　偏移垂直直线

（7）打断水平线。选择"编辑"→"修剪/打断"→"在交点处打断"命令，系统提示"选取要打断的图素"，分别选择三条水平线和中间的一条垂直线，按【Enter】键，断点 L1、L2、L3 如图 6.52 所示。

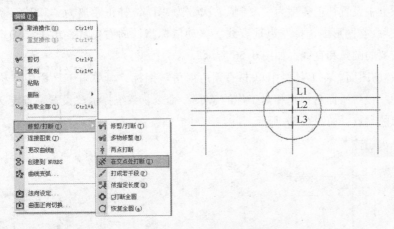

图 6.52　打断水平线

（8）旋转直线。选择"转换"→"旋转"命令，系统提示"旋转：选取图素去旋转"，在图形中分别选择右边三条水平线和一条垂直线，按【Enter】键，系统弹出"旋转"对话框，在对话框中设置旋转类型为"移动"，次数为"1"，旋转角度为"-30"，单击"确定"按钮，如图 6.53 所示。

（9）打断圆。选择"编辑"→"修剪/打断"→"在交点处打断"命令，系统提示"选取要打断的图素"，分别选择四条水平线和圆，按【Enter】键，断点 L1、L2、L3、L4 如图 6.54 所示。

（10）倒圆角。选择"绘图"→"倒圆角"→"倒圆角"命令，在倒圆角工具栏中输入半径为

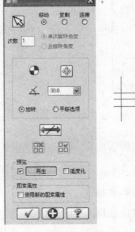
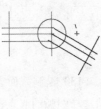

图 6.53　旋转直线

"13"，系统提示"选取一图素"，选择 R20 的圆，系统提示"选取另一图素"，选择直线，单
"确定"按钮，同理，倒其他 3 个圆角，具体操作如图 6.55 所示。

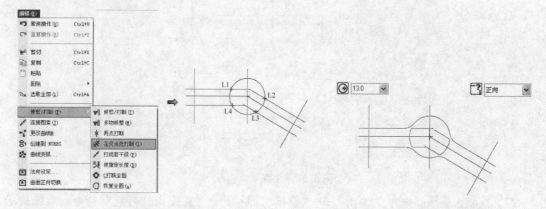

图 6.54　打断圆　　　　　　　　　　　　　　　　图 6.55　倒圆角

（11）绘法线和删除图素。选择"转换"→"单体补正"命令，系统弹出"单体补正"对
话框，在对话框中设置补正类型为"复制"，次数为"1"，补正距离为"120"，系统提示"选
取图素去补正"，在图形中选择左边垂直线，移动鼠标指针向右偏移，单击"确定"按钮，再
删除图素不需要的圆弧和直线，如图 6.56 所示。

（12）设置构图面。在工具栏中单击"等角视角"图标，再单击工具栏中"构图面"的下
拉按钮，选择"设置平面右视角相对于你的 WCS"命令，系统提示"设置一点定义构图深度"，
选择要画圆弧的起点，如图 6.57 所示。

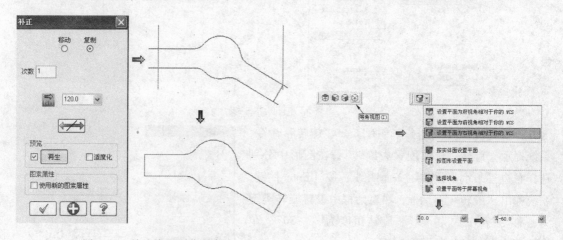

图 6.56　绘法线和删除图素　　　　　　　　　　图 6.57　设置构图面

（13）绘制截面方向圆弧。首先选择"绘图"→"圆弧"→"两点画弧"命令，系统提示
"请选择圆弧的起点"，捕捉第一端点，再捕捉第二端点，在半径文本框中输入"10"，单击"确
定"按钮，如图 6.58 所示。

（14）绘制扫描曲面。首先选择"绘图"→"绘制曲面"→"扫描曲面"命令，系统弹出
"转换参数"对话框，选择"串连"方式，系统提示"请选择截面方向外形"，选择圆弧，在
"转换参数"对话框中单击"确定"按钮，系统提示"请选择引导线方向外形"，选择两条引导

线，单击"确定"按钮，如图 6.59 所示。

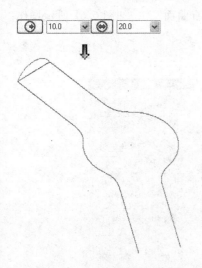

图 6.58　绘制截面方向圆弧

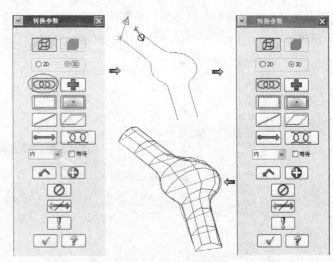

图 6.59　绘制扫描曲面

2）三维曲面粗加工

（1）建立新图层。在状态栏中单击"层别"按钮，系统弹出"层别管理"对话框，在"层别编号"文本框中输入"2"，并使当前图层为第 2 层，操作步骤如图 6.60 所示。

图 6.60　建立新图层

（2）在菜单栏中选择"机床类型"→"铣削"→"默认"命令，设置机床类型及加工群组。

（3）选取加工曲面与边界。选择"俯视图"构图面，在菜单栏中选择"刀具路径"→"曲面粗加工"→"粗加工等高外形加工"命令，系统弹出"输入新 NC 名称"对话框，输入"综

合实例 11 – 1", 单击 "确定" 按钮, 系统提示 "选择曲面", 选取 "吹风机曲面", 系统弹出
"刀具路径的曲面选取" 对话框, 用窗选方式选择 "凸起的所有曲面", 按如图 6.61 所示操作
步骤进行。

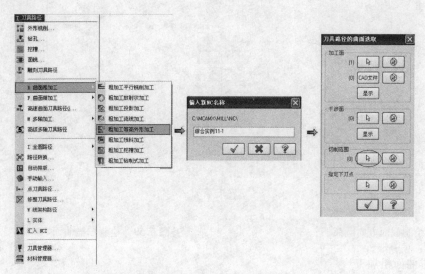

图 6.61　选取加工曲面与边界

（4）创新建刀具。单击 "转换参数" 对话框中的 "确定" 按钮, 系统弹出 "曲面粗加工等
高外形" 对话框, 在空白处右击, 在快捷菜单中选择 "创新建刀具" 命令, 操作步骤如图 6.62
所示。

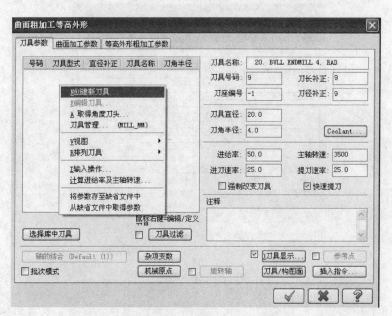

图 6.62　创新建刀具

（5）选取刀具型式。采用 φ10 的糖球形铣刀, 如图 6.63 所示。

（6）选取刀具参数。选择 φ10 的糖球形铣刀的进给率 2 000 mm/min, 下刀速率 800 mm/

min，主轴转速 1500 r/min，提刀速率 3 000 mm/min，刀具参数如图 6.64 所示。

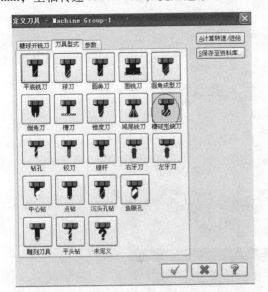

图 6.63　选取糖球形铣刀

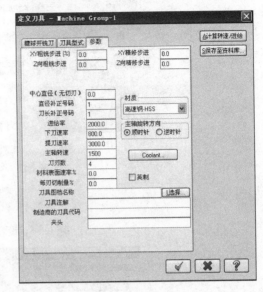

图 6.64　选取刀具参数

（7）选取刀具长度。选择 φ10 的糖球形铣刀，刀具长度如图 6.65 所示。

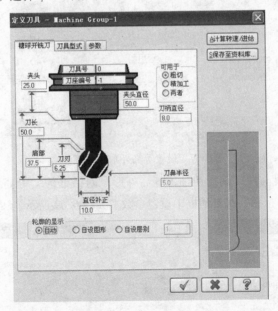

图 6.65　选取刀具长度

（8）设置曲面加工参数。参考高度为绝对坐标"20"，进给下刀位置为增量坐标"3"，加工面预留量为"0.3"，如图 6.66 所示。

（9）设置等高外形粗加工参数。单击"等高外形粗加工参数"标签，在对话框中设置封闭轮廓的方向为"逆铣"，开放式轮廓方向为"双向"，如图 6.67 所示。

（10）设置整体误差。单击"等高外形粗加工参数"选项卡中单击"整体误差"按钮，在系统弹出的对话框中设置参数，如图 6.68 所示。

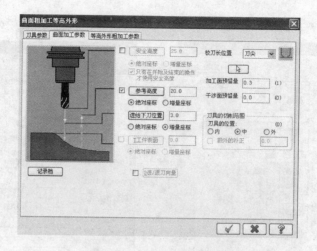

图 6.66　设置曲面加工参数

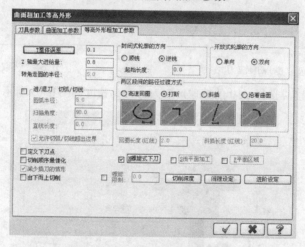

图 6.67　设置等高外形粗加工参数

（11）设置切削深度。在"曲面粗加工等高外形"对话框的"等高外形粗加工参数"选项卡中单击"切削深度"按钮，在对话框中设置参数，如图 6.69 所示。

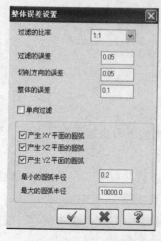

图 6.68　设置整体误差

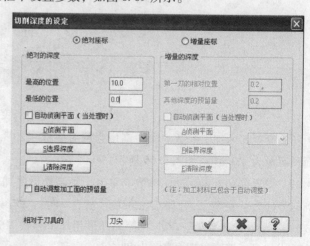

图 6.69　设置切削深度

（12）设置螺旋式下刀参数。单击"螺旋式下刀"按钮，在系统弹出的对话框中可以设置螺旋式下刀参数，如图 6.70 所示。

（13）确定等高外形粗加工刀路。在"曲面粗加工等高外形"对话框的"等高外形粗加工参数"选项卡单击"确定"按钮，系统开始进行等高外形粗加工刀路计算，如图 6.71 所示。

图 6.70　设置螺旋式下刀参数

图 6.71　确定等高外形粗加工刀路

（14）模拟刀具路径。单击"刀具路径"按钮，系统弹出"刀路模拟"对话框，如图 6.72 所示。

图 6.72　模拟刀具路径

3）曲面残料粗加工

残料粗加工用于清除其他加工未能切削而残留的材料。

（1）选取加工曲面与边界。在菜单栏中选择"刀具路径"→"曲面粗加工"→"粗加工残料加工"命令，系统提示"选择曲面"，用窗选方式选择"凸起的所有曲面"，系统弹出"刀具路径的曲面选取"对话框，单击"确定"按钮，如图 6.73 所示。

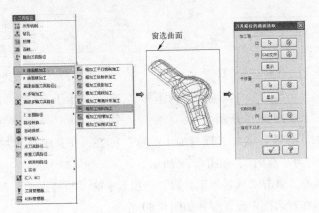

图 6.73　选取加工曲面与边界

（2）创新建刀具。在"转换参数"对话框单击"确定"按钮，系统弹出"曲面残料粗加工"对话框，在空白处右击，在快捷菜单中选择"创新建刀具"命令，操作步骤如图6.74所示。

（3）选取刀具型式。采用φ6的糖球形铣刀，如图6.75所示。

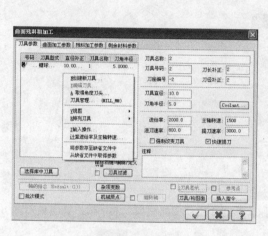

图6.74 创新建刀具

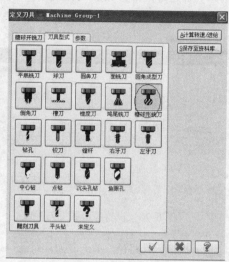

图6.75 选取糖球形铣刀

（4）选取刀具参数。选择φ6的糖球形铣刀的进给率2 500 mm/min，下刀速率600 mm/min 主轴转速1 800 r/min，提刀速率3 500 mm/min，刀具参数如图6.76所示。

（5）选取刀具长度。采用选择φ6的糖球形铣刀，刀具长度如图6.77所示。

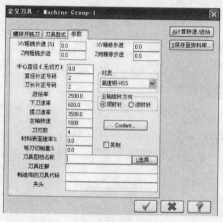

图6.76 选取刀具参数

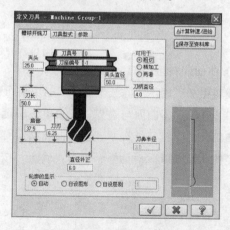

图6.77 选取刀具长度

（6）设置曲面加工参数。参考高度为绝对坐标"20"，进给下刀位置为增量坐标"3"，加工面预留量为"0.3"，如图6.78所示。

（7）设置残料加工参数。单击"残料加工参数"标签，在其中设置封闭轮廓方向为"顺铣"，开放式轮廓方向为"双向"，如图6.79所示。

（8）设置整体误差。单击"残料加工参数"选项卡中的"整体误差"按钮，系统弹出"整体误差设置"对话框在对话框中设置参数如图6.80所示。

（9）设置切削深度。单击"残料加工参数"选项卡中的"切削深度"按钮，系统弹出"切削深度的设定"对话框，在对话框中设置参数如图 6.81 所示。

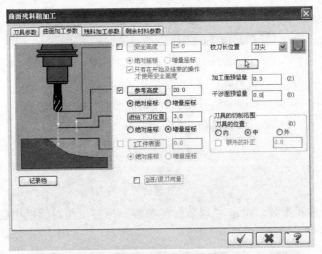

图 6.78　设置曲面加工参数

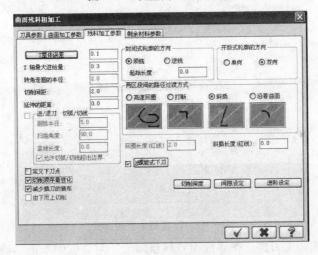

图 6.79　设置残料加工参数

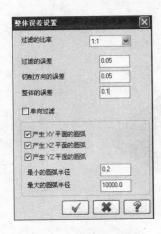

图 6.80　设置整体误差

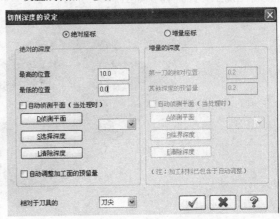

图 6.81　设置切削深度

（10）设置螺旋式下刀参数。单击"残料粗加工参数"选项卡中的"螺旋式下刀"按钮，系统弹出"螺旋下刀参数"对话框，可以设置螺旋式下刀参数，如图 6.82 所示。

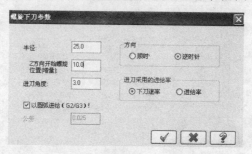

图 6.82　设置螺旋式下刀参数

（11）设置剩余材料参数。单击"剩余材料参数"标签，在对话框中设置粗铣刀具直径为"10"，刀角半径为"5"，如图 6.83 所示。

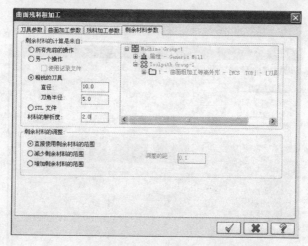

图 6.83　设置剩余材料参数

（12）确定残料粗加工刀路。在"曲面残料粗加工"对话框中单击"确定"按钮，系统开始进行残料粗加工刀路计算，如图 6.84 所示。

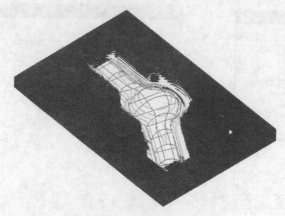

图 6.84　确定残料粗加工刀路

（13）模拟刀具路径。单击"刀具路径"按钮，系统弹出"刀路模拟"对话框，如图 6.85 所示。

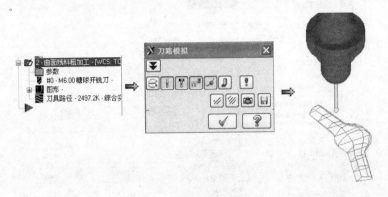

图 6.85　模拟刀具路径

4）曲面平行铣削精加工

（1）选取加工曲面与边界。在菜单栏中选择"刀具路径"→"曲面精加工"→"精加工平行铣削"命令，系统提示"选择曲面"，用窗选方式选择"凸起的所有曲面"，系统弹出"刀具路径的曲面选取"对话框，单击"确定"按钮，如图 6.86 所示。

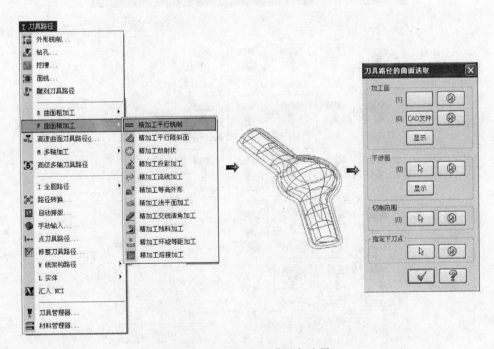

图 6.86　选取加工曲面与边界

（2）创新建刀具。单击"转换参数"对话框中的"确定"按钮，系统弹出"曲面精加工平行铣削"对话框，在空白处右击，在快捷菜单中选择"创新建刀具"命令，操作步骤如图 6.87 所示。

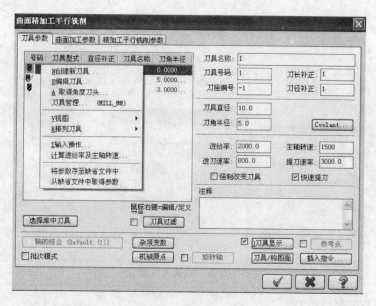

图 6.87 创新建刀具

（3）选取刀具型式。采用 $\phi6$ 的糖球形铣刀，如图 6.88 所示。

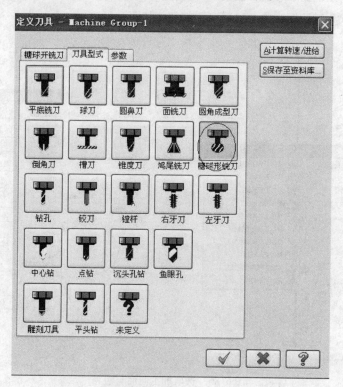

图 6.88 选取刀具类型

（4）选取刀具参数。选择 $\phi6$ 的糖球形铣刀的进给率 2 800 mm/min，下刀速率 1 000 mm/min，主轴转速 3 000r/min，提刀速率 3 800mm/min，具体参数如图 6.89 所示。

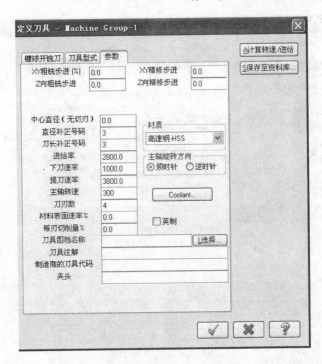

图 6.89　选取刀具参数

（5）选取刀具长度。采用选择 $\phi6$ 的糖球形铣刀，刀具长度如图 6.90 所示。

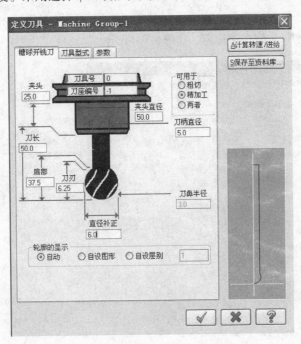

图 6.90　选取刀具长度

（6）设置曲面加工参数。参考高度为绝对坐标"20"，进给下刀位置为增量坐标"3"，加工面预留量为"0"，如图 6.91 所示。

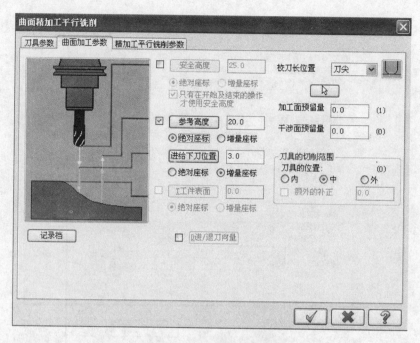

图 6.91 设置曲面加工参数

（7）设置精加工平行铣削参数。单击"精加工平行铣削"参数标签，在其中设置参数，如图 6.92 所示。

（8）确定精加工平行铣削刀路。在曲面"精加工平行铣削"对话框中单击"确定"按钮，系统开始进行精加工平行铣削刀路计算，如图 6.93 所示。

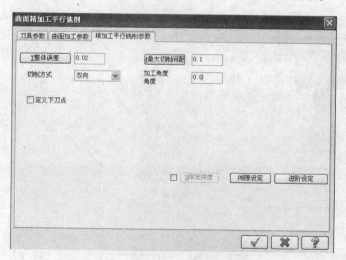

图 6.92 设置精加工平行铣削参数

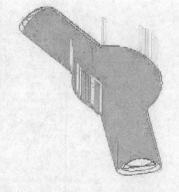

图 6.93 确定精加工平行铣削刀路

（9）模拟刀具路径。单击"刀具路径"按钮，系统弹出"刀路模拟"对话框，如图 6.94 所示。

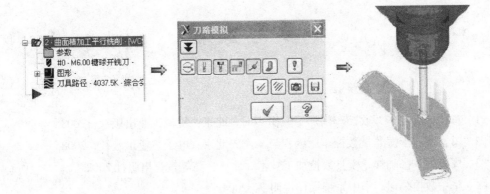

图 6.94　模拟刀具路径

习　题　6

6.1　如图 6.95（a）所示的工件的内槽需要加工，加工后工件的剖视图如习题图 6.95（b）所示（提示：用合适直径的平铣刀进行挖槽加工，再用直径 4mm 的球刀进行外形铣削）。

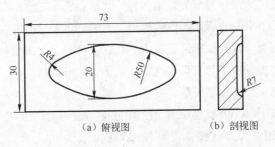

（a）俯视图　　　　（b）剖视图

图 6.95　工件加工图形

6.2　如图 6.96 所示的工件需要加工上端平面和凹槽。采用挖槽加工模组来完成这两个部位的加工。

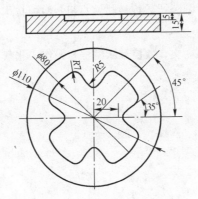

图 6.96　挖槽加工图形

参 考 文 献

［1］肖珑，赵军华．数控车削加工操作实训．北京：机械工业出版社，2008.

［2］韦富基，李振尤．数控车床编程与操作．北京：电子工业出版社，2008.

［3］周志强，张晓红．模具数控加工技术．北京：高等教育出版社2002.

［4］华中数控公司．华中系统操作说明书．2004.

［5］杨嘉杰．数控车床编程与操作．北京：中国劳动社会保障出版社，2000.

［6］李文忠．数控机床原理及应用．北京：机械工业出版社，2001.

［7］方沂．数控机床编程与操作．北京：国防工业出版社，1999.

［8］蒋建强．模具数控加工技术．北京：电子工业出版社，2005.

［9］卢斌．数控机床及其使用维修．北京：机械工业出版社，2001.

［10］许祥泰，刘艳芳．数控加工编程实用技术．北京：机械工业出版社，2001.

［11］王志平．机床数控技术应用．北京：高等教育出版社，1998.

［12］刘雄伟．数控机床操作与编程培训教程．北京：机械工业出版社，2001.

［13］云南机床厂．FANUCO－TD操作和使用说明书．2002.

［14］逯晓勤，李海梅．数控机床编程技术．北京：机械工业出版社，2001.

［15］蒋建强．数控加工技术与实训．北京：电子工业出版社，2003.

［16］顾京．数控机床加工程序编制．北京：机械工业出版社，1997.

［17］南京第二机床厂．XH0825立式铣加工中心使用说明书，1991.

［18］西门子SINUMERIK系统操作说明书．2000.

［19］孙竹，何善亮．加工中心编程与操作．北京：机械工业出版社，1999.

［20］寇有顺，倪亚辉．数控机床编程．北京：北京理工大学出版社，1996.

［21］罗学科，李跃中．数控电加工机床．北京：化学工业出版社，2003.

［22］上海宇龙软件工程有限公司数控教材编写组．数控技术应用教程．北京：电子工业出版社，2008.

［23］高晓萍，于田霞，张立文．数控车床编程与操作．北京：清华大学出版社，2010.